技能应用速成系列

MATLAB R2020a 从入门到精通

（升级版）

魏　鑫　编著

电子工业出版社

Publishing House of Electronics Industry

北京·BEIJING

内 容 简 介

MATLAB 是适合多学科和多种工作平台的功能强大、界面友好且开放性很强的大型数学应用软件。本书以 MATLAB R2020a 软件为基础，全面阐述 MATLAB 的主要功能，通过大量实例向读者讲解如何编写高效的 MATLAB 代码。

全书共 33 章。其中，第 1~9 章介绍 MATLAB 的基础知识，包括 MATLAB 入门、MATLAB 主界面、MATLAB 的基本功能、关系运算和逻辑运算、数组运算及数据类型等内容；第 10~20 章介绍 MATLAB 的编程部分，包括 MATLAB 的编程语句、M 脚本文件、M 函数文件、M 文件的调试、二维图形、三维图形、图形细节处理、符号数学、特殊操作函数、时间函数和输入/输出函数等内容；第 21~28 章介绍 MATLAB 的数学计算和数据分析，包括矩阵计算、数理统计、多项式、微积分、微分方程、插值计算、信号处理中的数学方法及线性系统与最优化等内容；第 29~33 章介绍 MATLAB 的高级应用，包括图像影音、句柄图形、图形用户界面、MATLAB 编程接口及 Simulink 应用等内容。

本书结构体系完整，讲解深入浅出，操作实例丰富，既可作为理工院校相关专业研究生、本科生系统学习 MATLAB 软件的教材，也可作为广大科技人员和教师的参考书。

未经许可，不得以任何方式复制或抄袭本书之部分或全部内容。

版权所有，侵权必究。

图书在版编目（CIP）数据

MATLAB R2020a 从入门到精通：升级版 / 魏鑫编著. —北京：电子工业出版社，2021.5

（技能应用速成系列）

ISBN 978-7-121-41073-4

Ⅰ. ①M… Ⅱ. ①魏… Ⅲ. ①Matlab 软件 Ⅳ.①TP317

中国版本图书馆 CIP 数据核字（2021）第 075798 号

责任编辑：许存权　　　　　　　　　　特约编辑：田学清

印　　刷：天津千鹤文化传播有限公司

装　　订：天津千鹤文化传播有限公司

出版发行：电子工业出版社

　　　　　北京市海淀区万寿路 173 信箱　　　邮编：100036

开　　本：787×1092　　1/16　　印张：31　　字数：794 千字

版　　次：2021 年 5 月第 1 版

印　　次：2021 年 5 月第 1 次印刷

定　　价：89.00 元

前 言

  MATLAB 是 MathWorks 公司早期主要针对数学这门古老的学科开发的,现在已经应用于多个行业, 主要包括算法开发、数据采集、数学建模、数学计算、系统仿真、数据分析、科学和工程绘图、应用软件开发等。

  MATLAB 作为一门编程语言和可视化工具,提供了丰富的方法和技术平台,用来解决工程、科学、计算和数学等学科中的问题。通过对本书的学习, 读者无论是否使用过MATLAB 软件,都可以轻松解决看似复杂的数学问题。

  MATLAB 作为软件工具,其版本在不断升级,本书基于 MATLAB R2020a 版本展开讨论,但本书中的大部分实例同样可以在 MATLAB 软件的早期版本中使用。

1. 本书特点

- 循序渐进、通俗易懂:本书完全按照初学者的学习规律和习惯,由浅入深、由易到难地安排每个章节的内容,可以让初学者在实战中掌握 MATLAB 的所有基础知识及其应用。
- 案例丰富、技术全面:本书的每章都是 MATLAB 的一个专题,每个实例都包含相应的知识点。读者按照本书进行学习,可以举一反三,并且达到入门并精通的目的。
- 实例丰富、轻松易懂:本书在讲解过程中辅以丰富的实例,通过精心讲解,并进行相关点拨,读者能够领悟并轻松掌握每个功能命令的操作,进而提高学习效率。

2. 本书内容

  作者根据多年的工作经验,从全面、系统、实用的角度出发,以基础知识与大量实例相结合的方式,详细介绍了 MATLAB 的各种操作、技巧、常用命令及其应用,本书在结构上的安排如下。

  第 1~9 章主要介绍 MATLAB 的基础知识,包括 MATLAB 入门、MATLAB 主界面、MATLAB 的基本功能、关系运算和逻辑运算、数组运算及数据类型等内容,章节安排如下。

  第 10~20 章主要介绍 MATLAB 的编程部分,包括 MATLAB 的编程语句、M 脚本文件、M 函数文件、M 文件的调试、二维图形、三维图形、图形细节处理、符号数学、特殊操作函数、时间函数及输入/输出函数等内容，章节安排如下。

第 10 章　编程语句　　　　　　　　　第 11 章　M 脚本文件
第 12 章　M 函数文件　　　　　　　　第 13 章　M 文件的调试
第 14 章　二维图形　　　　　　　　　第 15 章　三维图形
第 16 章　图形细节处理　　　　　　　第 17 章　符号数学
第 18 章　特殊操作函数　　　　　　　第 19 章　时间函数
第 20 章　输入/输出函数

第 21~28 章主要介绍 MATLAB 的数学计算和数据分析，包括矩阵计算、数理统计、多项式、微积分、微分方程、插值计算、信号处理中的数学方法及线性系统与最优化等内容，章节安排如下。

第 21 章　矩阵计算　　　　　　　　　第 22 章　数理统计
第 23 章　多项式　　　　　　　　　　第 24 章　微积分
第 25 章　微分方程　　　　　　　　　第 26 章　插值计算
第 27 章　信号处理中的数学方法　　　第 28 章　线性系统与最优化

第 29~33 章主要介绍 MATLAB 的高级应用，包括图像影音、句柄图形、图形用户界面、MATLAB 编程接口及 Simulink 应用等内容，章节安排如下。

第 29 章　图像影音　　　　　　　　　第 30 章　句柄图形
第 31 章　图形用户界面　　　　　　　第 32 章　MATLAB 编程接口
第 33 章　Simulink 应用

本书并没有集中讨论各类工具箱（Toolbox）、模块集（Blockset），以及其他一些需要通过额外付费才能得到的库（Library），但在适当的地方引用了其中的部分内容，并适时地介绍了相关工具箱中基本函数的使用，还列举了大量实例。

提示：本书中涉及的所有程序代码可以在作者的博客（http://blog.sina.com.cn/caxbook）中下载，或在华信教育资源网（www.hxedu.com.cn）免费注册后下载；书中一些代表参数的字母，为了与前后代码、图表保持一致，保留用正白字体。

3．读者服务

为方便解决有关本书内容的疑难问题，读者在学习过程中如果遇到技术问题，可以发送邮件到 caxbook@126.com，或者访问作者的博客（http://blog.sina.com.cn/caxbook）并留言，也可以加 QQ 群（362871881）或微信服务公众号进行交流，作者会尽快解答疑难，竭诚为读者服务。

（微信服务公众号）

编著者

目 录

第 1 部分　MATLAB 的基础知识

第 3 部分 MATLAB 的数学计算和数据分析

第4部分　MATLAB 的高级应用

第 1 部分
MATLAB 的基础知识

第1章

MATLAB入门

MATLAB 是一款以数学计算为主的高级编程软件，提供的各种数组运算功能可以用于对各种数据集合进行处理。矩阵和数组是 MATLAB 数据处理的核心，因为 MATLAB 中所有的数据都是用数组来表示和存储的。

虽然 MATLAB 是面向矩阵的编程语言，但它还具有与其他计算机编程语言（如 C、Fortran）类似的编程特性。在进行数据处理时，MATLAB 还提供了各种图形用户接口工具，便于用户进行各种应用程序开发。

本章将系统地介绍 MATLAB 的发展及其功能。

学习目标

（1）了解 MATLAB 的语言平台。
（2）熟悉 MATLAB 的工作环境。
（3）了解 MATLAB 的帮助文档。
（4）练习 MATLAB 的操作实例。

1.1　MATLAB 概述

MATLAB 译为矩阵实验室，最初是用来提供通往 LINPACK 和 EISPACK 矩阵的软件包接口。后来，MATLAB 渐渐发展为通用的科技计算图形交互系统和程序语言。

1.1.1　MATLAB 简介

MATLAB 的基本数据单位是矩阵，它的指令表达与数学工程中常用的习惯形式十分相似。例如，矩阵方程 $Ax=b$ 在 MATLAB 中被写成 A*x=b，而若要通过 A 和 b 求解 x，那么只要写成 x=b\A 就完全不需要对矩阵的乘法和求逆进行编程。因此，用 MATLAB 解决计算问题比用 C、Fortran 等语言简捷得多。

MATLAB 发展到现在已经成为一个系列产品，包括 MATLAB 主程序包和各种可选的工具包。主程序包中有数百个核心内部函数。迄今为止，所有的工具包又可以分为两类，即功能性工具包和学科性工具包。

功能性工具包主要用来扩充 MATLAB 的符号计算功能、图形建模仿真功能、文字处理功能及硬件实时交互功能。功能性工具包可以用于多种学科。

学科性工具包的专业性比较强，如控制工具包（Control Toolbox）、信号处理工具包（Signal Processing Toolbox）、通信工具包（Communication Toolbox）等都属于学科性工具包。

开放性是 MATLAB 最重要且最受欢迎的特点。除了内部函数，所有的 MATLAB 主程序包文件和工具包文件都是可读、可改的源文件。用户可以通过对源文件进行修改或加入自己的编写文件来构成新的专用工具包。

MATLAB 已经经过用户的多年考验。在欧美发达国家或地区，MATLAB 已经成为"应用线性代数"、"自动控制理论"、"数理统计"、"数字信号处理"、"时间序列分析"和"动态系统仿真"等高级课程的基本教学工具，成为攻读学位的本科生、硕士生、博士生必须掌握的基本技能。在设计研究单位和工业部门，MATLAB 被广泛用于研究和解决各种具体的工程问题。

MATLAB 的强大功能从本质上来说可以分为以下 3 类。

- 内部函数。
- 系统附带的各种工具包中的 M 文件所提供的大量函数。
- 用户自己增加的函数。

这个特点是其他许多软件平台无法比拟的。

MATLAB 提供的通用数理类函数包括如下几类。

- 基本数学函数。

- 特殊函数。
- 基本矩阵函数。
- 特殊矩阵函数。
- 矩阵分解和分析函数。
- 数据分析函数。
- 微分方程求解。
- 多项式函数。
- 非线性方程及其优化函数。
- 数值积分函数。
- 信号处理函数。

MATLAB 还开发了相应的 MATLAB 专业工具箱函数供用户直接使用。这些工具箱应用的算法是开放的、可扩展的，用户不仅可以查看其中的算法，还可以针对一些算法进行修改，甚至允许用户开发自己的算法，以扩充工具箱的功能。

目前，MATLAB 的工具箱有 40 多个，涵盖了数据获取、科学计算（如偏微分方程、最优化、数理统计、样条函数、神经网络等）、控制系统设计与分析、数字信号处理、数字图像处理、金融财务分析及生物遗传工程等专业领域。

Simulink 是基于 MATLAB 的框图设计环境，可以用来对各种动态系统进行建模、分析和仿真，它的建模范围非常广泛，可以针对任何能够用数学描述的系统进行建模，如航空航天动力学系统、卫星控制制导系统、通信系统、船舶及汽车等，其中包括连续、离散、条件执行、事件驱动、单速率、多速率和混杂系统等。

Simulink 不仅提供了系统框图模型的图形界面，还提供了丰富的功能模块及不同的专业模块集合，利用 Simulink 几乎可以做到不输入任何代码即可完成整个动态系统的建模工作。

Stateflow 是一个交互式的设计工具，它基于有限状态机的理论，可以用来对复杂的事件驱动系统进行建模和仿真。Stateflow 与 Simulink 和 MATLAB 紧密集成，可以将 Stateflow 创建的复杂控制逻辑有效地结合到 Simulink 的模型中。

1.1.2　MATLAB 的语言平台

MATLAB 支持许多操作系统，提供了大量的平台独立措施。在一个平台上编写的程序，在其他平台上也可以正常运行；在一个平台上编写的数据文件，在其他平台上也可以编译。因此，用户可以根据需要把 MATLAB 编写的程序移植到新平台。

任何一个 MATLAB 程序的基本组成单元都是数组。数组是一组数据值的集合，这些数据被编上行号和列号，拥有唯一的名称。

数组中的单个数据可以通过带有圆括号的数组名访问，括号内有这个数据的行标和列标，中间用逗号隔开。标量也被 MATLAB 当作数组，只不过只有一行和一列。第 5 章将介绍如何创建和操作 MATLAB 数组。

当 MATLAB 运行时，有多种类型的窗口，有的用于接收命令，有的用于显示信息。其中，命令行窗口、图像窗口、编辑/调试窗口是 3 个比较重要的窗口，它们的作用分别为输入命令、显示图形、允许使用者创建和修改 MATLAB 程序。

当 MATLAB 程序启动时，会弹出 MATLAB 桌面窗口。默认的 MATLAB 桌面结构如图 1-1 所示。

图 1-1　默认的 MATLAB 桌面结构

在集成开发环境下，MATLAB 集成了管理文件、变量和应用程序的许多编程工具。

1.2　MATLAB 的工作环境

本节主要介绍 MATLAB 的工作环境，通过学习本节，读者可以初步掌握 MATLAB 软件的基本操作方法。

1.2.1　MATLAB 的工作界面

MATLAB 的工作界面主要由选项卡面板、"当前文件夹"窗口、"工作区"窗口和"命令行窗口"组成，如图 1-1 所示。

1.2.2　命令行窗口

在 MATLAB 的"命令行窗口"中，">>"为提示符，表示 MATLAB 处于准备状态。当在提示符后面输入程序或运算式之后按 Enter 键，MATLAB 就会给出计算结果，并再次进入准备状态（所得结果将被保存在"工作区"窗口中）。

单击"命令行窗口"右上角的按钮，在弹出的快捷菜单中选择"取消停靠"命令，可以使"命令行窗口"脱离主窗口而成为一个独立的窗口，如图 1-2 所示。

在该窗口中选中某一表达式，然后右击，弹出如图 1-3 所示的快捷菜单，选择不同的命令可以对选中的表达式进行相应的操作。

图 1-2　命令行窗口

图 1-3　快捷菜单

1.2.3　"当前文件夹"窗口

在"当前文件夹"窗口中不仅可以显示或改变当前文件夹，还可以显示当前文件夹下的文件。"当前文件夹"窗口还具有搜索功能。与"命令行窗口"类似，"当前文件夹"窗口也可以成为一个独立的窗口，如图 1-4 所示。

图 1-4　"当前文件夹"窗口

1.2.4　"工作区"窗口

"工作区"窗口可以显示目前内存中所有的 MATLAB 变量的变量名、数据结构、字节数及类型等信息，不同的变量类型对应不同的变量名图标，如图 1-5 所示。

单击功能区中"绘图"选项卡下的按钮可以绘制变量图，如图 1-6 所示。

图 1-5　"工作区"窗口　　　　　　　　图 1-6　不同的绘制变量按钮

1.3　MATLAB 的帮助文档

随着 MATLAB 版本的不断更新，MATLAB 的帮助文档也在逐步改进。用户不仅可以在"命令行窗口"中使用 help 命令和 lookfor 命令查看帮助，还可以通过 Internet 查找所需资源。

1.3.1　"命令行窗口"中的帮助

在 MATLAB 的图形用户接口出现之前，只能使用 help 命令和 lookfor 命令在"命令行窗口"中查看帮助，这两个命令至今仍在使用。如下所示的代码可以用于查看 sqrt() 函数的帮助文本：

```
>> help sqrt
sqrt - 平方根
    此 MATLAB 函数返回数组 X 的每个元素的平方根。对于 X 的负元素或复数元素，sqrt(X)
生成复数结果。
B = sqrt(X)
    另请参阅 nthroot, realsqrt, sqrtm
    sqrt 的文档
    名为 sqrt 的其他函数
```

如果不知道具体的函数名，但知道与该函数相关的某个关键字，则可以使用 lookfor 命令进行查找。例如，如果想使用某个与关键字 inverse 有关的函数，则可以使用如下所示的代码进行查找：

```
>> lookfor Hilbert
hilb                    - Hilbert matrix
```

```
invhilb                        - Inverse Hilbert matrix
hilbiir                        - Hilbert transform IIR filter design
abstractelliphilbert           - fdfmethod.abstractelliphilbert class
abstractiirlinphasehilbert     - fdfmethod.abstractiirlinphasehilbert class
elliphilbertfpass              - fdfmethod.elliphilbertfpass class
elliphilbertmin                - fdfmethod.elliphilbertmin class
iirlinphasehilbertfpass        - fdfmethod.iirlinphasehilbertfpass class
iirlinphasehilbertmin          - fdfmethod.iirlinphasehilbertmin class
hht            - Hilbert Spectrum of a signal using Hilbert-Huang Transform
hilbert        - Discrete-time analytic signal via Hilbert transform
hilbert        - Construct a Hilbert filter designer
hilbertmeas    - Construct a HILBERTMEAS object
hilbfilt       - Desired frequency response for Hilbert filters
htrans         - Hilbert transform
```

lookfor 命令在执行时将打开 MATLAB 搜索路径中的所有 M 函数文件，然后在文件中的第 1 行注释（即 H1 帮助行）中寻找给定的关键字，最后返回所有匹配的 H1 帮助行。

常用的 MATLAB 帮助命令如表 1-1 所示。

表 1-1　常用的 MATLAB 帮助命令

帮 助 命 令	功　　能	帮 助 命 令	功　　能
demo	运行 MATLAB 演示程序	lookfor	按照指定的关键字查找所有相关的 M 文件
help	获取在线帮助	which	显示指定函数或文件的路径
who	列出当前工作空间中的变量	whos	列出当前工作空间中变量的更多信息
helpwin	运行"帮助"窗口	helpdesk	运行 HTML 格式的帮助面板 helpdesk
tour	运行 MATLAB 漫游程序	exist	检查指定变量或文件的存在性
what	列出当前文件夹或指定目录下的 M 文件、MAT 文件和 MEX 文件	doc	在网络浏览器中显示指定内容的 HTML 格式的帮助文本，或者启动 helpdesk

1.3.2　帮助浏览器

除了 help 命令和 lookfor 命令，MATLAB 还提供了相对分离的帮助浏览器或"帮助"窗口。要打开 MATLAB "帮助"窗口，用户可以选择 MATLAB 主界面中"帮助"菜单下的"示例"命令，或者在 MATLAB 的"命令行窗口"中直接输入 helpwin、helpdesk 或 doc。

"帮助"窗口不仅可以显示帮助文本，还可以提供帮助导航功能。帮助导航提供了 4 个选项卡，即 contents、index、search 和 demo。其中，contents 选项卡中提供了 MATLAB 和所有工具箱的在线文档的内容列表；index 选项卡提供了所有在线帮助条目的索引；search 选项卡允许用户在在线文档中进行搜索；demo 选项卡则提供了 MATLAB 演示函数命令的接口。

help 命令和 helpwin 命令在显示帮助内容上是等效的，只不过 helpwin 命令将帮助内容显示在一个"帮助"窗口中，而不是在"命令行窗口"中直接显示。例如，下面的代码将打开一个"帮助"窗口用于显示 sqrt 命令的帮助文本：

```
>> helpwin sqrt
```

实际上，MATLAB 在执行上述代码时，首先打开 sqrt.m 文件，读取帮助文本，然后将文件转换成 HTML 格式，并在"帮助"窗口中显示该 HTML 文本。在该过程中，大写字母的函数命令都将被转换成小写格式，列在 See also 后面的参考函数命令都被转换成能够链接到相应的 HTML 链接。

doc 命令会绕过 M 文件的帮助文本，直接链接在线帮助文档。例如，下面的代码将显示 print 命令的在线帮助文档：

```
>> doc print
```

在线帮助文档包含了比帮助文本更多、更详细的信息。

whatsnew 命令和 whatsnew toolbox 语句用于在"帮助"窗口中显示 MATLAB 或某个选定工具箱的发布信息和最后修改时间。实际上，whatsnew toolbox 语句在后台打开了工具箱的 Readme.m 文件，并在"帮助"窗口中显示出来。

1.3.3　Internet 资源

MathWorks 公司（MATLAB 的制造商）的网站是互联网上排名在前 100 名的商业网站，其网址是 http://www.mathworks.com，该网站提供了涵盖 MATLAB 各个方面的信息。

由于该网站的内容繁多，并且经常更新，时常添加新内容、删除旧链接。因此，本书无法且没有必要对网站上的具体内容进行讲解，有兴趣的读者可以到该网站上查阅相关内容。

但是，MathWorks 公司的网站上有两个非常有用的工具需要特别注意：一个是解决方案搜索引擎（Solution Search Engine），另一个是 MATLAB 中心（MATLAB Central）。

1.4　MATLAB 的操作实例

下面将通过简单的实例向读者展示如何使用 MATLAB 进行简单的计算。

1.4.1　数与表达式实例

MATLAB 的数值通常采用十进制形式表示，可以带小数点或负号，下面列举几个合法的数值：3、-99、0.0013、9.2445154、1.2434e-6 和 4.673e33。

表达式由下列运算符构成，并按习惯的优先次序进行运算：+/−（加法/减法）、*（乘法）、/（右除）、\（左除）和^（乘方）。

设置两种除法是为了方便矩阵的运算，对标量而言两者的作用是相同的。

例如，在"命令行窗口"中输入：

```
>> x=2*pi/3+2^3/5-0.3e-3
x =
    3.6941
```

如果输入无穷大，那么在"命令行窗口"中输入：

```
>> s=1/0
s =
   Inf
```

1.4.2 变量实例

who命令和whos命令的作用是列出在MATLAB工作空间中已经存在的变量名清单，但是whos命令在给出变量名的同时，还会给出它们的维数及性质。

例如，如果使用who命令检查内存变量，那么在"命令行窗口"中输入：

```
>> who
您的变量为:
ans  c1  c1i  c1r  c2  s  x  x1  x2  y1  y2
```

例如，如果使用whos命令检查驻留变量的详细情况，那么在"命令行窗口"中输入：

```
>> whos
Name       Size          Bytes  Class        Attributes
ans        1x1               8  double
c1         1x1              16  double        complex
c1i        1x1               8  double
c1r        1x1               8  double
c2         1x1              16  double        complex
s          1x1               8  double
x          1x21            168  double
x1         1x41            328  double
x2         1x41            328  double
y1         1x41            328  double
y2         1x41            328  double
```

在MATLAB中，还驻留了几个由系统本身在启动时定义的变量，如表1-2所示，即永久变量（Permanent Variables）或预定义变量（Predefined Variables）。

表 1-2　系统预定义变量

变　　量	说　　明
eps	计算机的最小正数
pi	圆周率 π 的近似值 3.14159265358979
inf 或 Inf	无穷大
NaN	不定量
i,j	虚数单位定义 i
flops	浮点运算次数，用于统计计算量

1.4.3　图形

图形是 MATLAB 的主要特色之一。MATLAB 图形命令具有自然、简洁、灵活及易扩充的特点，MATLAB 的命令很多，本书仅介绍几个简单的绘图命令，详见第 14、15 章。

例如，如果要制作多条曲线，那么在"命令行窗口"中输入：

```
>> t=0:pi/40:2*pi;
>> y0=exp(t/3);
>> y=exp(t/3).*sin(2*t);
>> plot(t,y,t,y0,t,-y0)
>> grid
```

结果如图 1-7 所示。

图 1-7　曲线图

1.5　本章小结

本章介绍了 MATLAB 的入门基础知识，并概要地介绍了 MATLAB 软件的发展及其在各个领域的应用，同时还介绍了 MATLAB 的工作环境、帮助文档及操作实例等，初学者可以由此感受到 MATLAB 的实用之广、领域之宽、功能之大。

在阅读完本章之后，不同层次的读者对于学好 MATLAB、用好 MATLAB 会具有更大的信心和成就。

第**2**章

MATLAB主界面

第 1 章提到，MATLAB 的工作环境中包括不同的窗口，其中有一个标题为 MATLAB 的窗口，这就是 MATLAB 桌面。该窗口是管理 MATLAB 其他窗口的主窗口。由于用户对 MATLAB 的设置不同，因此 MATLAB 的有些窗口可见，有些则不可见，有些可以嵌入 MATLAB 窗口的内部，有些则不可以。

本章主要介绍 MATLAB 搜索路径、MATLAB 工作区和格式显示。

学习目标

（1）了解 MATLAB 搜索路径。
（2）熟悉 MATLAB 工作区。
（3）了解格式显示。

2.1　MATLAB 搜索路径

成功安装 MATLAB 后，在安装目录下将包含如表 2-1 所示的文件夹。

表 2-1　MATLAB 的目录结构

文　件　夹	描　　　述
BIN	MATLAB 系统中可执行的相关文件
DEMOS	MATLAB 实例程序
EXTERN	创建 MATLAB 外部程序接口的工具
JAMATLAB	国际化文件
HELP	帮助系统
JAVA	MATLAB 的 Java 支持程序
NOTEBOOK	Notebook 是用来实现 MATLAB 数学工作环境与 Word 处理环境信息交互的软件，是一个兼备数学计算、图形显示和文字处理能力的集成环境
SYS	MATLAB 所需要的工具和操作系统库
TOOLBOX	MATLAB 的各种工具箱
UNINSTALL	MATLAB 的卸载程序
WORK	默认的当前文件夹
RTW	Real-TimeWorkshop 软件包
SIMULINK	Simulink 软件包，用于动态系统的建模、仿真和分析
STATEFLOW	Stateflow 软件包，用于状态机设计的功能强大的图形化开发和设计工具
License.txt	该文件为软件许可协议的内容

查看 MATLAB 的搜索路径，可以通过选项卡命令和函数这两种方法来进行。单击 MATLAB "主页"选项卡的"环境"面板中的"设置路径"按钮，弹出"设置路径"窗口，如图 2-1 所示。通过"设置路径"窗口可以为 MATLAB 添加或删除搜索路径。

图 2-1　"设置路径"窗口

MATLAB 文件都存储在硬盘中的众多目录和子目录下，通过"设置路径"窗口可以

Note

获取存储在硬盘中的文件信息。

当在 MATLAB 运算提示符后面输入 cow 之后，MATLAB 就会完成如下操作。

（1）检查 cow 是不是 MATLAB 工作区中的变量名，如果不是，则执行下一步。

（2）检查 cow 是不是一个内置函数，如果不是，则执行下一步。

（3）检查当前文件夹下是否存在一个名为 cow.m 的文件，如果没有，则执行下一步。

（4）按顺序检查在所有 MATLAB 搜索路径中是否存在 cow.m 文件。

（5）如果到目前为止还没有找到这个 cow，那么 MATLAB 就给出一条错误信息。

MATLAB 在执行相应的指令时都是基于上述搜索策略完成的。如果 cow 是一个变量，那么 MATLAB 就使用这个变量。如果 cow 是一个内置函数，那么 MATLAB 就调用这个函数。如果 cow.m 是当前文件夹或 MATLAB 搜索路径中的一个文件，那么 MATLAB 就打开这个文件夹或文件，然后执行这个文件中的指令内容。

实际上，由于 MATLAB 高级特性的存在，MATLAB 的搜索过程比上面所描述的要复杂得多。但在大部分情况下，上述搜索过程已经能满足大多数 MATLAB 操作。

2.2 MATLAB 工作区

在 MATLAB 中创建，或者从数据文件或其他程序导入的变量均保存在工作区中。本节将详细介绍 MATLAB 工作区。

2.2.1 工作区

像 z=10 这样的语句的意思是创建了一个变量 z，把 10 存储在其中，它保存在计算机的一段内存中，就是常说的工作区。当一个专门的命令、M 文件或函数运行时，工作区是 MATLAB 所需要的所有变量和数组的集合。

所有在命令行窗口中执行的命令，和所有在命令行窗口中执行的脚本文件都会被分配一个普通的分配空间。MATLAB 函数拥有独立的工作区，这是区分函数和脚本文件的一个重要特征。

使用 whos 命令将会产生一个在当前工作区内的所有变量和数组状况表。

如果要删除工作区中的变量，可以使用 clear 命令，格式如下：

```
clear
clear var1,var2…
```

var1、var2 是要删除的变量的变量名。clear variables 命令或 clear 命令用于清除当前工作区中的所有变量。

可以使用 help 命令或 helpwin 命令显示 clear 命令的用法信息，如下面的代码所示：

```
>> help clear
clear - 从工作区中删除项目，释放系统内存
    此 MATLAB 函数 从当前工作区中删除所有变量，并将它们从系统内存中释放
    clear
    clear name1 ... nameN
    clear -regexp expr1 ... exprN
    clear ItemType
    另请参阅 clc, clearvars, delete, import, inmem, load, mlock, whos
    clear 的文档
    名为 clear 的其他函数
```

Note

clear 命令不仅具有删除变量的功能，随着对 MATLAB 各种特性的逐渐熟悉，用户对其功能会有更深入的了解。

2.2.2　工作区浏览器

当前工作区的内容可以通过基于 GUI 的"工作区"窗口检测到。"工作区"窗口默认出现在 MATLAB 桌面的左上角，它提供了与使用 whos 命令可得到的相同信息，并且当工作区中的内容发生改变时，其中的信息也会随之更新。

"工作区"窗口（The Workspace Browser）允许用户改变工作区中的任何一个变量的
内容。典型的"工作区"窗口如图 2-2 所示，可以看出，它显示的信息和使用 whos 命令得到的信息是一样的。双击这个窗口中的任一变量可以产生一个数组编辑器，这个编辑器允许用户修改保存在变量中的信息。

一个或多个变量可以在工作空间内删除：先选择它们，然后按 Delete 键，或者单击鼠标右键选择 Delete 命令。

图 2-2　"工作区"窗口

2.2.3　内存清理

当用户创建一个变量或运行一个 M 文件的函数时，MATLAB 就会为这些变量和函数分配相应的内存空间。由于用户计算机的配置不同，MATLAB 可能会出现内存溢出现象，因此用户无法从事进一步的工作。

当用户使用 clear 命令删除变量时，MATLAB 就会释放这个变量所占用的内存。然而，这样多次操作以后，可能会使内存碎片化，也就是说，这时 MATLAB 的内存空间中充斥着由大量碎小闲置内存包围的许多变量。

由于 MATLAB 总是在内存的连续区域保存变量，因此这些内存碎片对 MATLAB 而言不可再用。为了缓解这个问题，可以使用 pack 命令完成内存碎片收集工作。该命令先将 MATLAB 工作区中所有的变量保存到硬盘上，然后清空工作区，最后将原有变量重新载入工作区。这项操作完成之后，所有的内存碎片就被合并成一个大的、可用的内存块。

2.3 格式显示

MATLAB 在显示数值结果时是有章可循的。在默认情况下，如果结果是整数，MATLAB 就将结果显示成整数；如果结果是实数，MATLAB 就将结果显示成一个具有 4 位小数的实数。

表 2-2 列出了不同格式命令下所产生的不同的数字显示格式。

表 2-2 不同格式命令下所产生的不同的数字显示格式

MATLAB 格式命令	pi	注 释
format short	3.1416	5 位
format long	3.14159265358979	15 位
format short e	3.1416e+000	5 位+指数
format long e	3.14159265358979e+000	15 位+指数
format short g	3.1416	短紧缩格式
format long g	3.14159265358979	长紧缩格式
format hex	400921fb54442d18	十六进制，浮点数
format bank	3.14	2 位小数
format +	+	正（+）、负（−）或 0（0）
format rat	355/113	有理数近似
format debug	结构体地址 = 19aad1ea5c0 m = 1 n = 1 pr = 19ab0708280 3.1416	短紧缩格式的内部存储信息

注意

选择不同的显示格式并不会改变 MATLAB 数值的内部存储方式，只改变数值的显示方式。所有的计算仍旧用双精度数进行。

2.4 本章小结

本章主要介绍了关于 MATLAB 主界面中的基本功能，其中包括搜索路径、工作区、格式显示。这些内容看似复杂，但对于初学者而言，它们都是相当重要的。其中，对于 MATLAB 工作区，用户要相当熟悉，因为它不仅记录了数据变量，还记录了变量输出的详细信息。

第3章

MATLAB的基本功能

本章将介绍 MATLAB 的基本功能，包括命令行窗口的使用方法，以及基本数据类型和初等函数运算等。其中，初等函数运算是 MATLAB 数学运算的重要组成部分。希望初学者将自己学过的数学函数与 MATLAB 对应的函数操作结合在一起学习，这样可以有针对性地解决实际问题。

学习目标

（1）了解命令行窗口。
（2）熟悉数据类型。
（3）熟悉初等函数运算。

3.1 MATLAB 窗口

运行 MATLAB 之后，用户的计算机显示器上将弹出一个或多个窗口。其中有一个标题为 MATLAB 的窗口，它是 MATLAB 的主界面，称为 MATLAB 桌面。

3.1.1 命令行窗口

MATLAB 桌面中有一个标题为"命令行窗口"的窗口，是 MATLAB 与用户的主交互区，称为"命令行窗口"。

"命令行窗口"中会显示一个提示符">>"，并且当该窗口处于激活状态时，提示符的右侧会显示一个闪动的光标，表明 MATLAB 正在等待用户输入指令，以便执行一项数学运算或其他操作。

MATLAB 还提供了许多通过键盘输入的控制命令，如表 3-1 所示。

表 3-1　通过键盘输入的控制命令

命　令	说　　明	命　令	说　　明
cd	显示或改变当前文件夹	load	加载指定文件的变量
dir	显示当前文件夹或指定目录下的文件	diary	日志文件命令
clc	清除工作窗口中的所有显示内容	!	调用 DOS 命令
home	将光标移至"命令行窗口"的最左上角	exit	退出 MATLAB
clf	清除图形窗口	quit	退出 MATLAB
type	显示文件内容	pack	收集内存碎片
clear	清理内存变量	hold	图形保持开关
echo	工作窗口信息显示开关	path	显示搜索目录
disp	显示变量或文字内容	save	将内存变量保存到指定文件中

在 MATLAB 的"命令行窗口"中，为了便于对输入的内容进行编辑，MATLAB 提供了一些控制光标位置和进行简单编辑的常用编辑键与组合键，掌握这些可以在输入命令的过程中起到事半功倍的效果。命令行中的键盘按键如表 3-2 所示。

表 3-2　命令行中的键盘按键

键 盘 按 键	说　　明	键 盘 按 键	说　　明
↑	Ctrl+P，调用上一行	Home	Ctrl+A，光标置于当前行开头
↓	Ctrl+N，调用下一行	End	Ctrl+E，光标置于当前行末尾
←	Ctrl+B，光标左移一个字符	Esc	Ctrl+U，清除当前输入行
→	Ctrl+F，光标右移一个字符	Del	Ctrl+D，删除光标处的字符
Ctrl + ←	Ctrl+L，光标左移一个单词	Backspace	Ctrl+H，删除光标前的字符
Ctrl + →	Ctrl+R，光标右移一个单词	Alt+Backspace	恢复上一次删除

启动 MATLAB 后就可以利用"命令行窗口"工作了，由于 MATLAB 是一种交互式语言，因此输入命令即可给出运算结果。

3.1.2　计算器功能

使用 MATLAB 就像使用计算器一样，可以进行基本的数学运算。下面列举一个简单的例子：现在有 4 个苹果和 6 个香蕉，每个苹果 2 元，每个香蕉 1.5 元。请问，购买这两种水果总共花了多少钱？

在 MATLAB 中，可以按照与使用计算器相同的方法直接在 MATLAB 提示符后输入，如下所示：

```
>> 4*2+6*1.5
ans =
    17
```

在大多数情况下，输入行中的空格不会对 MATLAB 运算产生影响。另外，在 MATLAB 中，乘法的优先级高于加法。在前面的运算中，由于没有指定输出结果的名称，因此 MATLAB 将运算结果默认命名为 ans（ans 是answer 的简写）。

MATLAB 提供的基本数学运算如表 3-3 所示。

表 3-3　基本数学运算

运　算	符　号	运　算	符　号
加法	+	除法	/ 或 \
减法	−	乘方	^
乘法	*		

在一个给定的表达式中，上述运算的优先级与常用的优先级规则是一样的，这个规则可以概括为如下几点：表达式按照从左到右的顺序进行运算，其中，指数运算的优先级最高；乘法和除法次之，两者具有相同的优先级；加法和减法的优先级最低，两者也具有相同的优先级。

圆括号将改变上述优先级顺序，但上述优先级在同一圆括号内仍旧适用，表达式具有多重圆括号时，其优先级从外到内依次升高。

要想查看更多关于优先级顺序的信息，可以在"命令行窗口"中输入：

```
>> help precedence
precedence Operator Precedence in MATLAB.
    MATLAB has the following precedence for the built-in operators when
evaluating expressions (from highest to lowest):
    1. parentheses ()
    2. transpose (.'), power (.^), complex conjugate
```

Note

```
        transpose ('), matrix power (^)
    3. power with unary minus (.^-), unary plus (.^+), or logical
       negation (.^~) as well as matrix power with unary minus (^-),
       unary plus (^+), or logical negation (^~)
    4. unary plus (+), unary minus (-), logical negation (~)
    5. multiplication (.*), right division (./), left
       division (.\), matrix multiplication (*), matrix right
       division (/), matrix left division (\)
    6. addition (+), subtraction (-)
    7. colon operator (:)
    8. less than (<), less than or equal to (<=), greater than
       (>), greater than or equal to (>=), equal to (==), not
       equal to (~=)
    9. element-wise logical AND (&)
   10. element-wise logical OR (|)
   11. short-circuit logical AND (&&)
   12. short-circuit logical OR (||)
See also syntax, ARITH.
```

3.1.3　简单矩阵的输入

　　在 MATLAB 中输入矩阵的方法有多种，此处只简单介绍矩阵的直接输入法。在 MATLAB 中，不必对矩阵维数做任何说明，存储时将自动配置。在直接输入矩阵时，矩阵元素用空格或逗号分隔，矩阵行用";"分隔。整个矩阵放在方括号"[ ]"中。

　　例如，输入如下矩阵：

```
>> A=[1,2,3;4,5,6;7,8,9;10,11,12]
A =
    1  2  3
    4  5  6
    7  8  9
   10 11 12
```

　　命令执行后，矩阵 A 被保存在 MATLAB 的工作空间中，以备后用，如果用户不用 clear 命令清除它或对它重新定义，那么该矩阵会一直保存在工作空间中，直到本 MATLAB 指令窗被关闭为止。

　　另外，矩阵还可以分行输入，示例如下：

```
>> A=[1 2 3 4
>>   5 6 7 8
>>   0 1 2 3]
A =
```

```
        1    2    3    4
        5    6    7    8
        0    1    2    3
```

也可以输入矩阵元素，示例如下：

```
>> B(1,2)=3;
>> B(4,4)=6;
>> B(4,2)=11
B =
        0    3    0    0
        0    0    0    0
        0    0    0    0
        0   11    0    6
```

命令执行后，在命令行窗口中显示输出时，数值结果为黑色字体。若运行过程中有警告信息或出错信息，则为红色字体。

标点在 MATLAB 中的地位极其重要，表 3-4 所示为 MATLAB 常用标点。

表 3-4　MATLAB 常用标点

名　　称	标　　点	作　　用
逗号	,	用作要显示计算结果的指令与其后指令之间的分隔符； 用作输入量与输入量之间的分隔符； 用作数组元素分隔符
黑点	.	在数值表示中用作小数点； 用于运算符号前，构成"数组"运算符
分号	;	用于指令的"结尾"，抑制计算结果的显示； 用作不显示计算结果的指令与其后指令之间的分隔符； 用作数组的行间分隔符
冒号	:	用于生成一维数值数组； 用作单下标援引时，表示全部元素构成的长列； 用作多下标援引时，表示该维上的全部元素
注释号	%	代表注释行，即起解释的作用，由它开头的所有物理行均为非执行部分
单引号对	''	字符串记述符
圆括号	()	改变运算次序； 在数组援引时使用； 函数指令输入变量列表时使用
方括号	[]	输入数组时使用； 函数指令输出变量列表时使用
花括号	{}	元胞记述符； 图形中被控特殊字符括号
下连符	—	用作一个变量、函数或文件名中的连字符； 图形中被控下脚标前导符

续表

名　　称	标　点	作　　用
续行号	…	由 3 个以上连续黑点构成。它把其下的物理行看作该行的"逻辑"继续，以构成一个"较长"的完整指令
"At"号	@	放在函数名前，形成函数句柄； 匿名函数前导符； 放在目录名前，形成"用户对象"类目录
空格		用作输入量与输入量之间的分隔符； 数组元素分隔符

　　为了确保指令正确执行，以上符号一定要在英文状态下输入，因为 MATLAB 无法识别含有中文标点的指令。

3.2　数据类型

　　MATLAB 中定义了多种数据类型，包括整数、浮点数、复数、字符、字符串和逻辑类型等。用户甚至可以定义自己的数据类型。本节主要讨论数值数据类型，包括整数、浮点数和复数类型，以及在 MATLAB 中它们使用的方法。

3.2.1　整数类型

　　在 MATLAB 中，整数类型包含 4 种有符号整数和 4 种无符号整数。有符号整数可以用来表示负数、零和正整数，而无符号整数只可以用来表示零和正整数。

　　MATLAB 支持 1 字节、2 字节、4 字节和 8 字节的有符号整数与无符号整数。这 8 种数据类型的名称、表示范围和类型转换函数如表 3-5 所示，在应用时要尽可能用字节数少的数据类型表示数据，这样可以节约存储空间和提高运算速度。

表 3-5　8 种数据类型的名称、表示范围和类型转换函数

数据类型名称	数据类型表示范围	类型转换函数
有符号 1 字节整数	$-2^7 \sim 2^7$	int8()
有符号 2 字节整数	$-2^{15} \sim 2^{15}-1$	int16()
有符号 4 字节整数	$-2^{31} \sim 2^{31}-1$	int32()
有符号 8 字节整数	$-2^{63} \sim 2^{63}-1$	int64()
无符号 1 字节整数	$0 \sim 2^8-1$	uint8()
无符号 2 字节整数	$0 \sim 2^{16}-1$	uint16()
无符号 4 字节整数	$0 \sim 2^{32}-1$	uint32()
无符号 8 字节整数	$0 \sim 2^{64}-1$	uint64()

　　例如，最大值为 100 的数据可以用 1 字节的整数来表示，而没有必要用 8 字节的整数来表示。

在表 3-5 中的类型转换函数可以用于把其他数据类型的数值强制转换为整数类型。此外，类型转换函数还可以用于生成整数类型。例如，如果需要产生一个无符号 2 字节整数的数值，可以用如下所示的语句实现：

```
>> x=uint16(36524)
```

如下所示的代码演示了基于相同整数类型之间的数学运算：

```
>> k=int8(1:7)                    %create new data
k =
  1×7 int8 行向量
    1   2   3   4   5   6   7
>> m=int8(randperm(7))            %more new data
m=
  1×7 int8 行向量
    7   2   3   6   4   1   5
>> k+m                            %addition
ans =
  1×7 int8 行向量
    8   4   6  10   9   7  12
>> k-m                            %subtraction
ans =
  1×7 int8 行向量
   -6   0   0  -2   1   5   2
>> k.*m                           %element by element multiplication
ans =
    7   4   9  24  20   6  35
>> k./m                           %element by element division
ans =
  1×7 int8 行向量
    0   1   1   1   1   6   1
>> k                              %recall data
k=
  1×7 int8 行向量
    1   2   3   4   5   6   7
>> k/k(2)
ans =
  1×7 int8 行向量
    1   1   2   2   3   3   4
```

在上述代码中，加法、减法和乘法都比较容易理解，除法稍微复杂一些，因为在多数情况下，整数的除法并不一定可以得到整数结果。

由于每种整数类型都有相应的取值范围，因此数学运算有可能产生结果溢出。

MATLAB 利用饱和处理此类问题，即当运算结果超出了由 intmin 和 intmax 指定的上下限时，就将该结果设置为 intmin 或 intmax 的返回值，到底是哪个，主要看溢出的方向，代码如下所示：

```
>> k= cast('hellothere','uint8')  %convert a string to uint8
k=
 1×10 uint8 行向量
  104   101   108   108   111   116   104   101   114   101
>> double(k)+150  %perform addition in double precision
ans =
  254   251   258   258   261   266   254   251   264   251
>> k+150 %perform addition in uint8, saturate at intmax('uint8')=255
ans =
 1×10 uint8 行向量
  254   251   255   255   255   255   254   251   255   251
>> k-110 %perform subtraction in uint8, saturation at intmin('uint8')=0
ans =
 1×10 uint8 行向量
   0   0   0   0   1   6   0   0   4   0
```

总之，MATLAB 支持各种整数类型。除了 64 位整数类型，其他整数类型都具有比双精度类型更高的存储效率。基于同一整数类型的数学运算将产生相同数据类型的结果。

混合数据类型的运算仅限于在一个双精度标量和一个整数类型数组之间进行。有一点在前面的例子中没有演示，就是整数类型中不存在双精度类型中常见的 Inf 和 NaN。

3.2.2　浮点数类型

MATLAB 中有双精度浮点数和单精度浮点数这两种浮点数。双精度浮点数是 MATLAB 默认的数据类型。

1. 浮点数

如果某个数据没有被指定数据类型，那么 MATLAB 会使用双精度浮点数来存储。为了得到其他类型的数据，可以使用类型转换函数。

MATLAB 中的双精度浮点数和单精度浮点数均采用 IEEE 754 规定的格式来定义。浮点数的存储大小、表示范围和类型转换函数如表 3-6 所示。

表 3-6　浮点数的存储大小、表示范围和类型转换函数

数据类型名称	存 储 大 小	表 示 范 围	类型转换函数
双精度浮点数	4 字节	$-1.79769 \times 10308 \sim +1.79769 \times 10308$	double()
单精度浮点数	8 字节	$-3.40282 \times 1038 \sim +3.40282 \times 1038$	single()

创建单精度浮点数与前面创建整数的方法相同，示例如下：

```
>> a=zeros(1,5,'single')    %specify data type as last argument
a=
  1×5 single 行向量
   0  0  0  0  0
>> b=eye(3,'single')        %specify data type as last argument
b=
  3×3 single 矩阵
   1  0  0
   0  1  0
   0  0  1
>> c=single(1:7)            %convert default double precision to single
c=
  1×7 single 行向量
   1  2  3  4  5  6  7
>> d=cast(6:-1:0,'single') %use more general cast function
d=
  1×7 single 行向量
   6  5  4  3  2  1  0
```

单精度浮点数之间或单精度浮点数与双精度浮点数之间的数学运算结果为单精度浮点数，示例如下：

```
>> c.^d                %element by element exponentiation of singles
ans ans =
  1×7 single 行向量
   1  32  81  64  25  6  1
>> c*pi                %multiplication by a scalar double
ans =
  1×7 single 行向量
   3.1416  6.2832  9.4248  12.566  15.708  18.85  21.991
>> d.*rand(size(d))    %element by element multiplication by a double array
ans ans =
  1×7 single 行向量
   5.7430  2.4269  3.2011  0.4257  0.8435  0.9157     0
>> class(ans)
ans =
    'single'
```

单精度浮点数中包含双精度浮点数中常见的特殊浮点数 Inf 和 NaN，示例如下：

```
>> c               %recall data
c=
  1×7 single 行向量
   1  2  3  4  5  6  7
>> c(1:2:end)=0 %inserting double precision does not change data type
c=
```

Note

```
1×7 single 行向量
 0    2    0    4    0   06    0
>> c./c          %create 0/0 values
ans =
 1×7 single 行向量
  NaN    1   NaN    1   NaN    1   NaNAns =
>> 1./c          %create 1/0 values
ans Ans =
 1×7 single 行向量
    Inf   0.5000      Inf   0.2500      Inf   0.1667      Inf
```

2．特殊浮点数

NaN（非数值）和空数组（[]）是 MATLAB 中两类特殊的数据，在进行数学运算时，它们通常都要进行特殊处理，尤其是在逻辑运算或关系运算过程中。根据 IEEE 数学标准，对 NaN 进行运算的结果仍然是 NaN，示例如下：

```
>> a=[1 2 nan inf nan]    %note that NaN is not case-sensitive
a=
    1    2   NaN   Inf   NaN
>> b=2*a
b=
    2    4   NaN   Inf   NaN
>> c=sqrt(a)
c=
  1.0000  1.4142   NaN    Inf   NaN
>> d=(a==nan)
d=
 1×5 logical 数组
  0  0  0  0  0
>> f=(a~=nan)
f=
 1×5 logical 数组
  1  1  1  1  1
```

如上述代码所示，第 1 条语句生成了一个含有 NaN 的向量 a，第 2 条语句和第 3 条语句分别对向量 a 进行乘法和开方运算，从运算结果可以看到，对 NaN 进行数学运算的结果仍然是 NaN。

第 4 条语句和第 5 条语句的结果或许有些出乎意料：由 a==nan 得到的结果全部是 0（false），而由 a~=nan 得到的结果全部是 1（true）。这个结果表明，在 MATLAB 中，不同的 NaN 之间是不相等的。

鉴于 NaN 的这种特性，在进行关系运算时，必须确定数组中是否含有 NaN。MATLAB 提供的内置函数 isnan()专门用来寻找数组中是否含有 NaN。如下所示的代码就是利用 isnan()函数来寻找 a 中的 NaN：

```
>> g=isnan(a)
g=
  1×5 logical 数组
   0  0  1  0  1
```

由结果可知，isnan()函数在数组中 NaN 的位置返回 1（true）。另外，将 isnan()函数和 find()函数联合使用可以寻找数组中 NaN 的位置索引。例如，如下所示的代码先找到数组 a 中 NaN 的位置，然后在这些位置上用 0 替代 NaN：

```
>> i=find(isnan(a))          %find indices of NaN
i=
   3   5
>> a(i)=zeros(size(i))       %changes NaN in a to zeros
a=
   1   2   0   Inf   0
```

空数组是开发人员定义的一个数据类型（这一点与 NaN 不同，因为 NaN 是由 IEEE 标准定义的），是指一维或多维的长度为 0 的数组变量。

空数组的表达方式也很多，最简单的是直接用方括号表示的数组，即[ ]数组。如下所示的代码给出了几种空数组的创建方式，并用 size()函数或 length()函数查看它们的维数或长度：

```
>> size([])         %simplest empty array
ans =
     0   0
>> c = zeros(0,5)   %how about an empty array with multiple columns
c=
  空的 0×5 double 矩阵
>> size(c)
ans =
     0   5
>> d =ones(4,0)     %an empty array with multiple rows
 d=
  空的 4×0 double 矩阵
>> size(d)
 ans =
     4   0
>> length(d)        %it's length is zero even though it has 4 rows
 ans =
     0
```

使一个数组的维数为 0 也许会让读者感到困惑，但这在许多运算中是非常有用的，随着本书的深入，读者会对其有更深的了解。

空数组有时也出现在一些函数的返回参数中。在 MATLAB 中，很多函数在无法返回适当的结果时，往往会返回空数组，其中最典型的就是 find() 函数，具体示例如下：

```
>> x=-2:2       %new data
x=
    -2  -1  0  1  2
>> y=find(x>2)
y=
  空的 1×0 double 行向量
```

在上述示例中，数组 x 中不存在大于 2 的值，因此找不到正确的索引值，于是 find() 函数就返回一个空数组。可以使用 isempty() 函数测试一个返回值是否是空数组，具体示例如下：

```
>> isempty(y)
ans =
  logical
   1
```

由于空数组也存在维数（如前面创建的 c 为 0×5 的数组），在 MATLAB 7 中，不同维数的空数组之间是不能进行比较的，因此，在验证一个数组是否是空数组时，最好不要使用关系运算，建议使用 isempty() 函数。例如，如果要验证前面创建的 c 是否是空数组，只能采用 isempty() 函数，代码如下所示：

```
>> c==[]        %comparing 0-by-5 to 0-by-0 arrays produces an error
错误使用  ==
矩阵维度必须一致。
>> isempty(c)   %is empty returns the desired result
ans =
  logical
   1
```

当用户确认空数组是最简单的空数组（[ ]）时，关系运算也成立，只不过运算结果仍是空数组，示例如下：

```
>> a=[]; %create an empty variable
>> a==[] %comparing equal size empties gives empty results
ans =
  空的 0×0 logical 数组
```

也可以将一个非空数组与一个空数组进行比较，结果返回一个空数组，示例如下：

```
>> b=1;  %create nonempty variable
>> b==[] %comparing nonempty to empty produces an empty result
ans =
  空的 0×0 logical 数组
>> b~=[] %even not equal comparison produces an empty result
```

```
ans =
  空的 0×0 logical 数组
```

由上述示例可以看出，对空数组执行关系运算时，要么返回错误信息（如在两个不同维数的空数组之间进行比较时），要么返回一个空数组（如前面的两个示例），这通常都不是用户想要的结果，因此，当有空数组出现时，建议用户使用 isempty() 函数，尽量不要使用关系运算。

3.2.3　复数类型

复数是指既包含实部又包含虚部的数，复数出现在许多科研工作中。例如，在电力工程中，可以用复数代表交变电压、交变电流和阻抗。描述电气系统行为的公式经常用到复数。

作为一个工程师，如果无法很好地理解和运用复数，将无法工作。复数的一般形式如下：

```
C=a+bi
```

其中，C 为复数，a 和 b 均为实数，i 代表-1。a、b 分别为 C 的实部和虚部。由于复数有两个部分，因此它能在平面内标出。这个平面的横轴是实轴，纵轴是虚轴，所以复数在这个平面内为一个点，横轴为 a，纵轴为 b。用上面的方式表示一个复数，称为直角坐标表示，坐标的横轴与纵轴分别代表复数的实部与虚部。

若复数在一个平面内，则有另一种表达方式，即极坐标表示，公式如下：

$$c = a + bi = z\angle\theta$$

其中，z 代表复数的模，θ 代表辐角。在直角坐标中，a、b 和极坐标 z、θ 之间的关系如下：

$$a = z\cos\theta$$

$$b = z\sin\theta$$

$$z = (a^2 + b^2)^{1/2}$$

$$\theta = \tan^{-1}(b/a)$$

复数包含独立的两部分，即实部和虚部。虚部的单位是-1 的平方根，在 MATLAB 中可以用 i 或 j 来表示。

可以用如下所示的赋值语句来产生复数：

```
>> a=2+4i
a =
   2.0000 + 4.0000i
```

也可以用 complex() 函数来产生复数，代码如下所示：

```
>> x=2 ;
>> y=4 ;
>> z=complex(x,y)
z =
   2.0000 + 4.0000i
```

其中，x、y 为实数，得到的 z 是以 x 为实部、y 为虚部的复数。

也可以按照如下形式使用 complex() 函数，具体代码如下所示：

```
>> x=2 ;
>> z=complex(x)
z =
   2.0000 + 0.0000i
```

其中，x 为实数，得到的 z 是以 x 为实部、0 为虚部的复数。

常见的支持复数运算的 MATLAB 函数如表 3-7 所示。

表 3-7　常见的支持复数运算的 MATLAB 函数

函 数 名	描　　述
conj(c)	计算 c 的共轭复数。如果 c=a+bi，那么 conj(c)=a-bi
real(c)	返回复数 c 的实部
imag(c)	返回复数 c 的虚部
isreal(c)	如果数组 c 中没有一个元素有虚部，那么函数 isreal(c) 将返回 1。所以，如果一个数组 c 是由复数组成的，那么 isreal(c) 将返回 0
abs(c)	返回复数 c 的模
angle(c)	返回复数 c 的幅角

在本节的最后，将上述介绍过的数据类型汇总成表（见表 3-8），给出适合 MATLAB 支持的数据类型函数。

表 3-8　数据类型函数

函 数 名	描　　述
double	创建或转化为双精度浮点数
single	创建或转化为单精度浮点数
int8, int16, int32, int64	创建或转化为有符号整数类型
uint8, uint16, uint32, uint64	创建或转化为无符号整数类型
isnumeric	若是整数或浮点数，则返回 true
isinteger	若是整数，则返回 true
isfloat	若是单精度浮点数或双精度浮点数，则返回 true
isa(x, 'type')	type 包括 numeric、integer 和 float，当 x 类型为 type 时，返回 true
cast(x, 'type')	type 包括 numeric、integer 和 float，将 x 类型置为 type

函　数　名	描　述
intmin('type')	type 包括 numeric、integer 和 float，type 数据类型的最小整数值
realmax('type')	type 包括 numeric、integer 和 float，type 数据类型的最大浮点实数值
realmin('type')	type 包括 numeric、integer 和 float，type 数据类型的最小浮点实数值
eps('type')	type 包括 numeric、integer 和 float，type 数据类型的 eps 值（浮点值）
eps(x)	x 的 eps 值，即 x 与 MATLAB 能表示的和其相邻的同数据类型的那个数之间的距离
zeros(...,'type')	type 包括 numeric、integer 和 float，创建数据类型为 type 的全 0 阵列
ones(...,'type')	type 包括 numeric、integer 和 float，创建数据类型为 type 的全 1 阵列
eye(...,'type')	type 包括 numeric、integer 和 float，创建数据类型为 type 的单位阵列

3.3　初等函数运算

本节介绍初等函数运算，包括三角函数、指数函数、对数函数、截断函数和求余函数，这些函数的共同点是函数的运算针对的都是矩阵中的元素。

3.3.1　三角函数

MATLAB 中提供的三角函数及其功能如表 3-9 所示。

表 3-9　MATLAB 中提供的三角函数及其功能

函　数　名	功　能　描　述	函　数　名	功　能　描　述
sin	正弦	sec	正割
sind	正弦，输入以度为单位	secd	正割，输入以度为单位
sinh	双曲正弦	sech	双曲正割
asin	反正弦	asec	反正割
asind	反正弦，输出以度为单位	asecd	反正割，输出以度为单位
asinh	反双曲正弦	asech	反双曲正割
cos	余弦	csc	余割
cosd	余弦，输入以度为单位	cscd	余割，输入以度为单位
cosh	双曲余弦	csch	双曲余割
acos	反余弦	acsc	反余割
acosd	反余弦，输出以度为单位	acscd	反余割，输出以度为单位
acosh	反双曲余弦	acsch	反双曲余割
tan	正切	cot	余切
tand	正切，输入以度为单位	cotd	余切，输入以度为单位
tanh	双曲正切	coth	双曲余切
atan	反正切	acot	反余切
atand	反正切，输出以度为单位	acotd	反余切，输出以度为单位
atan2	四象限反正切	acoth	反双曲余切

Note

下面计算 0～2π的正弦函数和余弦函数，具体的操作命令如下：

```
>> x=0:pi/10:2*pi;
>> y1=sin(x);
>> y2=cos(x);
>> figure(1);
>> plot(x,y1,'b-',x,y2,'ro-');
>> xlabel('x取值');
>> ylabel('函数值');
>> legend('正弦函数','余弦函数');
```

得到的图形如图 3-1 所示。

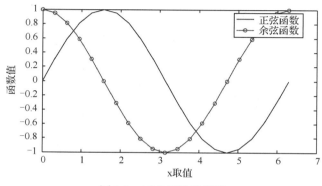

图 3-1　三角函数的图形

3.3.2　指数函数和对数函数

MATLAB 中提供的指数函数和对数函数及其功能如表 3-10 所示。

表 3-10　MATLAB 中提供的指数函数和对数函数及其功能

函 数 名	功 能 描 述	函 数 名	功 能 描 述
exp	指数	realpow	对数，若结果是复数则报错
expm1	准确计算 exp(x)-1 的值	reallog	自然对数，若输入不是正数则报错
log	自然对数（以 e 为底）	realsqrt	开平方根，若输入不是正数则报错
log1p	准确计算 log(1+x)的值	sqrt	开平方根
log10	常用对数（以 10 为底）	nthroot	求 x 的 n 次方根
log2	以 2 为底的对数	nextpow2	返回满足 2^P>=abs(N)的最小正整数 P，其中 N 为输入

下面计算 e^{x+1} 和 $\log_2 x$ 的值。具体的操作命令如下：

```
>> x1=0:.1:4;
>> y1=exp(x1+1);
>> subplot(1,2,1);
>> plot(x1,y1,'b-')
```

```
>> xlabel('自变量取值');
>> ylabel('函数值');
>> x2=0:.1:4;
>> y2=log(x2);
>> figure(1);
>> subplot(1,2,2);
>> plot(x2,y2,'ro-')
>> xlabel('自变量取值');
>> ylabel('函数值');
>> legend('log^x');
```

得到的图形如图 3-2 所示。

图 3-2　指数函数与对数函数的图形

MATLAB 中还提供了截断函数和求余函数。由于篇幅所限，这里不一一列举，其功能如表 3-11 所示，感兴趣的读者可以查阅 MATLAB 帮助文档。

表 3-11　截断函数和求余函数及其功能

函　数　名	功　能　描　述	函　数　名	功　能　描　述
fix	向零取整	mod	除法求余（与除数同号）
floor	向负无穷方向取整	rem	除法求余（与被除数同号）
ceil	向正无穷方向取整	sign	符号函数
round	四舍五入		

3.4　本章小结

本章主要介绍了 MATLAB 的基本功能，包括"命令行窗口"的使用方法，以及数据类型中的基本数据类型和常见的初等函数运算等。这些内容比较简单，可以为读者入门奠定基础。

第4章

关系运算和逻辑运算

MATLAB 中没有布尔型数据和逻辑型数据，MATLAB 把 0 值作为结果 false，把所有的非 0 值作为结果 true。选择结构的运算是由一个表达式控制的，这个表达式的结果只有 true(1) 和 false(0)。有两种形式的运算符可以在 MATLAB 中经过运算得到 true/false：关系运算符和逻辑运算符。

在 MATLAB 中，关系运算和逻辑运算的应用非常普遍，当用户进行流程控制和确定指令执行顺序时，往往需要利用关系运算和逻辑运算的结果来提供正确的控制信息。

学习目标

（1）了解关系运算符。
（2）了解逻辑运算符。
（3）掌握运算符的优先级。

4.1　关系运算符

关系运算符是指两个数值或字符操作数之间的运算符。关系运算将根据两个操作数的关系产生结果 true 或 false。

4.1.1　关系运算符的基本形式

关系运算的基本形式如下：

```
a1 op a2
```

其中，a1 和 a2 可以是算术表达式、变量或字符串，op 代表表 4-1 中的一个运算符。如果两者的关系为真（true），那么这个运算会返回 1；否则返回 0。

表 4-1　关系运算符

关系运算符	描　　述	关系运算符	描　　述
<	小于	>=	大于或等于
<=	小于或等于	==	等于（请不要和赋值等号 "=" 混淆）
>	大于	~=	不等于

下面是一些关系运算和它的运算结果。

运算	结果
3 < 4	1
3 <= 4	1
3 == 4	0
3 > 4	0
4 <= 4	1
'A' < 'B'	1

最后一个运算得到的结果为 1，这是因为字符之间的求值遵循 ASCII 表中的顺序。

注意　不要混淆等于关系运算符（==）和赋值运算符（=）的运用。

在运算的层次中，关系运算在所有的数学运算之后进行。所以，下面两个表达式是等价的，输出结果均为 1：

```
>> 7+3<2+11
ans =
  logical
```

```
  1
>> (7+3)<(2+11)
ans =
  logical
  1
```

4.1.2　等于运算符和不等于运算符

等于运算符（==）：如果两个变量的值相同则返回 1，否则返回 0。

不等运算符（~=）：如果两个变量的值不同则返回 1，否则返回 0。

使用等于运算符和不等于运算符比较两个字符串是安全的，不会出现错误。但对两个数字数据进行比较，可能会产生意想不到的错误。两个理论上相等的数不能有一丝一毫的差别，而计算机在计算过程中如果出现了近似的现象，则可能在判断相等与不相等的过程中产生错误，这种错误称为 round off 错误。

例如，考虑下面的两个数，两者均应等于 0：

```
a=0;
b=sin(pi);
```

因为这两个数在理论上是相等的，所以关系式 a==b 应当返回 1。但事实上，MATLAB 计算所产生的结果如下：

```
>> a=0;
>> b=sin(pi);
>> a==b
ans =
  logical
   0
```

MATLAB 报告了 a 和 b 不同，因为它产生了一个 round off 错误，在计算中，sin(pi) 的结果是 1.2246×10^{-16}，而不是 0。两个理论上相等的值因为 round off 错误而发生了细微的差别。

可以通过检测两个数在一定范围内是否近似相等，在这个精确范围内可能会产生 round off 错误。具体示例如下：

```
>> abs(a-b)<1.0E-14
ans =
  logical
   1
```

不管 a 与 b 在计算过程中是否产生 round off 错误，上述示例都会产生正确的结果。

在检测两个数是否相等时一定要小心，因为 round off 错误可能会使两个本来应该相等的数不相等，这时可以通过比较确认在 round off 错误的范围内它们是不是近似相等。

4.2　逻辑运算符

逻辑运算符是联系一个或两个逻辑操作数并能产生一个逻辑结果的运算符。有 3 种二元逻辑运算符，分别为 AND、OR 和异或运算符，此外，还有一个一元逻辑运算符 NOT。二元逻辑运算的基本形式如下：

```
a1 op a2
```

一元逻辑运算的基本形式如下：

```
op a1
```

a1 和 a2 代表表达式或变量，op 代表表 4-2 中的逻辑运算符。如果 a1 和 a2 的逻辑运算关系为 true，那么运算将会返回 1，否则返回 0。

表 4-2　常见的逻辑运算符

逻辑运算符	描　　述
&	在两个逻辑数组之间进行逐元素的与操作
|	在两个逻辑数组之间进行逐元素的或操作
~	对一个逻辑数组进行取反操作

逻辑真值表如表 4-3 所示，该表展示了每种运算所有可能的结果。如果一个数的值不为 0，那么 MATLAB 将把它看作 true；如果它为 0，则将其看作 false。所以，~5 的结果为 0；而~0 的结果为 1。

表 4-3　逻辑真值表

输　　入		与	或	异　　或	非
11	12	11 & 12	11 | 12	xor(11,12)	~11
0	0	0	0	0	1
0	1	0	1	1	1
1	0	0	1	1	0
1	1	1	1	0	0

在运算顺序中，逻辑运算在所有的数学运算和关系运算之后进行。

表达式中的运算顺序如下。

（1）所有的数学运算按照前面描述的顺序进行。

（2）从左向右依次进行关系运算。

Note

（3）执行所有的逻辑非运算。

（4）从左向右依次进行逻辑与运算。

（5）从左向右依次进行逻辑或运算，和数学运算一样，括号能改运算的默认顺序。

如下所示是关于逻辑运算的一些示例，假设下面的 3 个变量有初始值：

```
value1 = 1
value2 = 0
value3 = -10
```

逻辑表达式及其结果如下：

```
(a)  ~value1                              0
(b)  value1 | value2                      1
(c)  value1 & value2                      0
(d)  value1 & value2 | value3             1
(e)  value1 & (value2 | value3)           1
(f)  ~(value1 & value3)                   0
```

因为逻辑非运算在其他逻辑运算之前进行，所以(f)中的括号是必需的。如果删除括号，那么(f)中的表达式等价于(~value1) & value3。

4.3 运算符的优先级

MATLAB 在执行含有关系运算和逻辑运算的数学运算时，同样遵循一套优先级原则，该原则规定：MATLAB 首先执行具有较高优先级的运算，其次执行具有较低优先级的运算；如果两个运算的优先级相同，则按从左到右的顺序执行。

MATLAB 中各运算符的优先级如表 4-4 所示。

表 4-4　MATLAB 中各运算符的优先级

运　算　符	优　先　级
圆括号（()）	最高
转置（.'）、共轭转置（'）、乘方（.^）、矩阵乘方（^）	
一元加法（+）、一元减法（-）、取反（~）	
乘法（.*）、矩阵乘法（*）、右除（./）、左除（.\）、矩阵右除（/）、矩阵左除（\）	
加法（+）、减法（-）、逻辑非（~）	
冒号运算符（:）	
小于（<）、小于或等于（<=）、大于（>）、大于或等于（>=）、等于（==）、不等于（~=）	
逐元素逻辑与（&）	
逐元素逻辑或（|）	
"避绕式"逻辑与（&&）	
"避绕式"逻辑或（||）	最低

使用过其他编程语言的用户都知道，表 4-4 中的优先级顺序与大多数计算机编程语言基本相似。用户可以使用括号任意改变表 4-4 中的运算优先级顺序，但在同一级括号内部仍遵循表 4-4 中的优先级顺序。

可以利用下面的代码验证逻辑与（&）和逻辑或（|）的优先级：

```
>> 4|2&1
ans =
  logical
    1
>> 5|(3&2)
ans =
  logical
    1
```

4.4　关系函数和逻辑函数

除了前面提到的关系运算符和逻辑运算符，MATLAB 中还提供了几个函数进行关系运算和逻辑运算，这些函数的名称和功能描述如表 4-5 所示。

表 4-5　关系函数和逻辑函数的名称和功能描述

函数的名称	功　能　描　述
xor(x,y)	逻辑异或函数，当 x 和 y 一个为 0、一个不为 0 时返回 true，当 x 和 y 同时为 0 或同时为 1 时返回 false
any(x)	如果 x 是向量，则当 x 的任意一个元素不为 0 时返回 true，否则返回 false；如果 x 是数组，则对于 x 的任意一列，如果有一个元素不为 0，则在该列返回 true，否则返回 false
all(x)	如果 x 是向量，则只有当 x 中所有元素都不为 0 时返回 true，否则返回 false；如果 x 是数组，则对于 x 的任意一列，只有当该列所有元素都为 0 时，才在该列返回 true，否则返回 false

除了这些函数，MATLAB 中还提供了一些函数用于检验某个特定的值是否存在或某个条件是否成立，并返回相应的逻辑结果。由于这些函数大都以"is"开头，因此它们又被称为"is 族"函数。检验函数的名称和功能描述如表 4-6 所示。

表 4-6　检验函数的名称和功能描述

函数的名称	功　能　描　述
isstudent	检测用户所使用的 MATLAB 版本，如果是学生版本，那么该函数返回 true，否则返回 false
ispc	检测用户所使用的 MATLAB 版本，如果是 PC（Windows）版本，那么该函数返回 true，否则返回 false
isunix	检测用户所使用的 MATLAB 版本，如果是 UNIX 版本，那么该函数返回 true，否则返回 false
ismember	检测一个值或变量是否是某个集合中的元素，如果是，则返回 true，否则返回 false
isglobal	检测一个变量是否全局变量，如果是，则返回 true，否则返回 false
mislocked	检测一个 M 文件是否被锁定（即不能被清除），如果是，则返回 true，否则返回 false
isempty	检测一个矩阵是否为空矩阵，如果是，则返回 true，否则返回 false
isequal	检测两个数组是否相等，如果相等，则返回 true，否则返回 false
isequalwithequalNaN	检测两个数组是否相等，如果相等，则返回 true，否则返回 false。若数组中含有 NaN 值，则认为所有的 NaN 值是相等的

续表

函数的名称	功 能 描 述
isfinite	检测数组中的各元素是否为有限值，该函数在有限值的位置返回 true，在非有限值的位置返回 false
isfloatpt	检测数组中的各元素是否为浮点值，该函数在浮点值的位置返回 true，在非浮点值的位置返回 false
isscalar	检测一个变量是否为标量，如果是，则返回 true，否则返回 false
isinf	检测数组中的各元素是否为无穷大值，该函数在无穷大值的位置返回 true，在有限值的位置返回 false
islogical	检测一个数组是否为逻辑数组，如果是，则返回 true，否则返回 false
isnan	检测一个数是否为非数值（NaN 值），如果是，则返回 true，否则返回 false
isnumeric	检测一个数组是否为数值型数组，如果是，则返回 true，否则返回 false
isreal	检测一个数组是否为实数数组，如果是，则返回 true，否则返回 false
isprime	检测一个数是否为素数，如果是，则返回 true，否则返回 false
issorted	检测一个数组是否按顺序排列，如果是，则返回 true，否则返回 false
automesh	如果输入参数是不同方向的向量，则返回 true，否则返回 false
inpolygon	检测一个点是否位于一个多边形区域内，如果是，则返回 true，否则返回 false
isvarname	检测一个变量名是否是一个合法的变量名，如果是，则返回 true，否则返回 false
iskeyword	检测一个变量名是否是 MATLAB 的关键词或保留字，如果是，则返回 true，否则返回 false
issparse	检测一个矩阵是否是稀疏矩阵，如果是，则返回 true，否则返回 false
isvector	检测一个数组是否是一个向量，如果是，则返回 true，否则返回 false
isappdata	检测应用程序定义的数据是否存在，如果存在，则返回 true，否则返回 false
ishandle	检测是否为图形句柄，如果是，则返回 true，否则返回 false
ishold	检测一个图形的 Hold 状态是否为 On，如果是，则返回 true，否则返回 false
figflag	检测一个图形是否是当前屏幕上显示的图形，如果是，则返回 true，否则返回 false
iscellstr	检测一个数组是否为字符串单元数组，如果是，则返回 true，否则返回 false
ischar	检测一个数组是否为字符串数组，如果是，则返回 true，否则返回 false
isletter	检测一个字符是否是英文字母（包括大写和小写），如果是，则返回 true，否则返回 false
isspace	检测一个字符是否是空格字符，如果是，则返回 true，否则返回 false
isa	检测一个对象是否是指定的类型，如果是，则返回 true，否则返回 false
iscell	检测一个数组是否是单元数组，如果是，则返回 true，否则返回 false
isfield	检测一个名称是否是结构体中的域，如果是，则返回 true，否则返回 false
isjava	检测一个数组是否是 Java 对象数组，如果是，则返回 true，否则返回 false
isobject	检测一个名称是否是一个对象，如果是，则返回 true，否则返回 false
isstruct	检测一个名称是否是一个结构体，如果是，则返回 true，否则返回 false
isvalid	检测一个对象是否是可以连接到硬件的串行端口对象，如果是，则返回 true，否则返回 false

4.5　本章小结

　　MATLAB 中提供了丰富的运算符，非常便于满足用户的各种应用，这些运算符包括算术运算符、关系运算符和逻辑运算符。本章主要介绍了关系运算符和逻辑运算符，并且相应地介绍了运算符的优先级和关系函数与逻辑函数。本章以表格的方式列举了这些函数的作用，清楚明了地呈现给广大爱好 MATLAB 软件的初学者，希望能起到抛砖引玉的作用。希望广大初学者通过本章的学习能快速找到适合自己的学习途径。

第**5**章

数组运算

在 MATLAB 中，向量和矩阵主要是由数组表示的。数组运算始终是 MATLAB 的核心内容，并且 MATLAB 和其他编程语言相比的最大优势就是数组计算。这种编程的优势使计算程序简单、易读，程序命令更接近教科书上的数学公式，而且提高了程序的向量化程度和计算效率，节省计算机的开销。

本章主要介绍数组的一些基本知识，其中包括简单数组、数组寻址、数组排序、数组结构、数组运算等。

学习目标

（1）熟练掌握一维数组和二维数组的创建。

（2）熟练数组寻址等其他运用。

（3）熟练运用数组运算在大型程序中的编写。

5.1 简单数组

简单数组，顾名思义就是平常建立的一维向量和二维向量。本节从创建方法的角度来描述简单数组，并介绍数组转置函数。

5.1.1 一维数组的创建

一维数组就是向量，本节主要从输入的角度来阐述一维数组。下面介绍创建一维数组的几种方法。

1. 直接输入

（1）直接输入行向量：

```
>> a=[1,3,2,4]
a=
    1    3    2    4
```

（2）直接输入列向量：

```
>> a=[1;3;2;4]
a=
    1
    3
    2
    4
```

直接输入是针对小型的一维数组的。由上述示例可知，行向量与列向量之间的区别仅仅是元素之间的符号不同，所以在使用直接输入法创建向量时应注意向量中元素之间的符号。

2. 用 ":" 生成向量

（1）用 a=j:k 生成向量 a=[j,j+1,…,k]，示例如下：

```
>> a=2:6
a=
    2    3    4    5    6
```

（2）用 a=j:d:k 生成行向量 a=[j,j+d,…,j+m*d]，其中 m=fix((k-j)/d)，示例如下：

```
>> a=2:3:12
a=
    2    5    8    11
```

这里创建的向量都属于等差向量，在编程时可以使用这种快捷方式创建一个等差向量。

3．用 linspace()函数生成按等差形式排列的行向量

在 X1 和 X2 之间默认生成 100 个线性分布的数据，相邻两个数据的差保持不变，构成等差数列，示例如下：

```
x=linspace(X1,X2)
```

如果自动生成在 1 和 2 之间 100 个线性分布的数据，那么向量第一个数为 1，向量的最后一个数为 2，示例如下：

```
>> a=linspace(1,2)
```

4．x=linspace(X1,X2,n)

在 X1 和 X2 之间生成 n 个线性分布的数据，相邻两个数据的差保持不变，同样能构成等差数列，示例如下：

```
>> a=linspace(1,2,15)
a=
  列 1 至 7
   1.0000    1.0714    1.1429    1.2143    1.2857    1.3571    1.4286
  列 8 至 14
   1.5000    1.5714    1.6429    1.7143    1.7857    1.8571    1.9286
  列 15
   2.0000
```

用 linspace()函数得到的是一个线性分布的等差数列数组，在编程中需要得到按等比形式排列的一维数组时，可以使用 logspace()函数，具体使用方法可以参考 MATLAB 帮助文档。

5.1.2 行向量转置为列向量

5.1.1 节介绍了一维数组的创建，下面介绍针对创建的一维数组进行相关的转置，即如何将一个行向量转置为列向量。将行向量转置为列向量有两种方法：直接转置和使用 transpose()函数。

1．直接转置

```
>> a=1:10
a=
    1    2    3    4    5    6    7    8    9    10
>> a'
ans =
    1
```

```
        2
        3
        4
        5
        6
        7
        8
        9
       10
```

2. 使用 transpose()函数

```
>> a=1:10
a=
     1     2     3     4     5     6     7     8     9    10
>> transpose(a)
ans =
     1
     2
     3
     4
     5
     6
     7
     8
     9
    10
```

这两种方法都可以使用，但第一种方法比较受欢迎，这是因为第一种方法比较简便，而且不用记住相关的函数，这两种方法同样适用于二维数组，具体可以参考 MATLAB 帮助文档中的示例。

5.1.3 二维数组的创建

二维数组与矩阵之间有很大的相关性，二维数组是由实数或复数排列成矩形构成的，而且从数据结构上看，矩阵和二维数组没有区别。

直接输入：

```
>> a=[1,2,3;2,3,4]
a=
     1     2     3
     2     3     4
```

读取数据，可以通过读取相关格式的文件将其中的数值保存在工作空间中，在工作空间中都是以二维数组或三维数组的形式进行存储的，如果想查看具体内容，直接双击"工作区"窗口中相对应的变量即可。

利用最常用标准数组生成函数产生标准数组的演示如下：

```
>> ones(2,4)                    %产生（2×4）全1数组
ans =
    1    1    1    1
    1    1    1    1
>> randn('state',0)             %把正态随机发生器置0
>> randn(2,3)                   %产生正态随机矩阵
ans =
    -0.4326 0.1253 -1.1465
    -1.6656 0.2877 1.1909
>> D=eye(3)                     %产生 3×3 的单位矩阵
D=
    1    0    0
    0    1    0
    0    0    1
>> diag(D)                      %取 D 矩阵的对角元
ans =
    1
    1
    1
>> diag(diag(D))                %外 diag()函数利用一维数组生成对角矩阵
ans =
    1    0    0
    0    1    0
    0    0    1
    %在[-3,-1,1,3]中产生 3×10 均匀分布随机数组，随机发生器的状态设置为1
>> randsrc(3,10,[-3,-1,1,3],1)
ans =
    -1   -1   -3    1   -3    1   -3    3    3   -3
     1   -3   -1   -1    3   -1   -3   -1    3   -3
    -3   -3   -1    1   -3    1    3    1   -3    3
```

5.2 数组寻址

数组中总是包含多个元素，因此，在对数组的单个元素或多个元素进行访问时，需要对数组进行寻址运算。

5.2.1 对一维数组进行寻址

对一维数组进行寻址很简单，因为下标可以写成一个数或一个一维数组，即可寻址得到想要得到的元素，具体可参考下面的示例。

对一维数组的其中一个元素进行访问：

```
>> a=[1,3,4,5,6,7]
a=
1    3    4    5    6    7
>> a(5)
ans =
    6
```

对一维数组的多个元素进行访问：

```
>> a=[1,3,4,5,6,7]
a=
    1    3    4    5    6    7
>> a([1,3,5])
ans =
    1    4    6
```

这里使用另一种方法也可以实现上述功能，具体如下：

```
>> a=[1,3,4,5,6,7]
a=
    1    3    4    5    6    7
>> a(1:2:5)
ans =
    1    4    6
```

一维数组的寻址方式很简单，也便于理解，掌握好一维数组的寻址方式是学习二维数组寻址的基础。

子数组的寻址示例如下：

```
>> rand('state',0)              %把均匀分布伪随机发生器置为 0 状态
>> x=rand(1,5)                  %产生的均匀分布随机数组
x=
    0.9501    0.2311    0.6068    0.4860    0.8913
>> x(3)                         %寻访数组 x 的第 3 个元素
ans =
    0.6068
>> x([1 2 5])                   %寻访数组 x 的第 1 个、第 2 个和第 5 个元素组成的子数组
ans =
    0.9501    0.2311    0.8913
```

```
>> x(1:3)                      %寻访前三个元素组成的子数组
ans =
    0.9501    0.2311    0.6068
>> x(3:end)                    %寻访除前两个元素之外的全部其他元素
ans =
    0.6068    0.4860    0.8913
>> x(3:-1:1)                   %由前三个元素倒排构成的子数组
ans =
    0.6068    0.2311    0.9501
>> x(find(x>0.5))              %由大于 0.5 的元素构成的子数组
ans =
    0.9501    0.6068    0.8913    %对元素可以重复寻访, 使所得数组长度允许大于原数组
>> x([1 2 3 4 4 3 2 1])
ans =
    0.9501   0.2311   0.6068   0.4860   0.4860   0.6068   0.2311   0.9501
```

5.2.2　对二维数组进行寻址

对二维数组进行寻址与对一维数组进行寻址一样，只不过二维数组需要考虑行和列，而一维数组只需要考虑一个行或列，所以对二维数组进行寻址有单下标、全下标和函数寻址这 3 种方法，其基本思想与一维数组是一样的。

下面举例说明二维数组元素及子数组的各种标识和寻址格式。

```
>> A=zeros(2,6)
A =
    0    0    0    0    0    0
    0    0    0    0    0    0
>> A(:)=1:12                   %单下标法: 单下标全元素寻访
A=
    1    3    5    7    9    11
    2    4    6    8   10    12
>> A(2,4)                      %全下标法: 指定行、指定列
ans =
    8
>> A(8)                        %单下标法: 单下标寻访
ans =
    8
>> A(:,[1,3])                  %全下标法: 全部行、指定列
ans =
    1    5
    2    6
>> A([1,2,5,6]')              %单下标法:生成指定的一维行（或列）数组
```

```
ans =
     1
     2
     5
     6
>> A(:,4:end)              %全下标法：全部行、指定列，end 表示最后一列
ans =
     7      9     11
     8     10     12
>> A(2,1:2:5)=[-1,-3,-5]   %全下标法：指定行、指定列
A=
     1      3      5      7      9     11
    -1      4     -3      8     -5     12
>> B=A([1,2,2,2],[1,3,5] )   %全下标法：指定行、指定列
B=
     1      5      9
    -1     -3     -5
    -1     -3     -5
    -1     -3     -5
```

基于行和列寻址：

```
>> a=[1,2,3;4,5,6;6,7,8]
a=
     1      2      3
     4      5      6
     6      7      8
>> a(2,3)
ans =
     6
```

基于行或列寻址：

```
>> a=[1,2,3;4,5,6;6,7,8]
a=
     1      2      3
     4      5      6
     6      7      8
>> b=a(:)
b=
     1
     4
     6
     2
     5
```

```
        7
        3
        6
        8
>> b(8)
ans =
        6
```

可以使用 sub2ind() 函数读取数组中排序凌乱的元素。

使用 sub2ind() 函数可以将一个二维数组的下标变成索引，然后用索引对二维数组进行寻址，这种操作直接省略前面所说的方法，不但方便简单而且便于理解。具体示例如下：

```
>> a=[1,2,3;4,5,6;6,7,8]
a=
        1        2        3
        4        5        6
        6        7        8
```

读取其中的第 2 行、第 2 列和第 3 行、第 1 列的两个元素，有如下两种方法：第一种方法是使用第二种方法将二维数组变成一维数组，然后读取一维数组中的两个元素；第二种方法是使用 sub2ind() 函数。（第一种方法在此不做介绍）

使用 sub2ind() 函数的示例如下：

```
>> b=sub2ind(size(a),[2,3],[2,1])
b=
        5        3
>> a(b)
ans =
        5        6
```

5.3　数组排序

MATLAB 中提供了数组排序函数 sort()，该函数可以对任意给定的数组进行排序。本节主要介绍一维数组排序和二维数组排序，所用的函数都是 sort()。

1. 一维数组排序

```
b=sort(A)
```

其中，A 是一个待排序的一维数组，得到的 b 是排序后的一维数组。具体示例如下：

```
>> a=10*rand(1,7)
a=
     5.4688    9.5751    9.6489    1.5761    9.7059    9.5717    4.8538
```

```
>> b=sort(a)
b=
    1.5761    4.8538    5.4688    9.5717    9.5751    9.6489    9.7059
```

其中，a 是一个待排序的一维数组，得到的 b 是排序后的一维数组，index 是排序后的一维数组的各个元素在原一维数组中的位置。具体示例如下：

```
>> a=10*rand(1,7)
a=
    8.0028    1.4189    4.2176    9.1574    7.9221    9.5949    6.5574
>> [b,index]=sort(a)
b=
    1.4189    4.2176    6.5574    7.9221    8.0028    9.1574    9.5949
index=
    2    3    7    5    1    4    6
```

对一维数组进行排序直接使用 sort()函数即可，并且能得到排序后的数组中的元素在原数组中的位置，函数使用起来简单、便捷。

2. 二维数组排序

```
[b,index]=sort(A,dim,mode)
```

其中，dim=1 表示对每列进行排序，但可以省略；dim=2 表示对每行进行排序，如果进行行排序，那么此项不能省略。当 mode='descend'时表示进行降序排序；当 mode='ascend'时表示进行升序排序。得到的 b 是排序后的二维数组，index 是排序后的元素在原数组中行或列的具体位置。

具体可以参考如下所示的两个示例。

第一个示例如下所示：

```
>> a=10*rand(2,3)
a=
    0.3571    9.3399    7.5774
    8.4913    6.7874    7.4313
>> [b,index]=sort(a,1,'descend')
b=
    8.4913    9.3399    7.5774
    0.3571    6.7874    7.4313
index=
    2    1    1
    1    2    2
```

上述示例是对一个二维数组进行列降序排序，这里的第 2 个输入参数可以省略，默认为 1，所以可以直接写成[b,index]=sort(a,'descend')。

第二个示例如下所示：

```
>> a=10*rand(2,3)
a=
    3.9223    1.7119    0.3183
    6.5548    7.0605    2.7692
>> [b,index]=sort(a,2,'ascend')
b=
    0.3183    1.7119    3.9223
    2.7692    6.5548    7.0605
index=
    3    2    1
    3    1    2
```

Note

上述示例是对一个二维数组进行行升序排序，这里的第 2 个输入参数不能省略。如果省略第 3 个输入参数，则默认为升序排序。

本节主要从一维数组和二维数组这两个方面对数组排序进行阐述，与一维数组相比，二维数组比较复杂，如果掌握了 sort() 函数各个输入参数和各个输出参数的意义，就能够快速掌握二维数组的排序技巧。

5.4　数组检测

数组结构指的是数组中元素的排列方式，MATLAB 中提供了多种检测函数用来判定数组的类型。

5.4.1　isempty() 函数

isempty() 函数主要用来检测某个数组是否为空数组，其调用形式如下：

```
TF=isempty(A)
```

其中，A 是待检测的数组，如果得到输出参数 TF=1，则表示待检测的数组是空数组，否则表示待检测的数组不是空数组。具体示例如下：

```
>> a=rand(2,3)
a=
    0.0462    0.8235    0.3171
    0.0971    0.6948    0.9502
>> TF=isempty(a)
TF=
  Logical
    0
```

5.4.2   isscalar()函数

isscalar()函数主要用来检测某个数组是否为单元素的标量数组，其调用形式如下：

```
TF=isscalar(A)
```

其中，A 是待检测的数组，输出的参数是一个逻辑变量，TF=1 代表待检测数组只有一个元素，否则为多个元素或空数组。具体示例如下：

```
>> a=rand(2,3)
a=
    0.4898    0.6463    0.7547
    0.4456    0.7094    0.2760
>> TF=isscalar(a)
TF=
 Logical
    0
>> isscalar(a(2,2))
ans =
 Logical
    1
```

5.4.3   isvector()函数

isvector()函数主要用来检测某个数组是否为具有一行元素或一列元素的一维数组，其调用形式如下：

```
TF=isvector(A)
```

其中，A 是待检测的数组，输出参数是一个逻辑变量，TF=1 代表待检测的数组是具有一行元素或一列元素的一维数组，否则反之。具体示例如下：

```
>> a=randi(2,3)
a=
    2    1    1
    2    1    2
    1    2    1
>> TF=isvector(a)
TF=
 Logical
    0
>> TF1=isvector(a(1,:))
TF1=
 Logical
    1
```

5.4.4　issparse()函数

issparse()函数用来检测某个数组是否为稀疏数组，其调用形式如下：

```
TF=issparse(A)
```

其中，A 是待检测的数组，得到的输出变量是一个逻辑变量，TF=1 代表待检测数组为稀疏数组，否则反之。具体示例如下：

```
>> a=rand(2,3)
a=
    0.7513    0.5060    0.8909
    0.2551    0.6991    0.9593
>> TF=issparse(a)
TF=
  Logical
    0
```

本节介绍了数组的多种结构，并给出了检测它们属于什么结构的函数，熟练掌握这些函数，可以帮助用户编写大型 MATLAB 程序，尤其可以帮助用户处理一些技巧性问题。

5.5　数组结构

可以认为一维数组是一个行向量或列向量，其大小是这个数组中元素的个数；二维数组就是一个矩阵，应该从行和列这两个角度来考虑。

5.5.1　数组的长度

数组的长度就是一个数组的行数和列数的最大值，可以使用 MATLAB 自带的 length()函数求解这个最大值。length()函数的调用形式如下：

```
b=length(A)
```

其中，A 是待求长度的数组，得到的输出参数 b 就是数组的长度。

```
>> a=rand(5,1)
b=length(a)
c=rand(2,3)
d=length(c)
```

运行结果如下：

```
a=
    0.2543
```

```
    0.8143
    0.2435
    0.9293
    0.3500
b=
     5
c=
    0.1966    0.6160    0.3517
    0.2511    0.4733    0.8308
d=
     3
```

由上述示例可以看出：当待求数组是一维数组时，得到的数组长度就是待求数组的元素个数；当待求数组是二维数组时，得到的数组长度则是行数和列数的最大值。

5.5.2 数组元素的总数

数组元素的总数可以通过将数组的行数和列数相乘得到，对于一维数组，其元素的总数就是数组的长度；对于二维数组，其元素的总数就是行数和列数的乘积。

使用 MATLAB 中的 numel()函数可以求数组元素的总数，具体示例如下：

```
>> a=rand(5,1)
b=numel(a)
c=rand(2,3)
d=numel(c)
```

运行结果如下：

```
a=
    0.1656
    0.6020
    0.2630
    0.6541
    0.6892
b=
     5
c=
    0.7482    0.0838    0.9133
    0.4505    0.2290    0.1524
d=
     6
```

由上述示例可以看出，一个数组的元素总数就是元素的个数，使用 MATLAB 中 numel()函数比较容易求解，而且很便捷。

5.5.3　数组的行数和列数

对于一维数组，数组的行数或列数必有一个为 1；而对于二维数组，行数和列数不为 1。MATLAB 中也有自带的函数用于求取数组的行数和列数，这个函数就是 size()，其调用形式如下：

```
[a,b]=size(A)
```

或者：

```
a=size(A)
```

如果使用前者，得到的 a 和 b 都是包含一个元素的数组，而使用后者得到的 a 是一个有两个元素的行向量。具体可以参考如下示例：

```
>> a=rand(5,1)
b=size(a)
c=rand(2,3)
[e,f]=size(c)
```

运行结果如下：

```
a=
    0.0844
    0.3998
    0.2599
    0.8001
    0.4314
b=
     5     1
c=
    0.9106    0.2638    0.1361
    0.1818    0.1455    0.8693
e=
     2
f=
     3
```

本节主要从数组的长度、数组元素的总数与数组的行数和列数这几个方面对数组的大小进行阐述，读者应该熟练掌握上述这些函数的用法，从而更深入地理解数组结构。

5.6　数组元素运算

前面着重介绍了数组的基本知识，从本节开始主要介绍与数组有关的一些处理方法。

5.6.1 算术运算

Note

1. 数组的加减

数组的加减与普通数字的加减一样。如果一个数组加或减一个数，则数组的所有元素都加或减这个数；一个数组加或减一个数组，则这两个数组的大小应该保持一致，并且相对应的元素进行相加或相减。具体示例如下：

```
>> a=rand(2,3)
b=a+2
c=a+[1 2 3;3 4 5]
```

运行结果如下：

```
a=
    0.8147    0.1270    0.6324
    0.9058    0.9134    0.0975
b=
    2.8147    2.1270    2.6324
    2.9058    2.9134    2.0975
c=
    1.8147    2.1270    3.6324
    3.9058    4.9134    5.0975
```

2. 数组的乘除

MATLAB 中数组的乘除就是矩阵的乘除，可以分为矩阵乘除和矩阵元素之间的乘除。矩阵乘除就是矩阵之间的乘除；矩阵元素之间的乘除是 MATLAB 不同于其他编程语言的一个较大的优势，这可以避免像 C 语言中通过循环对数组中的元素逐一进行乘法或除法运算。下面举例说明数组相乘和数组元素之间的相乘：

```
>> a=rand(2,3)
b=rand(3,2)
c=a*b
```

运行结果如下：

```
a=
    0.7922    0.6557    0.8491
    0.9595    0.0357    0.9340
b=
    0.6787    0.3922
    0.7577    0.6555
    0.7431    0.1712
c=
    1.6656    0.8859
    1.3724    0.5596
```

上述示例属于矩阵之间的相乘。

```
>> a=rand(2,3)
b=[1,2,3;2,3,4]
c=a.*b
```

运行结果如下：

```
a=
    0.7060    0.2769    0.0971
    0.0318    0.0462    0.8235
b=
    1    2    3
    2    3    4
c=
    0.7060    0.5538    0.2914
    0.0637    0.1385    3.2938
```

数组元素之间的相乘是元素之间的相乘，并且相乘后得到的新的数组的维数不变，这与数组相乘有本质的区别。

5.6.2　逻辑运算

矩阵的比较关系是针对两个矩阵对应元素而言的，所以在使用逻辑运算时，首先应该保证这两个矩阵的维数一致或其中一个矩阵为标量。

比较逻辑运算是对逻辑矩阵的对应运算进行比较，若关系满足，则将比较结果矩阵中该位置的元素置为 1，否则置为 0。关系运算包括如下 4 种。

1．与运算

将 A 与 B 的对应元素进行与运算，若两个数均为非 0 值，则结果元素的值为 1，否则为 0。其调用形式如下：

```
A&B
```

或者：

```
and(A,B)
```

具体示例如下：

```
>> a=[1,2,3;3,4,5]
b=[1,0,2;2,5,0]
c=a&b
d=and(a,b)
```

运行结果如下：

```
a=
    1    2    3
    3    4    5
b=
    1    0    2
    2    5    0
c=
    1    0    1
    1    1    0
d=
    1    0    1
    1    1    0
```

两个矩阵进行与运算，只要其中一个矩阵的一个元素为 0，经过与运算后的矩阵的相应位置上为逻辑值 0。

2．或运算

将 A 与 B 的对应元素进行或运算，若两个数只要有一个数不为 0，则结果元素的值为 1，否则为 0。其调用形式如下：

```
A|B
```

或者：

```
or(A,B)
```

具体示例如下：

```
>> a=[1,2,3;0,4,0]
b=[1,0,2;2,5,0]
c=a|b
d=or(a,b)
```

运行结果如下：

```
a=
    1    2    3
    0    4    0
b=
    1    0    2
    2    5    0
c=
    1    1    1
    1    1    0
d=
    1    1    1
    1    1    0
```

两个矩阵进行或运算，只有相对应的元素都为 0，得到或运算的结果才为逻辑值 0。

3．非运算

如果待运算矩阵的元素为 0，则结果元素为 1，否则为 0。其调用形式如下：

```
~A
```

或者：

```
not(A)
```

具体示例可以参考 MATLAB 的帮助文档。

4．异或运算

两个矩阵进行异或运算，若相应的两个数中一个为 0，另一个不为 0，则结果是逻辑值 1，否则为 0。其调用形式如下：

```
xor(A,B)
```

具体示例如下：

```
>> a=[1,2,3;0,2,1]
b=[0,2,0;0,0,1]
c=xor(a,b)
```

运行结果如下：

```
a=
    1    2    3
    0    2    1
b=
    0    2    0
    0    0    1
c=
    1    0    1
    0    1    0
```

熟练掌握上述逻辑运算有助于读者编写大型程序。

5.6.3 比较运算

MATLAB 中的比较运算有 6 种，这里的比较运算与 C 语言中的一样，具体的用法读者可以查看帮助文档中的相关示例。比较运算的指令及其含义如表 5-1 所示。

表 5-1 比较运算的指令及其含义

指 令	含 义	指 令	含 义
<	小于	>=	大于或等于
<=	小于或等于	==	等于
>	大于	~=	不等于

上面介绍了多种运算，在 MATLAB 中编程，必须明白矩阵运算与矩阵元素之间的运算。

5.7 数组的基本运算

本节主要介绍与数组有关的一系列函数，即数组求和、数组乘法及其他处理函数。

5.7.1 数组求和

数组求和一般分为两种：数组的累加及数组的求和，所使用的函数分别是 cumsum() 和 sum()。

1．使用 cumsum() 函数求数组的累加和

cumsum() 函数用于求解一个数组的累加和，如果数组是一个向量，得到的仍然是一个向量；如果数组是一个矩阵，就需要从行和列这两个方面进行考虑。其调用形式如下：

```
B=cumsum(A)
```

如果 A 是一个向量，那么返回的也是一个向量，该向量中第 m 行的元素是第 1 行到第 m 行的所有元素的累加和；如果 A 是一个矩阵，那么返回一个和原矩阵同行同列的矩阵，矩阵中第 m 行第 n 列的元素是 A 中第 1 行到第 m 行的所有第 n 列元素的累加和。

具体示例如下：

```
>> a=[1,2,3,4,5]
b=[1,2,3;4,5,6]
c=cumsum(a)
d=cumsum(b)
```

运行结果如下：

```
a=
    1    2    3    4    5
b=
    1    2    3
    4    5    6
c=
    1    3    6   10   15
d=
    1    2    3
    5    7    9
```

这种调用格式返回 A 中由标量 dim 所指定的维数的累加和。例如，cumsum(A,1) 返

回的是沿着第 1 维（各列）的累加和，cumsum(A,2)返回的是沿着第 2 维（各行）的累加和。具体可查看 MATLAB 的帮助文档。

2．使用 sum()函数求数组的和

sum()函数的用法很简单，它同样有两种格式，分别针对向量和矩阵。如果针对的是一个向量，那么得到的是一个数；如果针对的是一个矩阵，那么得到的是一个向量。其调用格式如下：

```
B=sum(A)
B=sum(A,dim)
```

其含义与前面的累加函数一样，具体示例如下：

```
>> a=[1,2,3,4,5]
b=[1,2,3;4,5,6]
c=sum(a)
d=sum(b)
```

运行结果如下：

```
a=
    1    2    3    4    5
b=
    1    2    3
    4    5    6
c=
   15
d=
    5    7    9
```

5.7.2　数组乘法

数组乘法分为点乘和叉乘，这两种乘法都有相关的函数。其中，点乘是数组元素之间的乘法，其函数为 dot()。dot()函数也有两种调用形式：

```
B=dot(a,b)
```

或者：

```
B=dot(a,b,dim)
```

其中，a 与 b 是需要相乘的数组。具体示例如下：

```
>> a=[1 2 3];
b=[2,3,4];
c=dot(a,b)
d=[1 2 3;2 3 4];
```

```
e=[1 5 6;3 6 7];
f=dot(d,e)
g=dot(d,e,2)
```

运行结果如下：

```
c=
    20
f=
    7    28    46
g=
    29
    52
```

可以看出，如果是两个相同长度的向量做点乘，就是向量之间的元素相乘后再加起来。两个具有相同行和列的矩阵做点乘，有如下两种调用方法：如果选择 dim=1，则是列之间的元素相乘再相加，但这个可以忽略；如果选择 dim=2，则是行之间的元素进行相乘，再相加得到一个列向量。

叉乘就是空间解析几何中所说的笛卡儿积，MATLAB 中也有一个用于求解的函数，这个函数就是 cross()，其调用形式如下：

```
C=cross(A,B)
```

或者：

```
C=cross(A,B,dim)
```

其中，A 与 B 是进行叉乘的两个向量，并且 A 与 B 必须是三元向量，其数学表达式可以表示为 C=A×B；对于第二种调用形式，这里的 A 与 B 是高维数组，并且 size(A,dim) 和 size(B,dim) 的维数一定是 3，返回的向量叉积维与 A 和 B 的维数一样。

具体示例如下：

```
>> A=[1 2 3]
B=[2,3,4]
C=cross(A,B)
```

运行结果如下：

```
A=
    1    2    3
B=
    2    3    4
C=
    -1   2    -1
```

上述示例是对两个一维数组进行叉乘运算，对高维数组进行叉乘运算的示例如下：

```
>> A=[1 2 3;2 3 4]
B=[3 4 5;7 8 9]
C=cross(A,B,2)
```

运行结果如下：

```
A=
    1    2    3
    2    3    4
B=
    3    4    5
    7    8    9
C=
   -2    4   -2
   -5   10   -5
```

上述两个示例详细说明了 cross() 函数的具体用法。

5.7.3　其他处理函数

1．prod()函数

prod()函数可以用于求数组元素的乘积，其调用形式如下：

```
B=prod(A)
```

或者：

```
B=prod(A,dim)
```

其中，A 是待求解的数组。前者是数组 A 中每列的元素相乘，得到的是一个行向量；后者是指定对数组行或列的元素进行相乘，当 dim=1 时与前者的功能一样，当 dim=2 时代表对数组 A 中每行的元素相乘，得到的是一个列向量。

具体示例如下：

```
>> A=magic(3)
>> B=prod(A)
>> C=prod(A,2)
```

运行结果如下：

```
A=
    8    1    6
    3    5    7
    4    9    2
B=
   96   45   84
C=
```

```
48
105
72
```

2. cumprod()函数

cumprod()函数的调用形式与 cumsum()函数的调用形式一样，只不过 cumprod()函数用于进行累积运算。cumprod()函数的调用形式如下：

```
B = cumprod(A)
```

或者：

```
B = cumprod(A,dim)
```

其中，A 是待求解的数组。当 dim=1 时，表示求数组 A 中每列元素的累积，函数返回的是一个行向量；当 dim=2 时，表示求数组 A 中每行元素的累积，函数返回的是一个列向量。具体示例如下：

```
>> A=1:5
>> B=cumprod(A)
>> A1=[1 2 3;2 3 4]
>> B1=cumprod(A1,1)
>> C=cumprod(A1,2)
A=
    1    2    3    4    5
B=
    1    2    6    24   120
A1=
    1    2    3
    2    3    4
B1=
    1    2    3
    2    6    12
C=
    1    2    6
    2    6    24
```

当 dim=1 时，如果计算数组累积连乘，那么每列中第 n 个元素是原矩阵每列中前 n 个元素之积；当 dim=2 时，如果计算数组累积连乘，那么每行中第 n 个元素是原矩阵每行中前 n 个元素之积。

3. triu()函数

triu()是 MATLAB 中用于提取上三角矩阵的函数，其调用形式如下：

```
U = triu(X)
```

或者：

```
U = triu(X,k)
```

其中，X 是待求解的数组。第一种调用形式返回的是数组 X 的主对角线及其右上方的数，并且其余位置上的元素为 0。第二种调用形式返回的结果取决于 k 的值，当 k<0 时，得到主对角线下面的第-k 条对角线及其右上方的元素，剩下的元素都为 0；当 k>0 时，则往上取对角线。具体示例如下：

Note

```
>> a=[1 2 3;2 3 4;4 5 6;5 6 7]
b=triu(a)
c=triu(a,2)
d=triu(a,-1)
```

运行结果如下：

```
a=
     1     2     3
     2     3     4
     4     5     6
     5     6     7
b=
     1     2     3
     0     3     4
     0     0     6
     0     0     0
c=
     0     0     3
     0     0     0
     0     0     0
     0     0     0
d=
     1     2     3
     2     3     4
     0     5     6
     0     0     7
```

MATLAB 中提供了许多矩阵操作的函数，可以实现矩阵的三角矩阵的提取（triu() 函数和 tril()函数）、矩阵的翻转（flipud()函数和 fliplr()函数）和旋转（rot90）等各种操作。这些函数的相关使用方法可查看 MATLAB 的帮助文档。

5.8 ▶ 数组的创建实例

前面介绍了数组的创建、寻址、排序及比较等，本节通过一些具体的实例，使读者加深和巩固创建数组的技巧。

【例5-1】 数组的扩展。

第一，创建数组，然后扩展数组。

第二，多次寻访扩展。

第三，合成扩展。

将代码保存在 eg5_1.m 中，具体如下：

```
clear
clc
A=reshape(1:9,3,3)          %创建数组 A
A(5,5)=111                   %扩展为数组。扩展部分除了(5,5)元素为111，其余均为0
A(:,6)=222                   %使用标量对子数组赋值，并扩展为数组
AA=A(:,[1:6,1:6])            %相当于指令 repmat(A,1,2)，读者可自行尝试
B=ones(2,6)                  %创建全1数组
AB_r=[A;B]                   %行数扩展合成
AB_c=[A,B(:,1:5)']           %列数扩展合成
```

运行结果如下：

```
A=
     1     4     7
     2     5     8
     3     6     9
A=
     1     4     7     0     0
     2     5     8     0     0
     3     6     9     0     0
     0     0     0     0     0
     0     0     0     0   111
A=
     1     4     7     0     0   222
     2     5     8     0     0   222
     3     6     9     0     0   222
     0     0     0     0     0   222
     0     0     0     0   111   222
AA=
     1     4     7     0     0   222     1     4     7     0     0   222
     2     5     8     0     0   222     2     5     8     0     0   222
     3     6     9     0     0   222     3     6     9     0     0   222
     0     0     0     0     0   222     0     0     0     0     0   222
     0     0     0     0   111   222     0     0     0     0   111   222
B=
     1     1     1     1     1     1
```

```
       1     1     1     1     1     1
AB_r=
       1     4     7     0     0   222
       2     5     8     0     0   222
       3     6     9     0     0   222
       0     0     0     0     0   222
       0     0     0     0   111   222
       1     1     1     1     1     1
       1     1     1     1     1     1
AB_c=
       1     4     7     0     0   222     1     1
       2     5     8     0     0   222     1     1
       3     6     9     0     0   222     1     1
       0     0     0     0     0   222     1     1
       0     0     0     0   111   222     1     1
```

【例 5-2】　绘制一个矩形域，其中，矩形域中每个小格的间隔为 0.1。在所有水平线和垂直线交点上计算 $\tan xy$ 的值，并作图。

将代码保存在 eg5_2.m 中，具体如下：

```
clc
clear
x=-3:0.1:3;
y=(-2:0.1:2)';
N=length(x);
M=length(y);
for ii=1:M
    for jj=1:N
        X0(ii,jj)=x(jj);                %所有格点的 x 坐标
        Y0(ii,jj)=y(ii);                %所有格点的 y 坐标
        Z0(ii,jj)=sin(abs(x(jj)*y(ii))); %所有格点的函数值
    end
end

x=-3:0.1:3;
y=(-2:0.1:2)';
[X,Y]=meshgrid(x,y);     %指定矩形域内所有格点的（x,y）坐标
Z=tan(abs(X.*Y));        %使用数组运算计算矩形域中所有格点坐标（x,y）对应的函数值

norm(Z-Z0)               %接近 eps，认为相等
surf(X,Y,Z)
xlabel('x')
ylabel('y')
```

```
shading interp
view([190,70])
```

运行结果如图 5-1 所示。

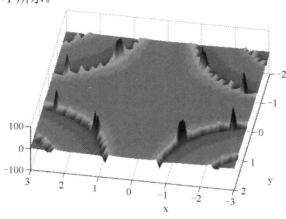

图 5-1　效果图

【例 5-3】　已知方程组 $\begin{cases} 2x_1 - x_2 + 3x_3 = 5 \\ 3x_1 + x_2 - 5x_3 = 5 \\ 4x_1 - x_2 + x_3 = 9 \end{cases}$，试用矩阵除法求解线性方程组。

解：将该方程变换成 $AX=B$ 的形式。

则有

$$A = \begin{bmatrix} 2 & -1 & 3 \\ 3 & 1 & -5 \\ 4 & -1 & 1 \end{bmatrix}, \quad B = \begin{bmatrix} 5 \\ 5 \\ 9 \end{bmatrix}$$

注　意

在线性方程组 $AX=B$ 中，$m×n$ 阶矩阵 A 的行数 m 表示方程数，列数 n 表示未知数的个数。如果 $n=m$，那么 A 为方阵，$A\backslash B=\text{inv}(A)*B$；如果 $m>n$，那么 $A\backslash B$ 是最小二乘解，$X=\text{inv}(A'*A)*(A'*B)$；如果 $m<n$，则 $A\backslash B$ 是令 X 中的 $n-m$ 个元素为 0 的一个特殊解，$X=\text{inv}(A'*A)*(A'*B)$。

将代码保存在 eg5_3.m 中，具体如下：

```
A=[2 -1 3;3 1 -5;4 -1 1]
B=[5;5;9]
X=A\B   %解方程组
```

运行结果如下：

```
A=
    2    -1     3
    3     1    -5
```

```
       4    -1    1
B=
       5
       5
       9
X=
       2
      -1
       0
```

【例5-4】　矩阵的除法和乘方运算。

将代码保存在 eg5_4.m 中，具体如下：

```
clear
clc
x1=[1 2;3 4];
x2=eye(2)
x1/x2                          %矩阵右除
inv(x1)                        %求逆矩阵
x1\x2                          %矩阵左除
x1./x2                         %数组右除
x1.\x2                         %数组左除
x1^2                           %矩阵乘方
x1^-1                          %矩阵乘方，指数为-1与inv相同
x1^0.2                         %矩阵乘方，指数为小数
2^x1                           %标量乘方
2.^x1                          %数组乘方
1.^x2                          %数组乘方
```

运行结果如下：

```
x2=
     1    0
     0    1
ans =
     1    2
     3    4
ans =
   -2.0000    1.0000
    1.5000   -0.5000
ans =
   -2.0000    1.0000
    1.5000   -0.5000
ans =
```

```
   1    Inf
   Inf    4
ans =
   1.0000        0
        0   0.2500
ans =
    7   10
   15   22
ans =
   -2.0000    1.0000
    1.5000   -0.5000
ans =
    0.8397 + 0.3672i    0.2562 - 0.1679i
    0.3842 - 0.2519i    1.2239 + 0.1152i
ans =
   10.4827   14.1519
   21.2278   31.7106
ans =
    2    4
    8   16
ans =
    1    1
    1    1
```

5.9　本章小结

　　本章主要介绍了数组运算的基础知识，其中包括简单数组、数组寻址、数组结构、数组元素运算等内容。标量运算是数学基础，但是，当用户希望同时对多个数据执行相同的运算时，重复的标量运算就会既耗时又麻烦。

　　为了解决这个问题，MATLAB 定义了基于数据数组的运算。数组操作就是 MATLAB 最大的特点，解释性地说明了编程的基本规律，并且不像其他高级语言那样需要进行诸多转化，在处理数学运算方面也显得游刃有余。

第**6**章

高维数组

前面主要阐述了一维数组和二维数组的处理方法。对于高维数组的处理方法（包括使用的函数和引用方式），MATLAB 中提供了与一维数组和二维数组相同的函数。所谓高维数组，即三维（含）以上的数组。因此，高维数组是二维数组的扩展。

尽管数组的维数可以任意选取，但为了在验证过程中便于显示和观察，本章主要以三维数组为例，详细说明高维数组是如何进行处理的。

学习目标

（1）熟练掌握高维数组的创建。
（2）掌握高维数组的处理。
（3）了解高维数组的常用函数。

6.1 高维数组的创建

高维数组即三维（含）以上的数组，其有多种创建方式。本节主要介绍高维数组是如何在 MATLAB 中创建的。

6.1.1 函数创建法

可以利用标准数组函数创建高维数组，具体示例如下：

```
>> A=zeros(2,3,4)
A(:,:,1)=
     0     0     0
     0     0     0
A(:,:,2)=
     0     0     0
     0     0     0
A(:,:,3)=
     0     0     0
     0     0     0
A(:,:,4)=
     0     0     0
     0     0     0
```

上述代码生成的是三维全 0 数组。由结果可以看出，该数组是按最后一维显示的，首先显示第 1 个，然后显示第 4 个。除了 zeros() 函数，ones() 函数、rand() 函数和 randn() 函数等也可以按照相同的方法生成高维数组。

6.1.2 索引法

高维数组还可以利用索引法来创建，具体示例如下：

```
>> A=zeros(2,3)
A=
     0     0     0
     0     0     0
>> A(:,:,4)=zeros(2,3)
A(:,:,1)=
     0     0     0
     0     0     0
A(:,:,2)=
     0     0     0
```

```
      0      0      0
A(:,:,3)=
      0      0      0
      0      0      0
A(:,:,4)=
      0      0      0
      0      0      0
>> A(:,:,3)=4
A(:,:,1)=
      0      0      0
      0      0      0
A(:,:,2)=
      0      0      0
      0      0      0
A(:,:,3)=
      4      4      4
      4      4      4
A(:,:,4)=
      0      0      0
      0      0      0
```

6.1.3 专有函数创建法

还可以使用 reshape()函数和 repmat()函数创建高维数组。利用 reshape()函数创建高维数组的示例如下：

```
>> A=[
    1     4     7     10
    2     5     8     11
    3     6     9     12];
>> B=reshape(A,2,6)
B=
    1     3     5     7     9    11
    2     4     6     8    10    12
>> B=reshape(A,2,[])
B=
    1     3     5     7     9    11
    2     4     6     8    10    12
```

　　使用 reshape()函数可以将任意维数的数组转变成其他维数的数组。

使用 repmat()函数创建高维数组的示例如下：

```
>> B=repmat(eye(2),3,4)
```

```
B=
     1     0     1     0     1     0     1     0
     0     1     0     1     0     1     0     1
     1     0     1     0     1     0     1     0
     0     1     0     1     0     1     0     1
     1     0     1     0     1     0     1     0
     0     1     0     1     0     1     0     1
```

　　　repmat()函数是通过数组复制方式来创建数组的。

使用 cat()函数也可以创建高维数组，具体示例如下：

```
>> A=[1    2
3    4];
>> B=[5    6
 7    8];
>> A=magic(3);
>> B=pascal(3);
>> C=cat(4,A,B)
C(:,:,1,1)=
     8     1     6
     3     5     7
     4     9     2
C(:,:,1,2)=
     1     1     1
     1     2     3
     1     3     6
```

6.2 高维数组的处理

当创建更高维的数组时，随着数组维数的增加，数组运算就会变得越来越难。

MATLAB 中专门提供了一些用来完成对高维数组进行处理的函数。squeeze()函数用于删除高维数组中的单一维，也就是说，它删除大小为 1 的那一维。

例如，使用 squeeze()函数将 6.1 节中的四维数组 C 变为三维数组 E，代码如下：

```
>> size(C)
ans =
     3     3     1     2
>> E=squeeze(C)
E(:,:,1)=
     8     1     6
```

```
    3    5    7
    4    9    2
E(:,:,2)=
    1    1    1
    1    2    3
    1    3    6
>> size(E)
ans =
    3    3    2
```

sub2ind()函数和 ind2sub()函数用于高维数组的直接引用。sub2ind()函数的具体示例如下：

```
>> A=rand(3,4,2)
A(:,:,1)=
    0.9501    0.4860    0.4565    0.4447
    0.2311    0.8913    0.0185    0.6154
    0.6068    0.7621    0.8214    0.7919
A(:,:,2)=
    0.9218    0.4057    0.4103    0.3529
    0.7382    0.9355    0.8936    0.8132
    0.1763    0.9169    0.0579    0.0099
>> linearInd=sub2ind(size(A), 2, 1, 2)
linearInd=
14
```

permute()函数可以用来重构数组，具体示例如下：

```
>> A=[1 2; 3 4];
>> permute(A,[2 1])
ans =
    1    3
    2    4
>> X=rand(12,13,14);
>> Y=permute(X,[2 3 1]);
>> size(Y)
ans =
    13    14    12
```

6.3　高维数组的常用函数

计算数组的大小可以使用 size()函数，该函数可以返回数组相应维上的大小。具体示例如下：

```
>> m=size(rand(2,3,4),2)
m=
     3
```

当不知道一个数组的维数或数组维数不确定时，可以使用 ndims() 函数获得该数组的维数值。具体示例如下：

```
>> ndims(m)
ans =
   2
```

高维数组的常用函数如表 6-1 所示。

表 6-1 高维数组的常用函数

函　　数	描　　述
ones(r,c,…) zeros(r,c,…) rand(r,c,…) randn(r,c,…)	创建高维数组的基本函数，分别创建全 1、全 0、随机（介于 0～1）和随机正态分布的高维数组
reshape(B,2,3,3) reshape(B,[2 3 3])	将一个数组变形为任意维数的数组
repmat(C,[1 1 3])	将一个数组复制成一个任意维数的数组
cat(3,a,b,c)	沿着一个指定的维将数组连接起来
squeeze(D)	删除大小等于 1 的维，也就是单一维
sub2ind(size(F),1,1,1) [r,c,p]=ind2sub(size(F),19)	将下标转化为单一索引值，或者将单一索引值转化为下标
flipdim(M,1)	沿着一个指定的维轮换顺序，等效于二维数组中的 flipud() 函数和 fliplr() 函数
shiftdim(M,2)	循环轮换。在第 2 个参数为正的情况下进行各维的循环轮换；在第 2 个参数为负的情况下将使数组的维数增加
permute(M,[2 1 3]) ipermute(M,[2 1 3])	高维数组的转置操作，其中前者为转置操作，后者为取消转置操作
size(M) [r,c,p]=size(M)	返回数组各维的大小
r=size(M,1)	返回数组的行数
c=size(M,2)	返回数组的列数
p=size(M,3)	返回数组的页数
ndims(M)	返回数组的维数
numel(M)	返回数组中元素的总数

6.4 高维数组的创建实例

本节将结合前面介绍的内容，给出几个创建高维数组的实例。

【例 6-1】　数组元素对称交换（使用 flipdim 指令）的实例。

将代码保存在 eg6_1.m 中，具体如下：

```
clc
clear
A=reshape(1:18,2,3,3)        %创建三维数组
flipdim(A,1)                 %关于"行平分面"交换对称位置上的元素
flipdim(A,3)                 %关于"页平分面"交换对称位置上的元素
```

运行结果如下：

```
A(:,:,1)=
     1     3     5
     2     4     6
A(:,:,2)=
     7     9    11
     8    10    12
A(:,:,3)=
    13    15    17
    14    16    18
ans(:,:,1)=
     2     4     6
     1     3     5
ans(:,:,2)=
     8    10    12
     7     9    11
ans(:,:,3)=
    14    16    18
    13    15    17
ans(:,:,1)=
    13    15    17
    14    16    18
ans(:,:,2)=
     7     9    11
     8    10    12
ans(:,:,3)=
     1     3     5
     2     4     6
```

【例 6-2】　数组的"维序号左移"重组。

将代码保存在 eg6_2.m 中，具体如下：

```
A=reshape(1:18,2,3,3)
shiftdim(A,1)      %"维序号左移 1 位"重组
shiftdim(A,2)      %"维序号左移 2 位"重组
```

运行结果如下：

```
A(:,:,1) =
     1     3     5
     2     4     6
A(:,:,2) =
     7     9    11
     8    10    12
A(:,:,3) =
    13    15    17
    14    16    18
ans(:,:,1) =
     1     7    13
     3     9    15
     5    11    17
ans(:,:,2) =
     2     8    14
     4    10    16
     6    12    18
ans(:,:,1) =
     1     2
     7     8
    13    14
ans(:,:,2) =
     3     4
     9    10
    15    16
ans(:,:,3) =
     5     6
    11    12
    17    18
```

【例6-3】 对高维数组进行撤销和降维。

将代码保存在 eg6_3.m 中，具体如下：

```
clc
clear
A=reshape(1:18,2,3,3)
B=cat(4,A(:,:,1),A(:,:,2),A(:,:,3))          %串接为四维数组
size(B)               %测量数组 B 的大小
C=squeeze(B)     %撤销长度为 1 的"孤维"，使原四维数组变为三维数组
size(C)
```

运行结果如下：

```
A(:,:,1) =
     1     3     5
     2     4     6
A(:,:,2) =
     7     9    11
     8    10    12
A(:,:,3) =
    13    15    17
    14    16    18
B(:,:,1,1) =
     1     3     5
     2     4     6
B(:,:,1,2) =
     7     9    11
     8    10    12
B(:,:,1,3) =
    13    15    17
    14    16    18
ans =
     2     3     1     3
C(:,:,1) =
     1     3     5
     2     4     6
C(:,:,2) =
     7     9    11
     8    10    12
C(:,:,3) =
    13    15    17
    14    16    18
ans =
     2     3     3
```

【例 6-4】　赋空的数组操作。

将代码保存在 eg6_4.m 中，具体如下：

```
clear
clc
A=reshape(1:18,2,3,3)           %创建三维数组
A(:,2:3,:)=[]                    %赋空，使原 A 数组的第 2 列和第 3 列消失
B=A;
size(A)
A_1=squeeze(A)                  %数组由三维降为二维
size(B)                         %B 数组与 A 数组同样存在
B(:,1,:)=[]                     %赋空
```

运行结果如下：

```
A(:,:,1)=
    1    3    5
    2    4    6
A(:,:,2)=
    7    9   11
    8   10   12
A(:,:,3)=
   13   15   17
   14   16   18
A(:,:,1)=
    1
    2
A(:,:,2)=
    7
    8
A(:,:,3)=
   13
   14
ans =
    2    1    3
A_1 =
    1    7   13
    2    8   14
ans =
    2    1    3
B=
   Empty array: 2-by-0-by-3
```

6.5　本章小结

　　本章主要介绍了高维数组的基础知识，如高维数组的创建、高维数组的处理及高维数组的常用函数等内容。

第7章

字符串

MATLAB 中提供了很多有关字符串的操作，包括字符串的创建、比较、查找和替换，本章主要介绍字符串处理函数。

字符串是指 $1 \times n$ 的字符数组。MATLAB 能够很好地支持字符串数据，用户可以用两种不同的方式来表示字符串，即字符数组和字符串单元数组。用户可以用 $m \times n$ 的字符数组来表示多个字符串，只要这些字符串的长度是一样的。当需要保存多个不同长度的字符串时，可以用单元数组来实现。

学习目标

（1）熟悉字符串的创建。

（2）熟悉字符串的比较。

（3）熟悉字符串的查找函数和替换函数。

（4）熟悉字符串与数值的转换。

（5）了解利用正则表达式进行搜索。

7.1 字符串的创建

一个 MATLAB 字符串是一个 char 型数组，每个字符占 2 字节。当字符串被赋予一个变量时，这个变量将被自动创建为字符变量。

7.1.1 创建字符数组

可以用一对单引号来表示字符串，具体示例如下：

```
str='I am a great person ';
```

也可以用字符串合并函数 strcat() 来得到一个新的字符串，具体示例如下：

```
a='My name is ';
b='Clayton Shen';
c=strcat(a,b)
```

运行结果如下：

```
c=
    'My name isClayton Shen'
```

 使用 strcat() 函数在合并字符串时会把字符串结尾的空格删除。要保留这些空格，可以用矩阵合并符"[]"来实现字符串合并，具体示例如下：

```
>> a='My name is ';
b='Clayton Shen';
c=[a b]
```

运行结果如下：

```
c=
    'My name is Clayton Shen'
```

用户也可以创建二维字符数组，但要注意保证二维字符数组的每行具有相同的长度。如下所示的字符串是合法的，因为它的每行都有 6 个字符：

```
>> str=['second';'string']
```

上述语句的输出结果如下：

```
str=
  2×6 char 数组
    'second'
    'string'
```

当创建的多个字符串具有不同的长度时，可以在字符串的尾部添加空格来强制实现字符串具有相同的长度。具体示例如下：

```
>> str=['name  ';'string']
```

运行结果如下：

```
str=
  2×6 char 数组
    'name  '
    'string'
```

更简单的方法是利用 char()函数来创建字符串。使用 char()函数创建字符串数组时，如果字符串不具有相同的长度，则 char()函数自动用空格把字符串补足到最长的字符串的长度。具体示例如下：

```
>> c=char('first','second')
```

运行结果如下：

```
c=
  2×6 char 数组
    'first '
    'second'
```

strvcat()函数与 char()函数具有类似的功能。strvcat()函数把多个字符串合并为一个字符串数组。当字符串不具有相同的长度时，strvcat()函数自动在尾部添加空格补足到最长的字符串的长度。具体示例如下：

```
>> c=strvcat('name','string')
```

运行结果如下：

```
c=
  2×6 char 数组
    'name  '
    'string'
```

把上述字符数组转换成字符串单元数组的代码如下所示：

```
>> celldata=cellstr(c)
```

运行结果如下：

```
celldata=
  2×1 cell 数组
    {'name'  }
    {'string'}
```

　　cellstr()函数可以把字符串尾部的空格删除。可以查看 celldata 的第 1 个字符串长度，具体示例如下：

```
>> length(celldata{1})
```

运行结果如下：

```
ans =
    4
```

可以使用 char()函数把一个字符串单元数组转换成一个字符数组，具体示例如下：

```
>> chararray=char(celldata)
```

运行结果如下：

```
chararray=
  2×6 char 数组
    'name  '
    'string'
```

使用如下所示的代码可以得到其第 1 个字符串的长度：

```
>> length(chararray(1,:))
```

运行结果如下：

```
ans =
    6
```

7.1.2 创建二维字符数组

在 MATLAB 中还可以创建二维字符数组，但一个数组中每行的长度都必须相等。如果其中的一行比其他行短，那么这个字符数据将无效，并产生一个错误。例如，如下所示的语句是非法的，因为两行的长度不同：

```
name=['Stephen J. Chapman'; 'Senior Engineer'];
```

创建二维字符数组最简单的方法是使用 char()函数，使用该函数可以自动寻找所有字符串中最长的那一个。

具体示例如下：

```
>> name=char('Stephen J. Chapman','Senior Engineer')
name=
  2×18 char 数组
    'Stephen J. Chapman'
    'Senior Engineer   '
```

可以使用 deblank()函数删除多余的空格。例如，如下所示的语句用于删除 name 数组中第 2 行多余的空格，并将运行结果与原来的进行比较：

```
>> line2=name(2,:)
line2=
```

```
   'Senior Engineer   '
>> line2_trim=deblank(name(2,:))
line2_trim=
   'Senior Engineer'
>> size(line2)
ans =
    1   18
>> size(line2_trim)
ans =
    1   15
```

Note

7.2　字符串的比较

可以通过多种方式对字符串与子字符串进行比较。例如，对两个字符串或两个字符串的部分进行比较，看两者是否相同；对两个独立的字符进行比较，看两者是否相同。

7.2.1　比较两个字符串

可以使用 MATLAB 中的函数比较两个字符串整体是否相同，方法如下。

- strcmp()函数用于判断两个字符串是否等价。
- 如果忽略大小写，那么 strcmpi()函数用于判断两个字符串是否等价。
- strncmp()函数用于判断两个字符串的前 *n* 个字符是否等价。
- 如果忽略大小写，那么 strncmpi()函数用于判断两个字符串的前 *n* 个字符是否等价。

使用 strcmp()函数可以比较字符串，包括字符串前面或后面的空格。如果两个字符串完全相同，那么这个函数将返回 1，否则返回 0。strcmpi()函数与 strcmp()函数类似，但 strcmpi()函数忽略大小写（即将"a"与"A"视为相同）

strncmp()函数用来比较两个字符串的前 *n* 个字符，包含开头的空格，如果这 *n* 个字符是相同的，则返回 1，否则返回 0。strncmpi()函数与 strncmp()函数相似，但 strncmpi()函数忽略大小写。

为了更好地理解这些函数，输入如下所示的字符串：

```
>> str1='hello';
>> str2='Hello';
>> str3='help';
```

字符串 str1 和字符串 str2 相同，但第 1 个字母的大小写不同。所以，strcmp()函数将返回 0，strcmpi()函数将返回 1。

```
>> c= strcmp(str1,str2)
c=
```

```
    logical
        0
>> c=strcmpi(str1,str2)
c=
    logical
        1
```

字符串 str1 和字符串 str3 不相同，所以 strcmp()函数与 strcmpi()函数都返回 0。但是字符串 str1 和字符串 str3 的前 3 个字符相同，所以如果按照如下所示的方式调用则返回 1：

```
>> c=strncmp(str1,str3,2)
c=
    logical
        1
```

7.2.2　判断单个字符是否相等

可以利用 MATLAB 的关系运算符对字符数组中的每个元素进行检测，看是否相同，但要保证它们的维数是相同的，或者其中一个是标量。例如，可以用等于运算符（==）来检测两个字符串是否相匹配。

具体示例如下：

```
>> a='fate';
>> b='cake';
>> result=a==b
result=
    1×4 logical 数组
        0    1    0    1
```

所有的关系运算符（>、>=、<、<=、==和~=）都是对字符所对应的 ASCII 值进行比较。与 C 语言不同，MATLAB 中没有一个内建函数可以用于对两个字符串的整体进行"大于"或"小于"的关系运算。

7.2.3　在一个字符串内对字符进行判断

如下两个函数可以对一个字符串内的字符逐个进行分类。

- isletter()函数用于判断一个字符是否为字母。
- isspace()函数用于判断一个字符是否为空白字符（空格、制表符、换行符）。

如果要创建一个字符串 mystring，可以输入如下所示的代码：

```
>> mystring = 'Room 23a' ;
```

isletter()函数用于检测字符串中的每个字符，将产生一个与字符串 isletter 相同长度的输出向量，一个字符对应一个 1。

Note

```
>> a=isletter(mystring)
a=
  1×8 logical 数组
   1  1  1  1  0  0  0  1
```

在 a 中，前 4 个元素和最后一个元素是 1，因为它们对应的 mystring 中的字符是字母。isspace()函数用于检测字符串中的每个字符，将产生一个和字符串长度相同的输出变量，对应于空字符的向量元素为 0。

因为向量的第 5 个元素对应的是空格，所以向量的第 5 个元素的值为 0。

MATLAB 中提供的字符串比较函数如表 7-1 所示。

表 7-1　MATLAB 中提供的字符串比较函数

函 数 名	功 能 描 述	基本调用格式
strcmp	比较两个字符串是否相等	strcmp(S1,S2)，如果字符串相等则返回 1，否则返回 0
strncmp	比较两个字符串的前 n 个字符是否相等	strncmp(S1,S2,N)，如果字符串的前 N 个字符相等则返回 1，否则返回 0
strcmpi	与 strcmp()函数的功能相同，只是忽略字符串的大小写	strcmpi(S1,S2)，如果字符串相等则返回 1，否则返回 0（忽略大小写）
dstrncmpi	与 strncmp()函数的功能相同，只是忽略字符串的大小写	strncmpi(S1,S2,N)，如果字符串的前 N 个字符相等则返回 1，否则返回 0（忽略大小写）

7.3　字符串的查找函数和替换函数

MATLAB 中提供了许多函数，用来对字符串中的字符进行查找或替换。考虑如下所示的字符串 test：

```
>> test='This is a test!';
```

findstr()函数用于返回短字符串在长字符串中所有的开始位置。例如，寻找 test 内的所有"is"：

```
>> position=findstr(test,'is')
position=
     3    6
```

字符串"is"在 test 内出现了两次，开始位置分别为 3 和 6。

MATLAB 中提供的字符串查找函数和替换函数如表 7-2 所示。

表 7-2　MATLAB 中提供的字符串查找函数和替换函数

函 数 名	功 能 描 述	基本调用格式
strrep	字符串替换	str=strrep(str1,str2,str3)，把 str1 中的 str2 子串替换成 str3
findstr	在字符串内查找（两个输入对等）	k=findstr(str1,str2)，查找输入中较长字符串中较短字符串的位置

函 数 名	功 能 描 述	基本调用格式
strfind	在字符串内查找	k=strfind(str,pattern)，查找 str 中 pattern 出现的位置； k=strfind(cellstr,pattern)，查找单元字符串 cellstr 中 pattern 出现的位置
strtok	获得第 1 个分隔 符之前的字符串	token=strtok('str')，以空格符（包括空格、制表符和换行符）作为分隔符； token=strtok('str',delimiter)，输入 delimiter 为指定的分隔符； [token,rem]=strtok(…)，返回值 rem 为第 1 个分隔符之后的字符串
strmatch	在字符串数组中 匹配指定的字符串	x=strmatch('str',STRS)，在字符串数组 STRS 中匹配字符串 str，返回匹配上的字 符串所在行的指标； x=strmatch('str',STRS,'exact')，在字符串数组 STRS 中精确匹配字符串 str，返回匹 配上的字符串所在行的指标。只有完全匹配上时，才返回字符串的行指标

如下所示的示例用于实现字符串替换：

```
>> s1='I am a teacher.';
>> str=strrep(s1,'teacher','student')
```

运行结果如下：

```
str=
    'I am a student.'
```

如下所示的示例用于实现字符串查找：

```
>> str='I am a teacher.';
>> index=strfind(str,'e')
```

运行结果如下：

```
index=
     9    13
```

如下所示的示例用于获得第 1 个分隔符之前的字符串：

```
>> s='I am a teacher.';
>> [a,b]=strtok(s)
```

运行结果如下：

```
a=
    'I'
b=
    ' am a teacher.'
```

7.4 字符串与数值的转换

在很多情况下，需要把一个数值数组转换成一个字符串，或者把一个字符串转换成一个数值数组。MATLAB 中提供的一系列函数可以完成这些操作。

7.4.1　大小写转换

upper()函数和 lower()函数分别把一个字符串中所有的字母转换为大写和小写。具体示例如下:

```
>> result=upper('This is test 1!')
result=
    'THIS IS TEST 1!'
>> result=lower('This is test 2!')
result=
    'this is test 2!'
```

 在进行大小写转换时,数字和符号不受影响。

7.4.2　将字符串转换为数字

MATLAB 中把由数字组成的字符串转换为数字要使用 eval()函数。例如,将字符串"3.141592"转换为数字的示例如下:

```
>> a='3.141592';
>> b=eval(a)
b=
    3.1416
>> whos
  Name      Size        Bytes  Class     Attributes
  a         1x8            16  char
  b         1x1             8  double
```

也可以使用 sscanf()函数把字符串转换为数字。sscanf()函数根据格式化转义字符将字符串转换为相应的数字,此函数最简单的形式如下:

```
value = sscanf(string, format)
```

其中,string 是要转换的字符串,format 是相应的转义字符。sscanf()函数比较普通的转义序列是"%d"和"%g",它们分别代表输出为整数和浮点数。sscanf()函数的应用如下所示:

```
>> value1=sscanf('3.141593','%g')
value1=
    3.1416
>> value2=sscanf('3.141593','%d')
value2=
    3
```

7.4.3 将数字转换为字符串

MATLAB 中有许多字符串/数字转换函数可以把数字转换为相应的字符串，这里只列举 num2str()函数和 int2str()函数。考虑如下所示的标量 x：

```
x = 5317;
```

在默认情况下，MATLAB 把 x 作为一个 1×1 的 double 数组，它的值为 5317。int2str(integer to string)函数把这个标量转换为 1×4 的字符数组，包含字符串"5317"。

具体示例如下：

```
>> x=5317;
>> y=int2str(x);
>> whos
  Name      Size          Bytes  Class      Attributes
  x         1x1               8  double
  y         1x4               8  char
```

num2str()函数为输出字符串的格式提供了更多的控制。第 2 个可选择的参数可以对输出字符串的数字个数进行设置或指定一个实际格式。

具体示例如下：

```
>> p=num2str(pi,7)
p=
    '3.141593'
>> p=num2str(pi,'%10.5e')
    '3.14159e+00'
```

int2str()函数和 num2str()函数对作图标签是非常有用的。使用 num2str()函数生成图像标签的示例如下：

```
function plotlabel(x,y)
plot(x,y)
str1=num2str(min(x));
str2=num2str(max(x));
out=['Value of f from ' str1 ' to ' str2];
xlabel(out);
```

还有一些转换函数可以把数字值由十进制转换为另一种数制，如二进制或十六进制。使用 dec2hex()函数可以把一个十进制数转换为相应的十六进制字符串。此类函数还有 hex2num()、hex2dec()、bin2dec()、dec2bin()、base2dec()，可以通过 MATLAB 的帮助文档来获取这些函数的作用和使用方法。

MATLAB 中的 mat2str()函数可以把一个数组转换为相应的 MATLAB 运算字符串，这个字符串可以是 eval()函数的输入，eval()函数对这个字符串的运算与直接在"命令行窗口"中输入的效果是一样的。例如，定义如下一个数组：

```
>> a=[1 2 3; 4 5 6]
a=
     1     2     3
     4     5     6
```

运行结果如下：

```
>> b=mat2str(a)
b=
    '[1 2 3;4 5 6]'
```

另外，MATLAB 中的 sprintf()函数等价于 fprintf()函数，唯一的不同之处是它的输出是一个字符串。sprintf()函数完全支持对字符串的格式化操作。

具体示例如下：

```
>> str=sprintf('The value of pi = %8.6f',pi)
str=
    'The value of pi = 3.141593'
```

在图像中，使用这些函数创建复杂的标题或标签非常有用。

可以把数值转换为字符串的函数如表 7-3 所示。

表 7-3　可以把数值转换为字符串的函数

函 数 名	功 能 描 述
char	把一个数值截取小数部分，然后转换为等值的字符串
int2str	把一个数值的小数部分四舍五入，然后转换为字符串
num2str	把一个数值类型的数据转换为字符串
mat2str	把一个数值类型的数据转换为字符串，返回的结果是 MATLAB 能识别的格式
dec2hex	把一个正整数转换为十六进制的字符串
dec2bin	把一个正整数转换为二进制的字符串
dec2base	把一个正整数转换为任意进制的字符串

可以把字符串转换为数值的函数如表 7-4 所示。

表 7-4　可以把字符串转换为数值的函数

函 数 名	功 能 描 述
uintN	把字符串转换为等值的整数
str2num	把一个字符串转换为数值类型
str2double	与 str2num 相似，但比 str2num 性能优越，同时提供对单元字符数组的支持
hex2num	把一个 IEEE 格式的十六进制字符串转换为数值类型
hex2dec	把一个 IEEE 格式的十六进制字符串转换为十进制整数
bin2dec	把一个二进制字符串转换为十进制整数
base2dec	把一个任意进制的字符串转换为十进制整数

Note

7.5 字符串函数

MATLAB 中提供了许多与字符串有关的函数，其中一些函数在前面已经讨论过了。字符串函数如表 7-5 所示。

表 7-5　字符串函数

函　数	描　述
char(S1,S2, …)	利用给定的字符串或单元数组创建字符数组
double(S)	将字符串转换成 ASCII 形式
cellstr(S)	利用给定的字符数组创建字符串单元数组
blanks(n)	生成由 n 个空格组成的字符串
deblank(S)	删除尾部的空格
eval(S),evalc(S)	使用 MATLAB 解释器求字符串表达式的值
ischar(S)	判断 S 是否是字符串数组，若是，就返回 true，否则返回 false
iscellstr(C)	判断 C 是否是字符串单元数组，若是，就返回 true，否则返回 false
isletter(S)	判断 S 是否是字母，若是，就返回 true，否则返回 false
isspace(S)	判断 S 是否是空格字符，若是，就返回 true，否则返回 false
isstrprop(S, 'property')	判断 S 是否是给定的属性，若是，就返回 true，否则返回 false
strcat(S1,S2,…)	将多个字符串进行水平串联
strvcat(S1,S2,…)	将多个字符串进行垂直串联，忽略空格
strcmp(S1,S2)	判断两个字符串是否相同，若相同，就返回 true，否则返回 false
strncmp(S1,S2,n)	判断两个字符串的前 n 个字符是否相同，若相同，就返回 true，否则返回 false
strcmpi(S1,S2)	判断两个字符串是否相同（忽略大小写），若相同，就返回 true，否则返回 false
strncmpi(S1,S2,n)	判断两个字符串的前 n 个字符是否相同（忽略大小写），若相同，就返回 true，否则返回 false
strtrim(S1)	删除字符串前后的空格
findstr(S1,S2)	在一个较长的字符串中查找另一个较短的字符串
strfind(S1,S2)	在字符串 S1 中查找字符串 S2
strjust(S1,type)	按指定的方式调整一个字符串数组，type 分为左对齐、右对齐或居中对齐
strmatch(S1,S2)	查找符合要求的字符串的下标
strrep(S1,S2,S3)	将字符串 S1 中出现的 S2 用 S3 代替
strtok(S1,D)	查找字符串 S1 中第一个给定的分隔符之前和之后的字符串
upper(S)	将一个字符串转换成大写
lower(S)	将一个字符串转换成小写
num2str(x)	将数字转换成字符串
int2str(k)	将整数转换成字符串
mat2str(X)	将矩阵转换成字符串，供 eval 使用
str2double(S)	将字符串转换成双精度值
str2num(S)	将字符串数组转换成数值数组
sprintf(S)	创建含有格式控制的字符串
sscanf(S)	按照指定的控制格式读取字符串

下面对表 7-5 中出现的部分函数进行说明。例如，findstr()函数将返回一个字符串在另一个字符串中出现的位置：

```
>> b='Peter Piper picked a peck of pickled peppers';
>> findstr(b,' ')
ans =
    6   12   19   21   26   29   37
>> findstr(b,'p')
ans =
    9   13   22   30   38   40   41
>> find(b=='p')
ans =
    9   13   22   30   38   40   41
>> findstr(b,'cow')
ans =
    []
>> findstr(b,'pick')
ans =
   13   30
```

 findstr()函数是区分大小写的。如果没有找到匹配的字符串，findstr()函数就返回空矩阵。findstr()函数不能用于具有多个行的字符串数组。

表 7-5 中还包含一些逻辑判断函数（以"is"开头的函数），其用法如下所示：

```
>> c='a2 : b_c'
c=
    'a2 : b_c'
>> ischar(c)
ans =
  logical
    1
>> isletter(c)
ans =
  1×8 logical 数组
    1   0   0   0   0   1   0   1
>> isspace(c)
ans =
  1×8 logical 数组
    0   0   1   0   1   0   0   0
```

7.6 利用正则表达式进行搜索

利用标准字符串函数（如 findstr()），就可以在一个字符串中查找指定的字符序列，以及替换这些字符序列。但用户有时需要进行特殊的查找，如查找重复的字符、查找所有的大写字母、查找以大写字母拼写的单词，或者查找所有的以美元表示的金额（即以美元符号开头，后面是含有小数点的十进制数）等。

在进行字符串查找时，MATLAB 支持具有强大功能的正则表达式（Regular Expression）。正则表达式是指在某种查找模式下进行字符串匹配所使用的公式。正则表达式在 UNIX 系统中得到了广泛应用，如 grep、awk、sed、vi 等工具函数。

另外，熟悉 Perl 或其他编程语言的用户也会或多或少地用到正则表达式。在 MATLAB 中，实现正则表达式的方法很容易理解，并且具有许多特性，包括扩展正则表达式（Extended Regular Expression）。

如果读者对正则表达式的概念不是十分了解，则可以由浅入深，先从其简单的特性开始使用，然后使用更复杂的特性。

为了使读者循序渐进地了解正则表达式的概念，下面先介绍几个使用正则表达式的简单规则。可以创建一个字符串公式（又称为表达式），用来描述标识字符串匹配部分的准则。该表达式由一系列字符和可选的修正符组成，修正符通常用于定义子字符串匹配的准则。

最简单的字符串表达式是一个完全由文字符号组成的字符串，如下所示：

```
>> str='Peter Piper picked a peck of pickled peppers.'; %create a string
>> regexp(str,'pe')    %return the indices of substrings matching 'pe'
ans =
    9   22   38   41
```

上例在 str 中找到了 4 处'pe'，分别位于 Piper、peck 和 peppers 中（其中 peppers 中含有两个'pe'）。

也可以使用字符类来匹配指定类型的字符，如一个字母、一个数字或一个空格符，还可以用来匹配一个指定的字符集。最有用的字符类是一个句点（.），用来表示任意的单个字符。

另外一个有用的字符类是位于方括号（[]）中的字符序列或某一部分字符，这个语法通常用来表示寻找与方括号中任意一个字符元素匹配的字符串子集。

例如，在 str 中寻找第一个字符为 p，并且最后一个字符为 r 或 c 的包含 3 个字符的组合，可以使用如下所示的代码：

```
>> regexpi(str,'p.[cr]')
ans =
     9    13    22    30    41
>> regexp(str,'p.[cr]','match')                    %list the substring matches
ans =
  1×5 cell 数组
    {'per'}    {'pic'}    {'pec'}    {'pic'}    {'per'}
```

还可以使用如下所示的代码寻找 str 中所有的大写字母：

```
>> regexp(str,'[A-Z]')          %match any uppercase letter
ans =
     1    7
```

查找单个字符的字符串表达式如表 7-6 所示。

表 7-6　查找单个字符的字符串表达式

字符串表达式	描述和用法
.	用于查找任意的单个字符（包括空格符）
[abcd35]	用于查找方括号中给出的任意一个字符
[a-zA-Z]	用于查找任意的字母，包括大写字母和小写字母，其中的连接符（-）表示字符范围
[^aeiou]	用于查找非小写的任意一个元音字母，其中的^表示对集合取反
\s	用于查找任意的空白符，包括空格符、制表符、换页符、换行符或回车符，相当于组合表达式[\t\f\n\r]
\S	用于查找任意的非空白符，相当于组合表达式[^\t\f\n\r]
\w	用于查找任意的文字字符，包括大写和小写的字母、数字和下画线，相当于[a-zA-Z_0-9]
\W	用于查找任意的非文字字符，相当于[^a-zA-Z_0-9]
\d	用于查找任意的数字，相当于[0-9]
\D	用于查找任意的非数字字符，相当于[^0-9]
\xN 或\x{N}	用于查找十六进制值为 N 的字符
\oN 或\o{N}	用于查找八进制值为 N 的字符
\a	用于查找告警、提示或发声字符，相当于\o007 或\x07
\b	用于查找退格字符，相当于\o010 或\x08
\t	用于查找横向制表符，相当于\o011 或\x09
\n	用于查找换行符，相当于\o012 或\x0A
\v	用于查找纵向制表符，相当于\o013 或\x0B
\f	用于查找换页符，相当于\o014 或\x0C
\r	用于查找回车符，相当于\o015 或\x0D
\e	用于查找退出符，相当于\o033 或\x1B
\	使用单个反斜线符号表示要查找其后面的那个字符，主要用来查找正则表达式中具有特殊意义的字符，如字符串表达式\.*\?\\表示要查找句点、星号、问号和反斜线符号

表 7-6 中的字符串表达式可以使用正则表达式修正符或数量词进行修改。例如，如下所示的代码用于在 str 中查找所有的单词，其中使用了修正符"+"：

```
>> regexp(str,'\w+','match')     %find all individual words
ans =
  1×8 cell 数组
    {'Peter'}    {'Piper'}    {'picked'}    {'a'}    {'peck'}    {'of'}
{'pickled'}  {'peppers'}
```

由此可以看出，修正符使字符串表达式的含义发生了变化：不包含修正符"+"的表达式表示查找所有的单个文字字符，而包含修正符"+"的表达式表示查找所有的单词，即由一个或多个文字字符组成的字符组合。

如下所示的代码用于在 str 中查找由两个 p 包围的所有最短的字符串：

```
>> regexp(str,'p.*?p','match')
ans =
  1×3 cell 数组
    {'per p'}    {'peck of p'}    {'pep'}
```

在上述代码中没有字符串'picked a p'，这是因为 MATLAB 从前向后查找字符串，当发现匹配的字符串后，继续从下一个字符开始向后查找，之前已查找过的字符将不会被重新查找。

用户可以使用圆括号将多个模式组合起来进行复合查找。例如，如下所示的代码用于在 str 中查找以 p 开头而不以 i 结尾的所有最长字符串：

```
>> regexp(str,'p[^i]+','match')
ans =
  1×3 cell 数组
    {'per p'}    {'peck of p'}    {'peppers.'}
```

在上述代码中使用了修正符"+"。如果在上述代码中加入圆括号，则表达式的意义将会发生细微的变化。例如，如下所示的代码在查找时，每次都会同时查找两个字符，返回所有由双字符"p×"（×为不是 i 的所有字符）构成的最长的字符串：

```
>> regexp(str,'(p[^i])+','match')
ans =
  1×3 cell 数组
    {'pe'}    {'pe'}    {'pepp'}
```

由于在表达式中加入了圆括号，因此修正符"+"将作用于括号内的两个字符。

也可以再利用正则表达式在字符串中进行条件查找。MATLAB 中提供了两种条件查找所用的操作符：逻辑操作符和范围操作符。范围操作符通常为查找限定了如下条件：被查找的字符串之后（或之前）具有（或不具有）另一个匹配字符串。

例如，如下所示的代码用于在 str 中查找所有以 d 结尾的单词之后的单词：

```
>> regexp(str,'(?<=d\s)\w+','match')
ans =
  1×2 cell 数组
    {'a'}    {'peppers'}
```

上述代码实际上返回的是位于字符 d 之后和到下一个空格符之前的那部分字符序列。

MATLAB 中提供的标记表达式如表 7-7 所示。

表 7-7　MATLAB 中提供的标记表达式

标记表达式	描述和用法
(p)	查找符合标记表达式 p 的所有字符
(?:p)	将所有符合表达式 p 的字符组合在一起，但不保存在一个标记中
(?>p)	逐个元素进行组合，但不保存在一个标记中
(?#A Comment)	在表达式中插入注释（注释在执行时将被忽略）
\N	表示与该表达式中的第 N 个标记相同（例如，\1 是第 1 个标记，\2 是第 2 个标记等）
$N	在一个替换字符串中插入一个与第 N 个标记相匹配的字符串（仅适用于 regexprep()函数）
(?<name>p)	查找符合标记表达式 p 的所有字符，并将标记命名为 name
\k<name>	表示与名为 name 的标记相匹配
(?(T)p)	如果标记 T 已产生（即已成功完成标记 T 的匹配），就查找符合模式 p 的字符串。该表达式实际上是一个 IF/THEN 结构，其中的标记既可以是已命名的标记，也可以是一个位置标记
(?(T)p|q)	如果标记 T 已产生，就查找符合模式 p 的字符串，否则查找符合模式 q 的字符串。该表达式实际上是一个 IF/THEN/ELSE 结构，其中的标记既可以是已命名的标记，也可以是一个位置标记

MATLAB 中有 3 中种不同类型的正则表达式：第 1 种是前面使用的 regexp()函数；第 2 种是 regexpi()函数，该函数在查找时忽略大小写；第 3 种是 regexprep()函数，该函数使用正则表达式替换字符串。

例如，如下所示的代码用于查找以'pi'开头的单词，并将这些单词保存起来，最后返回得到的字符串结果：

```
>> regexprep(str,'(pi\w*)(.*)(pi\w*)','$3$2$1')
ans =
    'Peter Piper pickled a peck of picked peppers.'
```

上述代码产生了 3 个标记：第 1 个标记是字符串'picked'，第 2 个标记是字符串'a peck of'，第 3 个标记是字符串'pickled'。替换字符串'$3$2$1'告诉 regexprep()函数删除原始字符串中与第 1 个参数相匹配的字符串，并使用与替换字符串标记相匹配的字符串来替换删除的字符串。原始字符串剩余部分将原封不动地返回。

在上例中，查找模式中的数字标记使用 \N 语法，而替换字符串中的标记则使用 $n 语法。

MATLAB 中的正则表达式函数如表 7-8 所示。

表7-8　MATLAB 中的正则表达式函数

函 数 名	描述和用法
regexp	使用正则表达式查找子字符串
regexpi	使用正则表达式查找子字符串，忽略大小写
regexprep	使用正则表达式查找并替换子字符串

在使用和修改上述正则表达式函数时，也可以使用多个选项，其中一个选项是前面已经用过的'match'参数。

在通常情况下，regexprep()函数是区分大小的，并且将替换它所查找到的所有子字符串，用户可以使用选项来改变该函数的这个默认设置。

以上 3 个函数既可以用于字符串单元数组，也可以用于单个字符串。用户既可以利用一个模式查找多个字符串，也可以利用多个模式查找多个字符串。

在编程时，这些函数的部分或全部的输入参数均可以使用字符串单元数组来表示。有关这些函数更详尽的信息，读者可以参考相应的 MATLAB 帮助文档。

7.7　本章小结

MATLAB 中有很多字符串操作功能，本章主要介绍字符串的创建、字符串的比较、字符串的查找函数和替换函数、字符串与数值的转换、字符串函数，以及利用正则表达式进行搜索等内容。

尽管 MATLAB 的主要功能是对数值进行处理，但有时不可避免地会遇到处理文本的情形，如在画图时需要插入坐标轴标签和标题等。因此，MATLAB 中的字符串主要是针对文本进行处理的数据类型。

第 **8** 章

结构体数组

与 C 语言一样，MATLAB 中也有结构体。结构体是根据属性名组织起来的不同类型数据的集合。容易与结构体类型混淆的数据类型是单元数组，这是一种特殊类型的 MATLAB 数组，后面会进行介绍，本章主要介绍结构体数组。

和其他的数据类型一样，结构体也是一种数组。一个单独的结构体就是一个 1×1 的结构体数组。用户可以创建任意维数和形状的结构体数组，包括多维结构体数组。

学习目标

（1）熟悉结构体数组的创建。
（2）了解如何访问结构体数组中的数据。

8.1 结构体数组的创建

创建结构体数组有如下两种方法：使用赋值语句和使用函数。

8.1.1 使用赋值语句创建结构体数组

结构体（Structures）在很大程度上与单元数组非常相似，并且允许用户将类型不同的数据集中在一个单独的变量中。与单元数组不同的是，结构体用称为字段的名称来对其元素进行索引，而不是通过数字索引。

另外，从原理上讲，MATLAB 也可以创建任意维数的结构体，但在大多数情况下，为了处理方便，用户通常只需要创建一个简单的结构体向量（一维结构体）。

与单元数组不同，结构体采用点号来访问字段中的数据变量，这一点与 C 语言中的类有些相似。只要采用点号为结构体中的各个字段赋初值，便创建了这个结构体。

下面通过为结构体中的每个属性赋值来创建一个结构体数组。例如，创建结构体数组 Personel 可以用如下所示的语句：

```
>> Personel.Name='klj';
Personel.Score=98;
Personel.Salary=[4500 5100 5600 5200 4800];
Personel    %在命令行中输出 Personel 变量的信息
```

运行结果如下：

```
Personel=
  包含以下字段的 struct:
    Name: 'klj'
    Score: 98
    Salary: [4500 5100 5600 5200 4800]
```

还可以用如下所示的语句把结构体数组扩展成 1×2 的结构体：

```
>> Personel(2).Name='Dana';
Personel(2).Score=92;
Personel(2).Salary=[6700 9000];
```

上述语句使结构体数组 Personel 变为 1×2 维。当用户扩展结构体数组时，MATLAB 对未指定数据的属性自动赋值成空矩阵，使其满足以下规则。

- 数组中的每个结构体都具有同样多的属性名。
- 数组中的每个结构体都具有相同的属性名。

例如，如下所示的语句可以使结构体数组 Personel 变为 1×3 维，此时 Personel(3).Score

和 Personel(3).Salary 由于未指定数据，因此 MATLAB 将其设为空矩阵：

```
Personel(3).Name='Lp';
```

　　　　结构体数组中元素属性的大小并不要求一致，如结构体数组 Personel 中的 Name 属性和 Salary 属性具有不同的长度。

8.1.2　使用函数创建结构体数组

除了可以使用赋值语句创建结构体数组，还可以使用 struct() 函数创建结构体数组。struct() 函数的基本调用格式如下：

```
strArray = struct('field1',val1,'field2',val2, ...)
```

上述语句中的输入变量为属性名和相应的属性值。struct() 函数可以用不同的调用方法来创建结构体数组，如实现一个 1×3 的结构体数组 Personel 的方法如表 8-1 所示。

表 8-1　实现一个 1×3 的结构体数组 Personel 的方法

方　法	调用格式	初始值状况
单独使用 struct() 函数	Personel(3)=struct('Name','John','Score',85.5,'Salary',[4500 4200])	Personel(1) 和 Personel(2) 的属性值都是空矩阵，Personel(3) 的值如输入
struct() 函数与 repmat() 函数配合使用	repmat(struct('Name','John','Score',85.5,'Salary',[4500 4200]),1,3)	数组的所有元素具有和输入一样的值
struct() 函数的输入为单元数组	struct('Name',{'klj','Dana','John'},'Score',{98,92,85.5},'Salary',{[45004200],[],[]})	结构体数组的属性值由单元数组指定

另外，结构体还有一个方便之处，就是函数的参数传递问题。例如，如果人员组成的信息存储在一个结构体中，那么一个函数要想获得某人员组成的信息，将该人员所在的结构体作为参数传递给函数即可，即 myfunc(Personel)。

如果采用数组变量方法存储这个人员的信息，那么一个函数要想获得该人员的信息，就需要传递 3 个参数，即 myfunc(Name, Score, Salary)。

8.2　访问结构体数组中的数据

使用结构体数组的下标引用可以访问结构体数组中的任何元素及其属性，同样，也可以给任何元素及其属性赋值。例如，有一个结构体数组，可以通过如下所示的语句来生成：

```
>> Personel=struct('Name',{'klj','Dana','Lp'},'Score',{[98,92,88,84]},
'Salary',{[4500 5100 5600 52004800],[6700 9000],[]})
```

运行结果如下：

```
Personel =
  包含以下字段的 1×3 struct 数组:
    Name
    Score
    Salary
```

用户可以访问结构体数组的任意子数组。例如，如下所示的命令行可以生成一个 1×2 的结构体数组:

```
>> NewPersonel=Personel(1:2)
```

运行结果如下:

```
NewPersonel=
  包含以下字段的 1×2 struct 数组:
    Name
    Score
    Salary
```

```
>> Personel(2).Name
```

运行结果如下:

```
ans =
    'Dana'
```

如果要访问结构体数组中某个元素的某个属性的元素值，则可以使用如下所示的语句:

```
>> Personel(1).Salary(3)
```

运行结果如下:

```
ans =
    5600
```

如果想得到结构体数组中所有元素的某个属性值，则可以使用如下所示的语句:

```
>> Personel.Name
```

运行结果如下:

```
ans =
    'klj'
ans =
    'Dana'
ans =
    'Lp'
```

以上结果表明，Personel.Name 格式的输入将返回结构体数组中所有元素的属性值。

可以使用矩阵合并符"[]"来合并这些结果，代码如下：

```
>> Salary=[Personel.Salary]
```

运行结果如下：

```
Salary=
    4500    5100    5600    52004800    6700    9000
```

也可以把它们合并在一个单元数组中，代码如下：

```
>> Salary={Personel.Salary}
```

运行结果如下：

```
Salary=
  1×3 cell 数组
    {1×4 double}    {1×2 double}    {0×0 double}
```

8.3　本章小结

　　本章介绍的结构体数组可以存储任何类型的数据，甚至包括它本身。例如，结构体中的一个字段又包含另一个结构体，而这个结构体又包含一个字段，这个字段又包含一个单元数组，这个单元数组的单元又包含另一个单元数组。

第 **9** 章

单元数组

　　为了使数据管理变得更容易，MATLAB 中提供了单元数组（Cell Array）这个概念。它将每个元素作为一个单元的数组，每个单元都可以包含任意数据类型的 MATLAB 数组。例如，单元数组的一个单元可以是一个实数矩阵，或者是一个字符串数组，也可以是一个复数向量数组。

　　单元数组允许用户将不同但是相关的数据组集成到一个单一的变量中，因此大量相关数据的处理与引用变得简单而方便。这样，相关的数据组可以通过一个单元数组或结构进行组织和访问。

学习目标

（1）熟悉单元数组的创建。
（2）熟悉单元数组的处理。
（3）了解单元内容的获取。

9.1　单元数组的创建

用户可以通过两种方式来创建单元数组，即使用赋值语句创建单元数组和使用 cell() 函数创建单元数组。

9.1.1　使用赋值语句创建单元数组

单元数组中的每个元素称为单元（Cell）。单元数组中的每个单元都可以包含任何类型的 MATLAB 数据类型，这些数据类型包括数值型数组、字符、符号对象，以及其他的单元数组。

不同的单元可以包含不同的数据。例如，在一个单元数组中，第 1 个单元可以包含一个数值型数组，第 2 个单元可以包含一个字符串数组，而第 3 个单元可以包含一个复数向量。

从原理上讲，MATLAB 可以创建任意维数的单元数组，就像数值型数组一样。但是，在大多数情况下，为了方便处理，用户通常只需要将单元数组创建成一个简单的单元向量（一维单元数组）。

下面介绍单元数组的第 1 种创建方式：直接赋值法。根据在赋值时对单元访问方式的不同，又分为如下两种赋值方法。

（1）如果用标准数组的数组语法来索引进行数组赋值，那么赋值时就必须将赋给单元的值用花括号（{}）括起来，这个花括号表明其中的表达式是单元中的内容，而不是一个普通的数组或字符串，我们将这种方法称为按单元索引法。

下面创建一个 2×2 的单元数组，并利用按单元索引法对每个单元进行直接赋值：

```
>> clear A
>> A(1,1)={[1 2;3 4;5 6;7 8]};
>> A(1,2)={1+2i};
>> A(2,1)={'A string'};
>> A(2,2)={10:-2:0}
A=
  2×2 cell 数组
    {4×2 double}    {[1.0000 + 2.0000i]}
    {'A string'}    {1×6 double         }
```

由此可以看到，MATLAB 并没有将 A 中所有的单元内容显示出来，这是因为 A 中的有些单元（如 A(1,1)和 A(2,2)）占有比较大的显示空间，为了方便显示，MATLAB 只显示这些内容的大小和数据类型。

要想完全显示所有单元的内容，可以使用 celldisp()函数强制 MATLAB 以通常的方式显示单元的值。例如，如下所示的代码可以将单元数组 A 中的所有单元都显示出来：

```
>> celldisp(A)
A{1,1}=
     1     2
     3     4
     5     6
     7     8
A{2,1}=
A string
A{1,2}=
   1.0000 + 2.0000i
A{2,2}=
    10     8     6     4     2     0
```

（2）按内容索引法是将花括号写在等号左边，右边是将要赋的值。例如，如下所示的代码使用按内容索引法将这些语句生成了与前面相同的单元数组 A：

```
>> A{1,1}=[1 2;3 4;5 6;7 8];
>> A{1,2}=1+2i;
>> A{2,1}='A string';
>> A{2,2}=10:-2:0;
>> A
A=
  2×2 cell 数组
    {4×2 double }    {[1.0000 + 2.0000i]}
    {'A string'}    {1×6 double        }
```

同样，利用 celldisp()函数也可以显示单元数组中的内容。

9.1.2 使用 cell()函数创建单元数组

单元数组还有另外一种创建方法：使用 cell()函数，即对单元数组也可以进行同样的操作。先利用 cell()函数生成一个空的单元数组，然后向其中添加所需的数据，用空的数值型数组"[]"来填充这个单元数组。例如，如下所示的代码生成了一个 2×3 的空单元数组：

```
>> C=cell(2,3)
C=
  2×3 cell 数组
    {0×0 double}    {0×0 double}    {0×0 double}
    {0×0 double}    {0×0 double}    {0×0 double}
```

使用 cell()函数生成空单元数组，该数组被定义后，可以采用按内容索引法和按单元索引法对其进行赋值。

在赋值时，用户一定要注意花括号和圆括号的正确用法，单元索引和内容寻址都可以用来填充这些单元。例如，如下所示的代码就是括号使用不当所造成的错误：

```
>> C(1,1)='Mabiq'
无法从 char 转换为 cell。
```

在上述代码中，等号左边使用了按单元索引法，因此等号右边必须是一个单元，但等号右边实际上并不是一个单元。所以，MATLAB 最终发出了一条出错信息。下面给出正确的赋值方法：

```
>> C(1,1)={'Mab'}
C=
  2×3 cell 数组
    {'Mab'    }    {0×0 double}    {0×0 double}
    {0×0 double}    {0×0 double}    {0×0 double}

>> C{2,3}='iq'
C=
  2×3 cell 数组
    {'Mab'    }    {0×0 double}    {0×0 double}
    {0×0 double}    {0×0 double}    {'iq'     }
```

在上述代码中，第 2 条语句使用了按内容索引法，因为花括号出现在最后一条语句的等号左边，MATLAB 就把等号右边的字符串视为这个左边单元的值直接赋给该单元。

9.2　单元数组的处理

从某种程度上讲，单元数组的处理仅仅是不同类型数值数组的处理技术的自然扩展，只不过其包含的内容由单一类型扩展到多种类型。

用户可以利用方括号将多个单元数组组合在一起，形成一个维数更大的单元数组，就像在数值型数组中方括号被用来创建更大的数值型数组一样。例如，如下所示的代码将 A 和 B 依据列的方向组合在一起形成 C：

```
>> B(1,1)={[5 2;3 2;5 6;7 9]};
>> B(1,2)={4+2i };
>> B(2,1)={'B'};
>> B(2,2)={0:2:10};
>> B
B=
  2×2 cell 数组
    {4×2 double}    {[4.0000 + 2.0000i]}
    {'B'      }    {1×6 double     }
```

```
>> A(1,1)={[1 2;3 4;5 6;7 8]};
>> A(1,2)={1+2i};
>> A(2,1)={'A string'};
>> A(2,2)={10:-2:0}
A=
  2×2 cell 数组
    {4×2 double}    {[1.0000 + 2.0000i]}
    {'A string'}    {1×6 double        }


>> C=[A;B]
C=
  4×2 cell 数组
    {4×2 double}    {[1.0000 + 2.0000i]}
    {'A string'}    {1×6 double        }
    {4×2 double}    {[4.0000 + 2.0000i]}
    {'B'        }    {1×6 double        }
```

要获得一个单元数组中的子数组，利用传统的数组寻址技术的索引方法即可将一个单元数组的子集提取出来生成一个新的数组放到单元数组中。例如，如下所示的代码抽取 C 的第 1 行和第 3 行组成 D：

```
>> D=C([1 3],:)
D=
  2×2 cell 数组
    {4×2 double}    {[1.0000 + 2.0000i]}
    {4×2 double}    {[4.0000 + 2.0000i]}
```

另外，将单元数组的某一部分设置为空数组。例如，如下所示的代码将 C 的第 3 行删除：

```
>> C(3,:)=[]
C=
  3×2 cell 数组
    {4×2 double}    {[1.0000 + 2.0000i]}
    {'A string'}    {1×6 double        }
    {'B'        }    {1×6 double        }
```

MATLAB 中还提供了其他函数用于处理单元数组。下面就一些重要的函数举例说明。

cellfun()函数将一个指定的函数应用到一个单元数组的所有单元上，这样就不用再针对每个单元调用函数。具体示例如下：

```
>> A
  2×2 cell 数组
    {4×2 double}    {[1.0000 + 2.0000i]}
```

```
    {'A string'}    {1×6 double        }
>> cellfun('isreal',A)
ans =
  2×2 logical 数组
    1    0
    1    1
>> cellfun('length',A)
ans =
    4    1
    8    6
>> cellfun('prodofsize',A)
ans =
    8    1
    8    6
>> cellfun('isclass',A,'char')
ans =
  2×2 logical 数组
    0    0
    1    0
```

在很多情况下，在单元数组中应用比较广泛的是 num2cell()函数，该函数从一个任意类型的数组（可以是任意数据类型）中提取指定的元素，然后填充到一个单元数组中。

下面先创建一个随机数组 a，然后利用 num2cell()函数提取 a 中的相应元素创建单元数组 c 和 d。具体示例如下：

```
>> a=rand(3,6)
a=
    0.5936    0.8216    0.6602    0.3412    0.3093    0.3704
    0.4966    0.6449    0.3420    0.5341    0.8385    0.7027
    0.8998    0.8180    0.2897    0.7271    0.5681    0.5466
>> c=num2cell(a)
c=
  3×6 cell 数组
    {[0.5936]}    {[0.8216]}    {[0.6602]}    {[0.3412]}    {[0.3093]}    {[0.3704]}
    {[0.4966]}    {[0.6449]}    {[0.3420]}    {[0.5341]}    {[0.8385]}    {[0.7027]}
    {[0.8998]}    {[0.8180]}    {[0.2897]}    {[0.7271]}    {[0.5681]}    {[0.5466]}
>> d=num2cell(a,1) %d{i}= a(:,i)
  1×6 cell 数组
    {3×1 double}  {3×1 double}  {3×1 double}  {3×1 double}  {3×1 double}  {3×1 double}
```

> 虽然上面的 a 是数值数组，但是 num2cell() 函数支持各种类型的数组，如字符串数组、逻辑数组等。

9.3 单元内容的获取

为了获取单元数组中某个单元的值，必须使用按内容索引法，即使用花括号进行索引。下面将单元数组 B 的第 2 行第 2 列的值赋给 x：

```
>> B(1,1)={[5 2;3 2;5 6;7 9]};
>> B(1,2)={4+2i};
>> B(2,1)={'B'};
>> B(2,2)={0:2:10};
>> B
B=
  2×2 cell 数组
    {4×2 double}    {[4.0000 + 2.0000i]}
    {'B'        }    {1×6 double        }
>> x=B{2,2}
x=
     0    2    4    6    8    10
```

可以用 class() 函数查看标量的类型，如下所示：

```
>> class(x)
ans =
    'double'
```

由此可以看出，按内容索引法获得的是单元的值。

除了 class() 函数，还有其他函数可以检测单元数组中各单元变量的数据类型，如 iscell() 函数、isa() 函数、isnumeric() 函数等，这些都是逻辑判断函数，将返回逻辑结果（即 true(1) 或 false(0)）。具体示例如下：

```
>> iscell(x)
ans =
  logical
     0
>> isnumeric(B{1})
ans =
  logical
     1
>> isa(B{1},'cell')
```

```
ans =
  logical
     0
```

9.4　单元数组的创建实例

本节将结合前面介绍的内容，给出创建单元数组的几个实例。

【例 9-1】　创建单元数组归类。

将代码保存在 eg9_1.m 中，具体方法如下。

（1）直接使用"{}"创建单元数组：

```
>> clear
>> A={'This is the first Cell.',[1 2;3 4];eye(3),{'Tom','Jane'}}
A=
  2×2 cell 数组
    {'This is the first Cell.'}    {2×2 double}
    {3×3 double              }    {1×2 cell  }
>> whos
  Name      Size            Bytes  Class     Attributes
  A         2x2               788  cell
```

　　创建的单元数组中的 A(1,1)是字符串，A(1,2)是矩阵，A(2,1)是矩阵，而 A(2,2)是一个单元数组。

（2）由各单元创建：

```
>> B(1,1)={'This is the second Cell.'}
B=
  1×1 cell 数组
    {'This is the second Cell.'}
>> B(1,2)={5+3*i}
B=
  1×2 cell 数组
    {'This is the second Cell.'}    {[5.0000 + 3.0000i]}
>> B(1,3)={[1 2;3 4; 5 6]}
B=
  1×3 cell 数组
    {'This is the second Cell.'}    {[5.0000 + 3.0000i]}    {3×2 double}
```

（3）由各单元内容创建：

```
>> C{1,1}='This is the third Cell.';
```

```
>> C{2,1}=magic(4)
C=
  2×1 cell 数组
    {'This is the third Cell.'}
    {4×4 double               }
```

【例 9-2】 单元数组的内容显示。在 MATALB 的"命令行窗口"中输入单元数组的名称，但不直接显示单元数组的各元素内容值，而是显示各元素的数据类型和维数。例如，在【例 9-1】中显示的单元数组 A 如下：

```
>> A
A=
  2×2 cell 数组
    {'This is the first Cell.'}    {2×2 double}
    {3×3 double               }    {1×2 cell  }
```

使用 celldisp 命令显示单元数组的内容，如下所示：

```
>> celldisp(A)
A{1,1}=
This is the first Cell.
A{2,1}=
     1     0     0
     0     1     0
     0     0     1
A{1,2}=
     1     2
     3     4
A{2,2}{1}=
Tom
A{2,2}{2}=
Jane

>> celldisp(B)
B{1}=
This is the second Cell.
B{2}=
    5.0000 + 3.0000i
B{3}=
     1     2
     3     4
     5     6

>> celldisp(C)
C{1}=
```

```
This is the third Cell.
C{2}=
    16     2     3    13
     5    11    10     8
     9     7     6    12
     4    14    15     1
```

　　"{}" 表示单元数组的单元元素内容，A{2,2}{1}表示第 2 行第 2 列的单元元素中存放的是单元数组的第 1 个单元元素的内容。

【例 9-3】　单元数组的内容获取。取出【例 9-1】中 A(1,2)单元元素中存放的内容及矩阵中的元素内容：

```
>> x1=A{1,2}           %取 A(1,2)单元元素的内容
x1=
     1     2
     3     4
>> x2=A{1,2}(2,2)       %取 A(1,2)单元元素的矩阵第 2 行第 2 列的内容
x2=
     4
```

　　x1 是矩阵，x2 是标量。

下面取单元数组的元素：

```
>> x3=A(1,2)
x3=
  1×1 cell 数组
    {2×2 double}
```

　　x3 是单元数组。

使用 deal()函数取多个单元元素的内容：

```
>> [x4,x5,x6]=deal(A{[2,3,4]})
x4=
     1     0     0
     0     1     0
     0     0     1
x5=
     1     2
     3     4
x6=
  1×2 cell 数组
    {'Tom'}    {'Jane'}
```

9.5 本章小结

　　本章主要介绍了单元数组。用户可以通过两种方式创建单元数组：一是使用赋值语句直接创建；二是使用 cell()函数创建单元数组，即用预先分配数组来创建单元数组，并分配一个内存空间，然后为各个单元赋值。本章列举了几个创建单元数组的实例。

　　本章还介绍了单元数组的处理和单元内容的获取。单元数组是 MATLAB 的又一种数据类型，它的涵盖范围更广，其中包含所有类型的数据，如数值型、字符型等。初学者可以将本章的内容与第 8 章介绍的结构体相结合来学习，最终达到触类旁通、举一反三的效果。

第 2 部分
MATLAB 的编程部分

第10章

编程语句

前面列举的 MATLAB 程序都十分简单，包括一系列的 MATLAB 语句，并且按照固定的顺序一个接一个地执行，这样的程序被称为顺序结构程序。MATLAB 的主要功能虽然是数值运算，但也是一种完整的程序语言，有各种语句格式。

本章主要介绍 MATLAB 语句，这些语句用于控制语句的执行顺序。有两大类控制顺序结构：一是选择结构，用于选择执行特定部分的语句；二是循环结构，用于重复执行特定部分的语句。

学习目标

(1) 熟练掌握选择结构中的 if 结构。
(2) 熟练掌握选择结构中的 switch 结构。
(3) 熟练掌握循环结构中的 while 循环。
(4) 熟练掌握循环结构中的 for 循环。
(5) 掌握 continue 语句和 break 语句。

10.1　选择结构

选择结构可以使 MATLAB 有选择地执行指定区域的语句（称为语句块，即 Blocks），而跳过其他区域的语句。

10.1.1　if 结构

选择结构在 MATLAB 中有 3 种具体的形式：if 结构、switch 结构和 try/catch 结构。

if 结构的基本形式如下：

```
if control_expr_1
    Statement 1
    Statement 2          语句 1
    ...
    elseif control_expr_2
        Statement 1
        Statement 2      语句 2
        ...
else
    Statement 1
    Statement 2
    ...
end
```

其中，control expression 控制 if 结构的运算。如果 control_expr_1 是非 0 值，那么程序将会执行语句 1，然后跳到 end 语句后面的第 1 条可执行语句继续执行。

否则，程序会检测 control_expr_2 的值。如果 control_expr_2 是非 0 值，那么程序将会执行语句 2，然后跳到 end 语句后面的第 1 条可执行语句继续执行。

如果所有的控制表达式（Control Expression）均为 0 值，那么程序将会执行与 else 相关的语句块。

在一个 if 结构中，可以有任意条 elseif 语句，但 else 语句最多有一条。只要上面的每个控制表达式均为 0 值，那么下一个控制表达式将会被检测。一旦其中的一个表达式为非 0 值，对应的语句块就要被执行，然后跳到 end 语句后面的第 1 条可执行语句继续执行。如果所有的控制表达式均为 0 值，那么程序将会执行 else 语句。如果没有 else 语句，那么程序会执行 end 语句后面的语句，而不执行 if 结构中的部分。

MATLAB 通过 end 语句在 M 文件中的上下文来区分它的用途。在大多数情况下，控制表达式均可以联合应用关系运算符和逻辑运算符。当对应的条件为真时，关系运算和逻辑运算将会产生 1，否则产生 0。所以，当一个运算条件为真时，运算结果为非 0 值，对应的语句块就会被执行。

例如，一元二次方程的基本形式为

$$ax^2 + bx + c = 0$$

其解为

$$x = (-b \pm (b^2 - 4ac)^{1/2}) / 2a$$

其中，$b^2 - 4ac$ 是判别式。当 $b^2 - 4ac > 0$ 时，方程式有两个不同的实数根；当 $b^2 - 4ac = 0$ 时，方程式有两个相同的实数根；当 $b^2 - 4ac < 0$ 时，方程式有两个不同的复数根。

假设需要检测某一元二次方程的根的情况，并且还要告诉使用者这个方程是有两个复数根，还是有两个相等的实数根或两个不相等的实数根。可以用伪代码表示这个结构的形式，具体如下：

```
if (b^2 - 4*a*c) < 0
    Write msg that equation has two complex roots.
    elseif (b^2 - 4*a*c) ==0
        Write msg that equation has two identical real roots.
else
    Write msg that equation has two distinct real roots.
end
```

转化为 MATLAB 语言，具体如下：

```
if (b^2 - 4*a*c)<0
    disp('This equation has two complex roots.');
    elseif (b^2 - 4*a*c) == 0
        disp('This equation has two identical real roots.');
else
    disp('This equation has two distinct real roots.');
end
```

当判断结果为真时，关系运算会返回一个非 0 值，从而执行对应的语句。

为了增加程序的可读性，if 结构中的语句块最好缩进 2～3 个空格，但实际上没有必要。

可以在一行内写完一个完整的 if 结构，只需要在结构的每个部分后面加上分号或逗号，所以如下所示的两个结构是等价的：

```
if x < 0
    y = abs(x);
end
```

和：

```
if x < 0; y = abs(x); end
```

但是这种方式只适用于简单的结构。

【例 10-1】　设计并编写一个程序，用来求解一元二次方程的根。

（1）陈述问题。这个问题的陈述非常简单，要求一元二次方程的根，不管它的根是实根还是复根，有一个根还是两个根。

（2）定义输入和输出。本程序的输入应为系数 a、b、c。

$$ax^2 + bx + c = 0$$

输出量应为两个不相等的实数、两个相等的实数或两个不相等的复数。

（3）写出算法。本程序可以分为三大块，它的函数分别为输入、运算过程和输出。

可以把每个大块分解成更小的、更细微的工作。根据判别式的值，可能有 3 种计算途径：读取输入的数据、计算方程的根、输入方程的根，所以会用到有 3 种选项的 if 结构。产生的伪代码如下：

```
Prompt the user for the coefficients a, b, and c.
Read a, b, and c
discriminant ← b^2 - 4*a*c
if discriminat > 0
    x1 ← (-b + sqrt(discriminant))          / (2*a)
    x1 ← (-b - sqrt(discriminant))          / (2*a)
    Write msg that equation has two distinct real roots.
    Write out the two roots.
    elseif discriminant == 0
        x1 ← -b                             / (2*a)
        Write msg that equation has two identical real roots.
        Write out the repeated roots.
else
    real_part ← -b                          / (2*a)
    imag_part ← sqrt(abs(discriminant))     / (2*a)
    Write msg that equation has two complex roots.
    Write out the two roots.
end
```

（4）把算法转化为 MATLAB 语言，保存为 eg10_1.m，代码如下：

```
%Script file: eg10_1.m
%目的
```

Note

```
%本程序用于求方程 a*x^2+b*x+c=0 的根
%定义变量：a：x^2 系数；b：x 系数；c：常数；
%方程变量：imag_part：虚部；real_part：实部；x1：根 1；x2：根 2

%提示
disp('This program solves for the roots of a quadratic equation of the form
A*x^2+B*x+C=0.');
a=input('Enter the coefficient A:');
b=input('Enter the coefficient B:');
c=input('Enter the coefficient C:');
%计算
discriminant=b^2-4*a*c;
%解方程
if discriminant>0              %there are two real roots,so ...
    x1=(-b+sqrt(discriminant))/(2*a);
    x2=(-b-sqrt(discriminant))/(2*a);
    disp('This equation has two real roots:');
    fprintf('x1=%f\n',x1);
    fprintf('x2=%f\n',x2);
    elseif discriminant==0     %there is one repeated root,so ...
        x1=(-b)/(2*a);
        disp('This equation has two identical real roots:');
        fprintf('x1=x2=%f\n',x1);
else                           %there are complex roots,so ...
    real_part=(-b)/(2*a);
    imag_part=sqrt(abs(discriminant))/(2*a);
    disp('This equation has complex roots:');
    fprintf('x1=%f+i %f \n',real_part,imag_part);
    fprintf('x1+%f-i %f \n', real_part,imag_part);
end
```

（5）检测这个程序。这个步骤必须输入实数来检测这个程序。因为这个程序有 3 个可能的路径，所以在确信每个路径都能正常工作之前，必须把这 3 个路径都检测一遍。可以用如下所示的方法来验证程序的正确性：

$$x^2 + 5x + 6 = 0 \qquad x = -2, \ x = -3$$

$$x^2 + 4x + 4 = 0 \qquad x = -2$$

$$x^2 + 2x + 5 = 0 \qquad x = -1 \pm 2i$$

如果输入上面 3 个方程的系数得到对应的结果，则说明程序是正确的。

```
>> ceg10_1.m
This program solves for the roots of a quadratic equation of the form
A*x^2+B*x+C=0.
```

```
Enter the coefficient A:1
Enter the coefficient B:5
Enter the coefficient C:6
This equation has two real roots:
x1=-2.000000
x2=-3.000000

>> eg10_1.m
This program solves for the roots of a quadratic equation of the form
A*x^2+B*x+C=0.
Enter the coefficient A: 1
Enter the coefficient B: 4
Enter the coefficient C: 4
This equation has two identical real roots:
x1=x2=-2.000000

>> eg10_1.m
This program solves for the roots of a quadraticequation of the form
A*X^2+B*X+C=0.
Enter the coefficient A: 1
Enter the coefficient B: 2
Enter the coefficient C: 5
This equation has complex roots:
x1=-1.000000+i 2.000000
x1+-1.000000-i 2.000000
```

在 3 种不同的情况下，程序都给出了正确的结果。

下面介绍使用 if 结构需要注意的事项。

if 结构是非常灵活的，它必须含有一个 if 结构和一条 end 语句。中间可以有任意条
elseif 语句，也可以有一条 else 语句。结合 if 结构的这些特性，可以创建出各种各样的
选择结构。

另外，if 结构是可以嵌套的。如果 if 结构完全是另一个 if 结构的一个语句块，就将
两者称为嵌套关系。如下所示是两个 if 结构的嵌套：

```
if x>0
    ...
    if y<0
        ...
    end
    ...
end
```

MATLAB 编译器经常把已知的 end 语句和它最近的 if 语句联合在一起，所以第 1 条 end 语句和 if y<0 最近，而第 2 条 end 语句与 if x>0 配对。对于一个编写正确的程序，它能工作正常。但如果程序员编写错误，它会使编译器出现错误提示信息。例如，假设编写一个大的程序，包括如下所示的结构：

```
...
if (test1)
    ...
    if (test2)
        ...
        if (test3)
            ...
        end
        ...
    end
    ...
end
```

这个程序包括 3 个嵌套的 if 结构，在这个结构中可能有上千行代码。现在假设第 1 条 end 语句在编辑区域突然被删除，那么 MATLAB 编译器会自动将第 2 条 end 语句与最里面的 if(test3) 结构联合起来，第 3 条 end 语句将会和中间的 if(test2) 结构联合起来。

当编译器翻译到文件结束时，将发现第 1 个 if(test1) 结构永远不会结束，然后编译器就会产生一个错误提示信息，即缺少一条 end 语句。

但是，提示信息不能告知问题发生的位置，此时需要查看整个程序来寻找问题。在大多数情况下，执行一个算法，既可以用多条 elseif 语句，也可以用 if 结构的嵌套。在这种情况下，程序员可以选择其喜欢的方式。

　对于有许多选项的选择结构来说，最好在一个 if 结构中使用多条 elseif 语句，尽量不用 if 的嵌套结构。

10.1.2　switch 结构

switch 结构是另一种形式的选择结构。程序员可以根据一个单精度整型数、字符或逻辑表达式的值来选择执行特定的代码语句。

switch 结构的基本形式如下：

```
switch (switch_expr)
    case case_expr_1,
        Statement 1
        Statement 2
        ...
```

```
    case case_expr_2,
        Statement 1
        Statement 2
        ...
    ...
    otherwise,
        Statement 1
        Statement 2
    ...
end
```

如果 switch_expr 的值与 case_expr_1 相符，那么第 1 个代码块将会被执行，然后程序会跳到 switch 结构后的第 1 条语句。如果 switch_expr 的值与 case_expr_2 相符，那么第 2 个代码块将会被执行，然后程序会跳到 switch 结构后的第 1 条语句。

在这个结构中，可以用相同的方法来对待其他的情况。otherwise 语句块是可选的。如果存在 otherwise 语句块，当 switch_expr 的值与其他所有的选项都不相符时，则执行这个语句块。如果不存在 otherwise 语句块，并且 switch_expr 的值与其他所有的选项都不相符，那么这个结构中的任何一个语句块都不会被执行。这种情况的结果可以看作没有选择结构，直接执行 switch 结构后的第 1 条语句。

如果 switch_expr 有很多值可以导致相同代码的执行，那么这些值可以括在同一括号内。如下代码所示，如果这个 switch 表达式和表中的任何一个表达式相匹配，那么这个语句块将会被执行：

```
switch (switch_expr)
    case {case_expr_1, case_expr_2, case_expr_3},
        Statement 1
        Statement 2
        ...
    otherwise,
        Statement 1
        Statement 2
    ...
end
```

switch_expr 和每个 case_expr 既可以是数值，也可以是字符值。

　　　　在大多情况下只有一个语句块会被执行。当一个语句块被执行后，编译器就会跳到 end 语句后的第 1 条语句开始执行。如果 switch 表达式和多个 case 表达式相对应，那么只有它们中的第 1 个会被执行。

下面列举关于 switch 结构的例子。

【例 10-2】　判断 1 到 10 之间的数是奇数还是偶数。这个程序用来说明一系列 case

选项值的应用和 otherwise 语句块的应用。

Note

将代码文件保存为 eg10_2.m，具体如下：

```
switch(value)
    case {1, 3, 5, 7, 9},
        disp('The value is odd.');
    case {2, 4, 6, 8, 10},
        disp('The value is even.');
    otherwise,
        disp('The value is out of range.');
end
```

10.1.3 try/catch 结构

try/catch 结构是选择结构的一种特殊形式，用于捕捉错误。在一般情况下，当一个 MATLAB 程序在运行时遇到了一个错误，这个程序就会中止执行。try/catch 结构修改了这种默认行为。

如果一个错误发生在 try/catch 结构的 try 语句块中，那么程序将执行 catch 语句块，程序不会中断。try/catch 结构可以帮助程序员控制程序中的错误，而不会使程序中断。

try/catch 结构的基本形式如下：

```
try
    Statement 1
    Statement 2
    ...
catch
    Statement 1
    Statement 2
    ...
end
```

当程序运行到 try/catch 结构时，try 语句块中的一些语句将会被执行。如果没有错误出现，catch 语句块将会被跳过。另外，如果错误发生在一个 try 语句块中，那么程序将中止执行 try 语句块，并立即执行 catch 语句块。

下面有一个包含 try/catch 结构的程序，它能创建一个数组，并询问用户显示数组中的哪个元素。用户提供一个下标，这个程序就会显示对应的数组元素，try 语句块一般会在这个程序中执行，只有当执行 try 语句块出错时，才会执行 catch 语句块。

【例 10-3】 try/catch 结构示例。

将代码文件保存为 eg10_3.m，具体如下：

```
%初始化
a=[ 1 -3 2 5];
try
%显示元素
    index=input('Enter subscript of element to display:');
    disp(['a(' int2str(index) ')=' num2str(a(index))]);
catch
    %I 报错
    disp(['Illegal subscript:' int2str(index)]);
end
```

运行结果如下：

```
>> eg10_3
Enter subscript of element to display: 3
a(3)=2
>> eg10_3
Enter subscript of element to display: 8
Illegal subscript:8
```

10.2　循环结构

循环（Loop）是一种 MATLAB 结构，允许多次执行一系列语句。循环结构有两种基本形式：while 循环和 for 循环。

while 循环和 for 循环最大的不同在于代码的重复是如何控制的。在 while 循环中，代码的重复次数是无法确定的，只要满足用户定义的条件，重复就进行下去。

相对来说，在 for 循环中，代码的重复次数是确定的，在循环开始之前就知道代码重复的次数。

10.2.1　while 循环

while 循环是一个不能确定重复次数的语句块，它的基本形式如下：

```
while expression
    ...
end
```

如果 expression 为非 0 值（true），那么程序将执行代码块，然后返回执行 while 语句。如果 expression 仍然为非 0 值，那么程序将会再次执行代码。直到 expression 的值变为 0，这个重复过程才会结束。当程序执行到 while 语句且 expression 的值为 0 之后，程序将会执行 end 语句后面的第 1 条语句。

下面用 while 循环编写一个统计分析的程序。

在科学工程计算中，统计分析经常与大量的数据打交道，这些数据中的每个数据都是一些特殊值的度量。大多数时候，我们并不关心单个数据，可以通过总结得到几个重要的数据，由此了解数据的总体情况。

【例 10-4】　求一组数据的平均值（数学平均值的定义期望），使用的公式为

$$\bar{x} = \frac{1}{N}\sum_{i=1}^{N} x_i$$

其中，x_i 代表 n 个样本中的第 i 个样本。如果所有的输入数据都可以在一个数组中得到，那么这些数据的平均值就可以通过上面的公式直接计算出来，或者应用 MATLAB 的内建函数 mean() 来计算。

程序必须能读取一系列的测量值，并且能计算出这些测量值的数学期望。在进行计算之前，需要用 while 循环来读取这些测量值。

当所有的测量值输入完毕之后，必须通过一定的方法来告诉程序没有其他的数据输入。在这里，可以假设所有测量值均为非负数，用一个负数来表示数据输入完毕。当输入一个负数时，程序将停止读取输入值，并开始计算这些数据的数学期望。

（1）陈述问题。因为假设所有的输入数据为非负数，所以可以将问题陈述为如下形式：假设所有测量值为非负数，计算一组测量值的平均值；假设事先不知道有多少个测量值，当输入一个负数时代表测量值输入的结束。

（2）定义输入值和输出值。这个程序输入的是未知数目的非负数，输出的是这些非负数的平均值，同时还要打印出输入的数据，以便于检测程序的正确性。

（3）设计算法。

（4）输入代码。

将代码文件保存为 eg10_4.m，最终的 MATLAB 程序如下：

```
%Script file:eg10_4.m
%目的：计算平均值
%定义变量：n 为输入样本数，sum_x 为求和，x 为输入数据，x_bar 为输入数据的平均值
n=0; sum_x=0;                                          %初始化
x=input('Enter first value: ');                        %输入
while x>=0                                              %循环
    n=n+1;
    sum_x=sum_x+x;                                      %累加和
    x=input('Enter next value: ');                     %输入下一个值
end
x_bar=sum_x/n;                                          %计算平均值
fprintf('The mean of this data set is: %f\n', x_bar); %输出
```

（5）检测程序。为了检测这个程序，可以直接手动计算出一组简单数据的平均值。如果输入的是 3、4、5，则得到的平均值为 4。

具体示例如下：

```
>> eg10_4
Enter first value: 3
Enter next value: 4
Enter next value: 5
Enter next value: -6
The mean of this data set is: 4.000000
```

10.2.2　for 循环

for 循环是另一种循环结构，它以指定的数目重复执行特定的语句块。for 循环的基本形式如下：

```
for index = expr
    Statement 1
    ...
    Statement n
end
```

其中，index 是循环变量（就是循环指数），expr 是循环控制表达式。变量 index 读取的是数组 expr 的行数，然后程序执行循环体，所以 expr 有多少列，循环体就循环多少次。expr 经常用捷径表达式的方式，即 first:incr:last。

for 和 end 语句之间的语句称为循环体。在 for 循环运转的过程中，循环体将被重复执行。for 循环的循环步骤如下。

（1）在 for 循环开始之时，MATLAB 就产生了控制表达式。

（2）第 1 次进入循环，程序把表达式的第 1 列赋值为循环变量 index，然后执行循环体语句。

（3）在循环体语句被执行后，程序把表达式的下一列赋值为循环变量 index，程序将再一次执行循环体语句。

（4）只要在控制表达式中还有剩余的列，步骤（3）就会一遍一遍地重复执行。

【例 10-5】　求一组数据的平均值。

将代码文件保存为 eg10_5.m，最终的 MATLAB 程序如下：

```
%Script file: eg10_5.m
%目的：计算样本数据的平均值和标准差
%定义变量：ii 为循环指标，n 为输入样本个数，sum_x 为求和，x 为输入的样本数据，x_bar
为平均值
```

```
sum_x=0;                                            %初始化
n=input('Enter number of points:');                 %输入样本个数
%检查
if n<2 %Insufficient data
   disp ('At least 2 values must be entered.');
else    %we will have enough data, so let's get it
   for ii=1:n                                        %循环
       x=input('Enter value:');                      %读取
       sum_x=sum_x+x;                                %累加和
   end
   x_bar=sum_x/n;                                    %统计计算
   fprintf('The mean of this data set is: %f\n', x_bar); %输出
end
```

（5）检测程序。为了检测这个程序，可以手动计算出一组简单数据的平均数。如果输入的是 3、4、5，则得到的平均值为 4。

具体示例如下：

```
>> eg10_5
Enter number of points: 3
Enter value: 3
Enter value: 4
Enter value: 5
The mean of this data set is: 4.000000
```

10.3 continue 语句和 break 语句

有两条附加语句可以控制 while 循环和 for 循环：continue 语句和 break 语句。而 continue 语句只中止本次循环，然后返回到循环的顶部；break 语句可以中止循环的执行并跳到执行 end 语句后面的第 1 条语句。

如果 break 语句在循环体中执行，那么循环体的执行中止，然后执行循环体后面的第 1 条可执行语句。

1. continue 语句

continue 语句的作用是结束本次循环，跳过循环体中尚未执行的语句，然后进行下一次是否执行循环的判断。代码设置如下：

```
fid=fopen('magic.m','r');
count=0;
while feof(fid)
   line=fgetl(fid);
```

```
    if isempty(line)|strncmp(line,'%',1)
        continue
    end
    count=count+1;
end
disp(sprintf('%d lines',count));
```

运行结果如下：

```
0 lines
```

2. break 语句

break 语句的作用是终止循环，跳出最内层循环，即不必等到循环结束，而是根据条件退出循环，它的用法和 continue 语句类似，常常和 if 语句配合使用，用来强制终止循环。

需要注意的是，当 break 语句碰到空行时，将退出 while 循环。

与 if 语句配合使用来强制终止循环的还有 return 语句，它与 break 语句相似，只不过 return 语句是跳出最外层循环来终止循环的。

前面介绍的语法结构几乎涵盖了 MATLAB 所有的编程语法结构。不难发现，MATLAB 是一种自上而下的编程，这种方法是正规编程设计的基础。由此可知，编程大致包括以下几个步骤。

（1）清晰地陈述需要解决的问题。在大多数情况下，编写的程序需要满足一些感觉上的需求，但这种需求不一定能够被清晰地表达出来。对问题进行清晰的描述可以防止误解，并且能帮助程序员合理地组织思路。

（2）定义程序所需的输入量和程序所产生的输出量。

（3）设计程序得以实现的算法。算法是程序的灵魂，只有找准适合程序的算法方能事半功倍。

（4）把算法转化为代码。

（5）检测程序。

10.4　编程实例

通过学习本节列举的 3 个综合实例，初学者可以了解 MATLAB 编程的具体过程和设计方法。

10.4.1 矩阵相乘实例

【例 10-6】 现有一个 8×8 的单位矩阵 **B** 和一个 16×16 的矩阵 **AS**。其中，**AS_OUT** 是从矩阵 **AS** 中输出的值，即 **AS_OUT**=**AS**(*X*)，0≤*X*≤255。在矩阵 **B** 的基础上要找到 6 个 8×8 的非奇异矩阵，并且分别与 **AS_OUT** 相乘，输出其运算结果。

```
B=[1 0 0 0 0 0 0 0;
   0 1 0 0 0 0 0 0;
   0 0 1 0 0 0 0 0;
   0 0 0 1 0 0 0 0;
   0 0 0 0 1 0 0 0;
   0 0 0 0 0 1 0 0;
   0 0 0 0 0 0 1 0;
   0 0 0 0 0 0 0 1;];
AS = [99,124,119,123,242,107,111,197,48,1,103,43,254,215,171,118,
   202,130,201,125,250,89,71,240,173,212,162,175,156,164,114,192,
   183,253,147,38,54,63,247,204,52,165,229,241,113,216,49,21,
   4,199,35,195,24,150,5,154,7,18,128,226,235,39,178,117,
   9,131,44,26,27,110,90,160,82,59,214,179,41,227,47,132,
   83,209,0,237,32,252,177,91,106,203,190,57,74,76,88,207,
   208,239,170,251,67,77,51,133,69,249,2,127,80,60,159,168,
   81,163,64,143,146,157,56,245,188,182,218,33,16,255,243, 210,
   205,12,19,236,95,151,68,23,196,167,126,61,100,93,25,115,
   96,129,79,220,34,42,144,136,70,238,184,20,222,94,11,219,
   224,50,58,10,73,6,36,92,194,211,172,98,145,149,228,121,
   231,200,55,109,141,213,78,169,108,86,244,234,101,122,174,8,
   186,120,37,46,28,166,180,198,232,221,116,31,75,189,139,138,
   112,62,181,102,72,3,246,14,97,53,87,185,134,193,29,158,
   225,248,152,17,105,217,142,148,155,30,135,233,206,85,40,223,
   140,161,137,13,191,230,66,104,65,153,45,15,176,84,187,22];
```

编写此程序需要注意：在进行 **AS_OUT**=**AS**(*X*)，1≤*X*≤255 运算时，每输入一个 *X*，所输出的 **AS_OUT** 都要转化成 8×1 的列向量，然后与 8×8 的非奇异矩阵相乘，这样才能得到所要的结果。

 将 0～256 中的数转化成 8 位列向量需要利用十进制向二进制转化的函数 dec2bin()。需要注意的是，转化后的结果是一个字符型数据，还需要进一步转化，直到生成数值型数据才能进行矩阵与向量的乘法。

将代码保存在 eg10_6.m 文件中，最终的 MATLAB 程序如下：

```
%{
作者：***
功能：***
```

```
参数：　***
%}
%***************************************************%
clc
clear
%初始化单位矩阵
 B=[1 0 0 0 0 0 0 0;
   0 1 0 0 0 0 0 0;
   0 0 1 0 0 0 0 0;
   0 0 0 1 0 0 0 0;
   0 0 0 0 1 0 0 0;
   0 0 0 0 0 1 0 0;
   0 0 0 0 0 0 1 0;
   0 0 0 0 0 0 0 1;];
AS=[99, 124, 119, 123, 242, 107, 111, 197, 48, 1, 103, 43, 254, 215, 171,118,
    202,130,201,125,250,89,71,240,173,212,162,175,156,164,114,192,
    183,253,147,38,54,63,247,204,52,165,229,241,113,216,49,21,
    4,199,35,195,24,150,5,154,7,18,128,226,235,39,178,117,
    9,131,44,26,27,110,90,160,82,59,214,179,41,227,47,132,
    83,209,0,237,32,252,177,91,106,203,190,57,74,76,88,207,
    208,239,170,251,67,77,51,133,69,249,2,127,80,60,159,168,
    81,163,64,143,146,157,56,245,188,182,218,33,16,255,243,210,
    205,12,19,236,95,151,68,23,196,167,126,61,100,93,25,115,
    96,129,79,220,34,42,144,136,70,238,184,20,222,94,11,219,
    224,50,58,10,73,6,36,92,194,211,172,98,145,149,228,121,
    231,200,55,109, 41,213,78,169,108,86,244,234,101,122,174,8,
    186,120,37,46,28,166,180,198,232,221,116,31,75,189,139,138,
    112,62,181,102,72,3,246,14,97,53,87,185,134,193,29,158,
    225,248,152,17,105,217,142,148,155,30,135,233,206,85,40,223,
    140,161,137,13,191,230,66,104,65,153,45,15,176,84,187,22];
for i=1:16
    for j=1:16
    S((i-1)*16+j,1)=AS(i,j);                    %将矩阵转化成列向量
    end
end
%***************************************************%
count=0;                                    %计数器
A0=B;
  for i=1:8
    for a=2:20                              %[edit]
        for j=1:8
            str=dec2bin(a,8);
            t=str(9-j);
```

```
            temp=str2double(t);
            A0(i,j)=temp;
        end
        if det(A0)~=0                          %计算非奇异矩阵
            disp(A0)                            %在"命令行窗口"中显示
            count=count+1;
            disp(count)                         %在"命令行窗口"中显示
            %遍历 X
            for X=1:256
                S_out=S(X);
                %将字节转化成列向量
                for j=1:8
                    st=dec2bin(S_out,8);
                    T=st(j);
                    tep=str2double(T);
                    ASOUT(j,1)=tep;
                end
                %矩阵相乘
                tt=A0*ASOUT;
                ttt=mod(tt,2);
                y_out=ttt;
                y(1:8,X,count)=mod(y_out,2);
            end
        end
        if count==6                            %只要有 6 个非奇异矩阵，就终止循环
            return
        end
    end
end                                            %程序终止
```

运行结果如下：

```
    1    1    0    0    0    0    0    0
    0    1    0    0    0    0    0    0
    0    0    1    0    0    0    0    0
    0    0    0    1    0    0    0    0
    0    0    0    0    1    0    0    0
    0    0    0    0    0    1    0    0
    0    0    0    0    0    0    1    0
    0    0    0    0    0    0    0    1

    1

    1    0    1    0    0    0    0    0
    0    1    0    0    0    0    0    0
    0    0    1    0    0    0    0    0
```

0	0	0	1	0	0	0	0
0	0	0	0	1	0	0	0
0	0	0	0	0	1	0	0
0	0	0	0	0	0	1	0
0	0	0	0	0	0	0	1
2							
1	1	1	0	0	0	0	0
0	1	0	0	0	0	0	0
0	0	1	0	0	0	0	0
0	0	0	1	0	0	0	0
0	0	0	0	1	0	0	0
0	0	0	0	0	1	0	0
0	0	0	0	0	0	1	0
0	0	0	0	0	0	0	1
3							
1	0	0	1	0	0	0	0
0	1	0	0	0	0	0	0
0	0	1	0	0	0	0	0
0	0	0	1	0	0	0	0
0	0	0	0	1	0	0	0
0	0	0	0	0	1	0	0
0	0	0	0	0	0	1	0
0	0	0	0	0	0	0	1
4							
1	1	0	1	0	0	0	0
0	1	0	0	0	0	0	0
0	0	1	0	0	0	0	0
0	0	0	1	0	0	0	0
0	0	0	0	1	0	0	0
0	0	0	0	0	1	0	0
0	0	0	0	0	0	1	0
0	0	0	0	0	0	0	1
5							
1	0	1	1	0	0	0	0
0	1	0	0	0	0	0	0
0	0	1	0	0	0	0	0
0	0	0	1	0	0	0	0
0	0	0	0	1	0	0	0
0	0	0	0	0	1	0	0
0	0	0	0	0	0	1	0
0	0	0	0	0	0	0	1
6							

最后，所有的计算结果和变量可以到工作空间中去查找。

不难发现，MATLAB 编程语句简洁、方便，而且在处理矩阵形式的数据时显得格外便捷，在计算矩阵之间的乘法时，只需要一个"*"运算即可完成，在求矩阵的行列式时，也只不过用了一个 det()函数而已。

10.4.2　比较循环结构实例

【例 10-7】　用逻辑数数组进行屏蔽运算，并比较循环结构、选择结构与应用逻辑数组运算的速度。

进行下面两个计算，并对它们进行计时。

（1）创建一个包含 10 000 个元素的数组，其值依次为 1～10 000 的整数。用 for 循环和 if 结构计算大于 5000 的元素的平方根。

（2）创建一个包含 10 000 个元素的数组，其值依次为 1～10 000 的整数。用逻辑数组计算大于 5000 的元素的平方根。

该例的程序必须创建一个包含 10 000 个元素的数组，其值依次为 1～10 000 的整数。用两种不同的方法计算出大于 5000 的元素的平方根，并比较两种方法的运行速度。

将代码文件保存为 eg10_7.m，最终的 MATLAB 程序如下：

```matlab
%定义变量:
%a 为输入值，b 为逻辑数组，average1 为计时 1，average2 为计时 2
%maxcount: 计数器、month: 月(mm)、year: 年(yyyy)
%
maxcount=1;
tic;                                    %开始计时
for jj=1:maxcount
    a=1:10000;
    for ii=1:10000
        if a(ii)>5000
            a(ii)=sqrt(a(ii));
        end
    end
end
average1=(toc)/maxcount;                %计算时间
%
maxcount=10;
tic;                                    %开始计算
for jj=1:maxcount
    a=1:10000;
    b=a>5000;
    a(b)=sqrt(a(b));                    %计算根号
end
```

```
average2=(toc)/maxcount;                          %计算时间
%
%显示结果
fprintf('Loop/if approach=%8.4f\n',average1);
fprintf('Logical array approach=%8.4f\n',average2);
```

运行结果如下：

```
Loop/if approach=0.0004
Logical array approach=0.0004
```

正如看到的那样，两种方法的速度一样。

10.4.3　拟合曲线实例

【例 10-8】　用最小二乘法绘制噪声数据的近似曲线。已知有一系列含有噪声的数据(x,y)，试编写用最小二乘法计算 m 和 b 的程序。数据要求从键盘输入，绘制每个数据点，还要绘制最适合的直线。

下落物体将做加速度运动，它的速度符合下面的公式：

$$v(t) = at + v_0$$

其中，$v(t)$代表物体在 t 时刻的速度。加速度为 g，初速度 v_0 为 0。如果要绘制下落物体的速度-时间图像，那么得到的(v,t)测量值应当在同一条直线上。但是，在实验室得到的测量值不一定是直线，这是因为所有的测量都有误差，在所有的测量值中都有一定的噪声。

在工程和科研方面，有许多像这个例子一样带有噪声的实例，而我们希望得到最符合预期的结果，这个问题称为线性待定问题。如果给出一系列带噪声的测量值(x,y)，且遵循一条直线，那么如何确定"最符合"这条直线的解析式呢？

如果确定了待定系数 m 和 b，那么就能确定解析式：

$$y=mx+b$$

确定待定系数 m 和 b 的标准方法为最小二乘法。之所以称为最小二乘法，是因为根据偏差的平方和为最小的条件来选择系数 m 和 b，公式如下：

$$m = \frac{(\sum xy) - (\sum x)\bar{y}}{(\sum x^2) - (\sum x)\bar{x}}$$

$$b = \bar{y} - m\bar{x}$$

其中，$\sum x$ 代表所有测量值 x 之和，$\sum xy$ 代表所有对应的 x 与 y 的乘积之和，$\bar{x}$ 代表测量值 x 的数学期望，$\bar{y}$ 代表测量值 y 的数学期望。

（1）陈述问题。已知有一系列含有噪声的数据(x,y)用最小二乘法计算 m 和 b。要求从键盘输入数据，不仅要绘制每个数据点，还要绘制最适合的直线。

（2）定义输入/输出值。这个程序所需的输入值为点的个数及点的坐标，输出值是用最小二乘法得到的斜率及 y 上的截距。

（3）设计算法。第一步是读取输入量的个数，所以要用到 input()函数。第二步是在 for 循环中使用 input()函数读取输入量(x,y)。每个输入值将会产生一个数组($[x,y]$），然后这个函数将这个数组返回到调用程序。这里应用 for 循环是合适的，因为事先已经知道循环要执行多少次。

将代码文件保存为 eg10_8.m，最终的 MATLAB 程序如下：

```
%定义变量:
%n_points 个点在 [x y]上
%sum_x：输入 x 的总和
%sum_x2：输入 x^2 的总和
%sum_xy：输入 x*y 的总和
%sum_y：输入 y 的总和
%x：x 数组
%x_bar：x 的平均值
%y：y 数组
%y_bar：y 的平均值
%y_int：y 轴插值
disp('This program performs a leastsquares fit of an');
disp('input data set to a straight line.');
n_points=input('Enter the number of input [x y] points:');
%读取输入数据
for ii=1:n_points
temp=input('Enter [x y] pair:');
x(ii)=temp(1);
y(ii)=temp(2);
end
%统计计算
sum_x=0;
sum_y=0;
sum_x2=0;
sum_xy=0;
for ii=1:n_points
sum_x=sum_x+x(ii);
sum_y=sum_y+y(ii);
sum_x2=sum_x2+x(ii)^2;
sum_xy=sum_xy+x(ii)*y(ii);
end
%计算插值点
x_bar=sum_x/n_points;
y_bar=sum_y/n_points;
```

```matlab
slope=(sum_xy-sum_x*y_bar)/(sum_x2-sum_x*x_bar);
y_int=y_bar-slope*x_bar;
%报告
disp('Regression coefficients for the leastsquares line:');
fprintf('Slope(m)=%8.3f\n', slope);
fprintf('Intercept(b)=%8.3f\n', y_int);
fprintf('No of points=%8d\n', n_points);
%画图
%连接行
plot(x,y,'bo');
hold on;
%拟合曲线
xmin=min(x);
xmax=max(x);
ymin=slope*xmin + y_int;
ymax=slope*xmax + y_int;
%画线
plot([xmin xmax],[ymin ymax],'r','LineWidth',2);
hold off;
%标题
title ('\bfLeastSquaresFit');
xlabel('\bf\itx');
ylabel('\bf\ity');
legend('Input data','Fitted line');
grid on
```

运行结果如下：

```
This program performs a leastsquares fit of an
input data set to a straight line.
Enter the number of input [x y] points: 7
Enter [x y] pair: [1.1 1.1]
Enter [x y] pair: [2.2 2.2]
Enter [x y] pair: [3.3 3.3]
Enter [x y] pair: [4.4 4.4]
Enter [x y] pair: [5.5 5.5]
Enter [x y] pair: [6.6 6.6]
Enter [x y] pair: [7.7 7.7]
Regression coefficients for the leastsquares line:
 Slope (m)=    1.000
 Intercept (b)=    0.000
 No of points=    7
```

用最小二乘法绘制的噪声数据图如图 10-1 所示。

图 10-1　噪声数据图

10.5　本章小结

　　本章介绍了 MATLAB 最基本的编程语句，即选择结构和循环结构。选择结构的基本类型是 if 结构、switch 结构和 try/catch 结构。if 结构非常灵活并且可以与任意多条 elseif 语句、if 结构嵌套组成更复杂的结构；switch 结构提供了多项选择；try/catch 结构用于跳过错误，以保证程序可以继续执行。

　　循环结构的基本类型有 while 循环和 for 循环。在 while 循环中，循环体重复执行的次数是无法确定的，只要满足用户定义的条件，循环就进行下去。在 for 循环中，循环体重复执行的次数是确定的，在循环开始之前就知道循环重复的次数。在这两种循环中，均可以使用 break 语句跳出循环。

第11章

M脚本文件

前面介绍了如何利用 MATLAB 的"命令行窗口"直接输入命令以实现简单编程的目的。但是，在实际应用中，往往需要输入上百行甚至上千行命令，这样在 MATLAB 中若逐行输入就显得非常不方便。

MATLAB 中提供了一个合理的方法，该方法允许用户将一系列 MATLAB 命令输入一个简单的文本文件中，只要在 MATLAB 的"命令行窗口"中打开这个文件，文件中所有的命令都会依次执行，其结果和用户在"命令行窗口"中逐条输入命令完全一样。这样的文本文件在 MATLAB 中称为 M 脚本文件。

学习目标

（1）了解 M 脚本文件的基本用法。
（2）熟悉 MATLAB 中的变量类型。
（3）了解如何启动和终止程序。

Note

11.1 M 脚本文件概述

"脚本"一词意味着 MATLAB 仅仅从这个文件中读取脚本语句，又由于这些文件都以".m"作为文件后缀名，因此也称为 M 文件。

11.1.1 什么是 M 脚本文件

M 脚本文件满足如下几个要求。

（1）M 脚本文件中的指令形式和前后位置，与解决同一个问题时在指令窗中输入的那组指令没有任何区别。

（2）MATLAB 在运行 M 脚本文件时，只是简单地从文件中读取一条条指令，然后送到 MATLAB 中执行。

（3）M 脚本文件的扩展名是".m"。

　　当使用 M 文件编辑调试器保存文件时，或者在 MATLAB 指令窗中运行 M 文件时，不必写出文件的扩展名。在 M 文件编辑调试器中，可以采用汉字注释，并且可以获得正确显示。

通常，M 文件是文本文件，所以可以使用一般的文本编辑器编辑 M 文件，并且以文本模式存储。此外，MATLAB 内部自带 M 文件编辑器与编译器，可以单击"新建脚本"按钮进入 M 文件编辑器/编译器。

如图 11-1 所示，这是一个集编辑与调试两种功能于一体的工具环境。在进行代码编辑时，可以用不同的颜色来显示注解、关键词、字符串和一般程序代码，使用非常方便。在输入 M 文件后，也可以像一般的程序设计语言一样，对 M 文件进行调试、运行。

图 11-1　M 文件编辑器

例如，假设当前文件夹下有一个 M 脚本文件，如图 11-2 所示。

图 11-2　M 脚本文件

其内容如下：

```
%求线性方程组 AX=B 及矩阵 A 的秩
A=[5 6 0 0 0
   1 5 6 0 0
   0 1 5 6 0
   0 0 1 5 6
   0 0 0 1 5];
B=[1 0 0 0 1]';
R_A=rank(A)                              %求矩阵 A 的秩
X=A\B                                    %解线性方程组
```

在上面的代码中，以"%"开头的行是注释行，将上面的代码保存为 example.m。在"命令行窗口"中执行 example 命令即可得到方程组的解，具体代码如下：

```
>> example
R_A=
    5
X=
  2.2662
 -1.7218
  1.0571
 -0.5940
  0.3188
```

11.1.2　注释

从上面的内容可以看出，用户可以方便、快捷地输入多行注释。另外，在创建和调试大型 M 文件时，注释还可以帮助用户控制 M 文件中任意一行或多行程序的解释与执行。

对于一行一行的注释，用户既可以在每行的开头添加"%"，也可以在一块文字的首尾添加"%{"和"%}"，使其由代码段变为注释部分，在运行时，MATLAB 就不再执行这些代码。应用这个特性，在编辑和调试过程中，用户可以使脚本文件中的不同代码段在不同的时间执行。

例如，如下所示是代码注释：

```
%作者：
%时间：
%参数设置：
```

可以利用如下所示的方法来替代：

```
%{
    作者：
    时间：
    参数设置：
%}
```

在 MATLAB 中，用户可以使用代码单元完成这个操作。一个代码单元是指用户在 M 文件中指定的一段代码，它以一个代码单元符号（双百分号加空格，即"%% "）作为开始标志，到另一个代码单元符号结束，如果不存在第二个代码单元符号，则直到该文件结束。

代码单元只能在 MATLAB 的"编辑器"窗口中创建和使用，在 MATLAB "命令行窗口"中是无效的。也就是说，如果用户在 MATLAB 的"命令行窗口"中输入含有代码单元的 M 文件并运行时，文件中代码单元的语法是被忽略的，MATLAB 将执行所有的代码（包括代码单元中的语句）。

11.1.3 M 脚本文件的基本用法

按照路径搜索优先级原则，MATLAB 在接收到 example 命令时，首先检查 example 是否是当前 MATLAB 工作区中存在的变量名和 MATLAB 的内置函数名，若都不是，再检查其有效搜索路径下是否存在一个名为 example.m 的 M 脚本文件，如果存在，MATLAB 就打开这个文件，然后执行文件中的命令。

M 文件被打开后，文件中的命令就可以访问当前 MATLAB 工作区中的所有变量，并且这个 M 文件所创建的新变量也将被增加到 MATLAB 工作区中。在通常情况下，MATLAB 在执行 M 文件时，文件中的命令并不显示出来。如果用户需要显示，就可以用 echo on 命令指示 MATLAB 在执行 M 文件中的命令时将这些命令显示在"命令行窗口"中。

当不需要显示时，利用 echo off 命令即可取消显示。另外，反复执行单个命令 echo，可以实现命令显示状态的交替转换（相当于交替执行 echo on 命令和 echo off 命令）。

在解决某类问题时，用户有时需要改变其中的一个或多个变量的值进行重复验证（通常将这类问题称为 what if 问题），这时利用 M 脚本文件就可以使问题的解决变得简单易行。例如，用户可以反复打开 example.m 文件，改变变量值，然后保存并运行这个文件，这样就可以得到不同的结果。

从 example.m 文件中可以看到，使用脚本文件进行 MATLAB 运算时，注释是非常必要的。注释是指用户对脚本文件中的命令添加的说明性文字，便于用户日后阅读和理解。另外，在一条命令语句后添加分号意味着在执行该语句时不显示执行结果，这个特点可以用来控制是否显示脚本文件的输出，以便只在屏幕上显示重要的结果。

在 MATLAB 的 M 脚本文件中，有一些函数对于控制文件执行十分有用，这些函数的名称和功能描述如表 11-1 所示。

表 11-1　M 脚本文件中使用的函数

名　　称	功　能　描　述
beep	使计算机发出"嘟嘟"声
disp(variablename)	只显示结果，不显示变量名
echo	在 M 脚本文件被执行时，控制 M 脚本文件的内容是否在 Command 窗口中显示
input	提示用户输入数据
keyboard	临时终止 M 脚本文件的执行，让键盘获得控制权。执行返回命令就可以将控制权交还给正在执行的 M 脚本文件
pause 或 pause(n)	暂停，直到用户按下任何一个按键为止，或者暂停 n 秒后继续执行
waitforbuttonpress	暂停，直到用户按下鼠标键或其他按键为止

当一条 MATLAB 命令不是以分号结尾时，那么该命令的执行结果连同变量名同时显示在 Command 窗口中。当不需要显示变量名，只需要显示结果时，可以用 disp() 函数实现，如下所示：

```
>> disp(X)
    2.2662
   -1.7218
    1.0571
   -0.5940
    0.3188
```

11.2　MATLAB 中的变量类型

MATLAB 能识别常用的加法、减法、乘法、除法和幂等运算。对于简单的计算，在"命令行窗口"中输入表达式后，按 Enter 键即可完成。MATLAB 会将运算结果保存在默认变量 ans 中，并显示其结果（如果在表达式后面加上分号";"，则不会显示），用户也可以自行设定变量。

Note

与 C 语言不同的是，MATLAB 中的变量不需要事先定义。但 MATLAB 中的变量有其命名规则，即必须以字母开头，之后可以是任意字母、数字或下画线，不能有空格；变量名区分大小写。

在 MATLAB 中，变量名不能超过 63 个字符，第 63 个字符之后的部分将被忽略。除了上述命名规则，MATLAB 中还包括一些特殊的变量，如表 11-2 所示。

表 11-2　MATLAB 中特殊的变量

变 量 名	变 量 含 义	变 量 名	变 量 含 义
ans	MATLAB 中默认的变量	i(j)	复数中的虚数单位
pi	圆周率	nargin	所用函数的输入变量数目
eps	返回某数的最小浮点数精度	nargout	所用函数的输出变量数目
inf	无穷大	realmin	最小可用正实数
NaN	非数值	realmax	最大可用正实数

通常，定义的变量有局部变量和全局变量这两种类型。每个函数在运行时均占用单独的一块内存，此工作空间独立于 MATLAB 的基本工作空间和其他函数的工作空间。

因此，不同工作空间的变量完全独立，不会相互影响，这些变量称为局部变量。为了减少变量的传递，有时可以使用全局变量，它是通过 global 命令来定义的，格式如下：

```
global var1var2;
```

上述指令可以使 MATLAB 允许几个不同的函数空间，或者基本工作空间共享同一个变量。每个希望共享全局变量的函数或 MATLAB 的基本工作空间，必须逐个对具体变量加以专门定义，没有采用 global 命令定义的函数或基本空间将无权使用全局变量。

如果某个函数的运行使全局变量发生了变化，则其他函数空间及基本工作空间中的同名变量将随之变化。只要与全局变量相联系的工作空间中存在一个变量，全局变量就存在。

在使用全局变量时需要注意以下几个方面。

- 在使用全局变量之前必须先定义，建议将定义放在函数体的首行位置。
- 虽然对全局变量的名称并没有特别的限制，但为了提高程序的可读性，建议采用大写字符命名全局变量。
- 全局变量会损坏函数的独立性，使程序的输入和维护变得困难，尤其是在大型程序中，不利于模块化，所以不推荐使用。

11.3　设置执行时间

在正常情况下，当用户在 MATLAB 的"命令行窗口"中输入一个 M 文件的文件名并按 Enter 键后，就立即执行该文件。但也有一些例外情况，如在大型工程项目或长时间执行才能得到所需结果时，用户并不希望立即执行文件，而是希望能够控制 M 文件的执行时间。

在 MATLAB 中，这个功能可以通过使用计时器对象实现。可以使用 timer()函数创建计时器对象。下面创建一个名为 my_timer 的计时器对象变量：

```
>> my_timer=timer('TimerFcn','MfileName','StartDelay',100)
```

上面的计时器对象表明，当用户使用 start()函数启动计时器 100 秒后，名为 MfileName 的 M 脚本文件将被执行。启动计时器的命令如下：

```
>> start(my_timer) %start the timer in the variable my_timer
```

timer()函数的一般语法定义为如下形式：

```
t=timer('PropertyName1',PropertyValue1,'PropertyName2',
        PropertyValue2,...)
```

在上述定义中，参数总是成对出现的，分别表示属性的名称和属性值。

如上所示，当计时器启动后，MATLAB 并不立即执行代码，用户可以利用这个空闲时间从事其他的操作。100 秒后，计时器对象开始执行，这时它将代替 MATLAB 对代码进行控制，当代码执行结束后，计时器释放对代码的控制权，MATLAB 重新将控制权交给命令行窗口。

计时器对象还有许多其他的特性。首先，MfileName 可以是任何可执行语句，如一个 M 脚本文件、一个函数句柄、一个 M 函数文件或一系列 MATLAB 命令等。其次，用户可以利用计时器对象使指定的代码按周期循环执行或一次执行数个周期。最后，在一个计时器中可以同时对 4 个 M 文件或代码序列进行不同的定时操作。例如，可以创建如下所示的计时器对象：

```
>> my_timer=timer('TimerFcn','Mfile1',...
                  'StartFcn','Mfile2',...
                  'StopFcn','Mfile3',...
                  'ErrorFcn','Mfile4');
```

该计时器对象将执行如下操作。

（1）将 Mfile1 作为基本计时器代码循环周期执行。

（2）当使用 start()函数启动计时器时执行 Mfile2。

（3）当使用 stop()函数终止计时器时执行 Mfile3。

（4）当 MATLAB 出错时执行 Mfile4。

更多关于计时器对象的信息请参考相应的 MATLAB 帮助文档。

11.4 启动和终止

当 MATLAB 启动时，将运行 MATLABrc.m 和 startup.m 这两个 M 脚本文件。MATLABrc.m 脚本文件主要用于设置图形显示（Figure）窗口的默认大小和位置，以及一些其他默认特性，该文件是和 MATLAB 一起被安装在硬盘上的，通常不能进行修改。

另外，MATLABrc.m 脚本文件还用于设置默认的 MATLAB 搜索路径，这项工作是通过调用 pathdef.m 脚本文件来完成的。当用户用路径浏览器和一些命令函数重新设置搜索路径时，在无形中更改了 pathdef.m 脚本文件的内容，因此用户没有必要专门编辑和修改这个脚本文件。

当 MATLABrc.m 脚本文件运行时，通常要检测 MATLAB 搜索路径中是否存在 startup.m 脚本文件，如果存在，就执行文件中的命令。startup.m 是一个可选文件，通常包含用户添加的一些默认特性。

例如，用户可以在 startup.m 脚本文件中添加一个或多个 addpath 命令或 path 命令，将更多的目录添加到 MATLAB 的搜索路径中；另外，还可以用诸如 format compact 命令来改变默认的数字显示格式。因为 startup.m 是一个标准的 M 脚本文件，所以几乎所有的命令都可以添加到该文件中（但建议用户不要将 quit 命令添加到该文件中）。

在单机安装版本中，startup.m 脚本文件通常保存在 MATLAB 安装目录下的 toolbox/local 子目录中；在网络安装版本中，为了调用方便，startup.m 脚本文件通常在用户启动 MATLAB 时的默认目录中。

在 MATLAB 的"命令行窗口"中输入 exit 命令或 quit 命令可以结束 MATLAB 的运行。MATLAB 将在其搜索路径中寻找一个名为 finish.m 的脚本文件。如果找到该文件，MATLAB 在结束运行之前将执行这个文件中的命令。

11.5 本章小结

本章主要介绍了 M 脚本文件的用法及相关技巧。对于一些简单的问题，当所需命令数量很少时，快捷而有效的方法是在 MATLAB 的"命令行窗口"中直接输入这些命令。但是，对于有些问题，当所需命令数量较多，或者用户需要改变其中的一个或多个变量的值进行重复验证时，直接输入命令就不再方便，此时可以使用 M 脚本文件。

M函数文件

M文件有函数和脚本这两种格式，第11章介绍了M脚本文件的使用方法。M脚本文件和M函数文件的相同之处在于它们都是以".m"作为扩展名的文本文件，不进入命令行窗口，而是由编辑器来创建外部文件的。

但是，M脚本文件和M函数文件在语法与使用上还是有区别的，M函数文件在形式上与C语言更像，既有输入参数，也有输出参数。

学习目标

（1）了解M函数文件的创建规则。

（2）了解函数句柄。

（3）了解嵌套函数。

12.1 M 函数

M 函数能够把大量有用的数学函数或命令集中在一个模块中，因此，其对某些复杂问题具有很强的解决能力。

12.1.1 什么是 M 函数

MATLAB 是用 C 语言开发的，因此，M 文件的语法规则与 C 语言几乎一样，简单易学。

MATLAB 中许多常用的函数（如 sqrt()、inv() 和 abs() 等）都是函数式 M 文件，在使用函数时，利用操作系统给定的输入，MATLAB 获取并传递给它的变量，运算得到所需的结果，然后返回这些结果。

M 函数文件与一个黑箱类似，由函数执行的命令及这些命令所创建的中间变量都是隐含的。运算过程中的中间变量都是局部变量（除了特别声明），存放在函数本身的工作空间内，不会和 MATLAB 基本工作空间中的变量相互覆盖。

注 意　　函数接口中只有输入和输出，因此易于使程序模块化，特别适用于编写大型程序。

下面通过一个例子来说明 M 函数的结构：

```
function f=function1(v)
f=tan(v);
```

此 M 函数的第 1 行为函数定义行，以 function 语句作为引导，定义了函数名称（function1）、输入自变量（v）和输出自变量（f），函数执行完毕返回结果。

提 示　　函数名和文件名必须相同。调用 M 函数时指定变量的值，如自变量（v），与 C 语言的形式参数类似。

function 为关键词，说明此 M 文件为函数。第 2 行为函数主体，规范函数的运算过程，并指出输出自变量的值。若调用此函数，可以输入如下命令：

```
>> f=function1(0)
f=
    0
```

提 示　　还可以在函数定义行下加入注解，以"%"开头，即函数的在线帮助，若在 MATLAB 中输入"help 函数主文件名"，即可看到这些帮助，需要注意的是，在线帮助和 M 函数定义行之间可以有空行，但是在线帮助的各行之间不应有空行。

与 M 脚本文件的编辑器一样，M 函数也在这个编辑器中工作。

12.1.2　M 函数文件的创建规则

本节主要阐述创建 M 函数文件必须满足的一些规则，以及 M 函数文件具有的一些特性，这些标准和特性包括以下几点。

（1）M 函数文件名必须和 function 声明行中的函数名（如 mmempty）一致。实际上，当用户输入一个 M 函数并执行时，MATLAB 寻找的是以这个函数的名字命名的.m 文件，而不是 function 声明语句中的函数名。

（2）在 MATLAB 中，一个 M 函数文件名最多可以包含 63 个字符。当然，这只是 MATLAB 允许的最大值，根据用户的操作系统不同，M 函数文件名的有效字符数有可能小于 63 个字符。

当一个 M 函数文件名的长度多于 63 个字符时，MATLAB 将忽略第 63（或者由用户操作系统决定的最大字符数）个字符之后的所有字符。因此，建议用户在命名一个 M 函数文件时，使用稍长一些的名字，这样就可以为每个 M 函数文件提供一个唯一的名称。

（3）在 MATLAB 中，M 函数文件名在 Windows 操作系统平台上是区分大小写的。

（4）M 函数文件名的命名规则与变量名相同，即必须以字母开头，后面可以是任意字母、数字和下画线的组合，空格和标点符号不能用作文件名。

（5）M 函数文件的第 1 行必须是以 function 关键字开头的声明语句，称为函数声明行。function 之后的语句定义了该函数的调用方式，包括函数名、输入参数和输出参数。其中，输入参数和输出参数均是该函数的局部变量，也就是说，这些参数名只在函数体内部有效。在函数执行时，通过输入变量获得数据，通过输出变量输出结果。

（6）介于函数声明行和第 1 行命令之间的若干行注释是函数的帮助文档，当使用 help 命令或 helpwin 命令查看时，将显示这些内容。其中，第 1 行注释称为 H1 行，通常包含对函数功能的简要描述，当使用 lookfor 命令查看时，显示的便是这行内容。H1 行之后的帮助文档可以对该函数进行详细的描述，主要包括函数调用方法、函数所使用的算法、一些简单实例等。

（7）为了使函数名在帮助文档中一目了然，帮助文档中的函数名通常都是大写的，但在函数中调用时，必须使用与函数文件名相同的小写字母。

（8）函数帮助文档之后的所有语句称为函数体。函数体根据输入参数，通过一系列运算命令得出结果，并通过输出参数输出给用户。

（9）如果 M 函数文件中包含 return 语句，则函数执行到该语句时就终止；如果不包含 return 语句，则执行到文件的最后一行才终止。当 M 函数文件中包含嵌套函数时，每个嵌套函数都必须用一条 end 语句来终止该嵌套函数的执行。

（10）当函数在执行过程中出现异常或错误时，用户可以通过调用 error()函数来终止函数执行并返回"命令行窗口"。例如，当函数中的某个函数或命令使用不正确时，可以使用 error()函数指出非法使用的原因或纠正办法。

（11）在 M 函数中也可以调用 warning()函数，对函数执行时出现的异常行为和意外情况发出告警信息。warning()函数与 error()函数在语法定义和使用方法上十分相似，如参数中都可以包含简单的字符串、格式化数字及一个可选的初始信息指示符。

warning()函数与 error()函数的区别包括以下几点。

① 当函数执行遇到 warning()函数时，不是立即返回，而是继续执行，只不过会立即在"命令行窗口"中显示一条告警信息。

② 用户可以通过全局设置关闭告警功能，或者关闭与某个特定指示符相关的告警功能。有关 warning()函数的其他用法读者可以参考 MATLAB 帮助文档。

（12）在 M 函数文件内部也可以调用 M 脚本文件。此时，M 脚本文件所创建的所有变量都作为函数的内部变量，不会出现在 MATLAB 工作区中。

（13）在 M 函数文件内部可以创建一个或多个子函数，又称为局部函数。这些函数通常出现在主函数体的后面，同样以一个标准的函数声明语句开始，并且遵循所有的函数创建规则。

（14）子函数既可以被主函数调用，也可以被同一文件内的其他子函数调用，但不能被文件之外的其他函数调用。

（15）子函数也含有像主函数那样的帮助文档，并且通过以下格式查看：

```
>> helpwin func/subfunc
```

其中，func 是主函数名，subfunc 是子函数名。

（16）除了子函数，M 函数文件还可以调用私有函数。私有 M 函数文件也是标准的.m 文件，保存在主函数所在目录的子目录中，主要包含主函数所需的一些子功能。需要注意的是，只有父目录下的主函数才能调用这些私有 M 函数。

（17）与子函数一样，私有 M 函数文件名也没有什么特殊的要求，其命名规则与子函数相同。但为了方便显示和调用，建议私有 M 函数文件名都以 private 开头，如 private_myfun。

12.1.3　MATLAB 的函数文件搜索路径

M 函数文件是 MATLAB 为用户提供的一项基本工具，它使用户可以对一组有用的命令进行封装，然后反复调用。与 M 脚本文件一样，M 函数文件也存储在计算机硬盘中，MATLAB 在调用某个函数时，也需要在硬盘中搜索相应的.m 文件。因此，为了提高搜索效率和执行速度，MATLAB 在搜索、打开并执行 M 函数文件时也采取了一些特有的技术和手段，这些技术和手段主要包括如下几点。

（1）当 MATLAB 第一次打开并执行一个 M 函数文件时，函数中的命令将被编译（Compile）成内部伪码（Internal Pseudocode）格式存储在内存中，以提高对该函数后续调用时的执行速度。如果函数中还包含对其他 M 函数文件和 M 脚本文件的调用，那么这些文件也被编译成内存中的内部伪码格式。

（2）使用 inmem()函数可以查看被编译成内部伪码格式的各个函数和脚本文件名，这些文件名被保存在该函数返回的一个字符串单元数组中。

（3）当一个函数被编译到内存中后，可以使用 mlock 命令将该函数锁定在内存中，这样就可以保证它不会从内存中清除，也就是说，使用 clear 命令不会将该函数从内存中清除出去。

如果一个 M 函数文件被锁定，则该函数中声明的永久变量就会驻留在内存中，以便被其他函数反复调用。与 mlock 命令相对应的命令是 munlock，它将一个锁定的函数解锁，使其可以从内存中清除。mislocked 命令用于检查一个函数是否被锁定，如果函数被锁定，就返回 true，否则返回 false。

　　　　如果用户不在 M 函数文件中使用任何锁定命令，则该函数的默认设置为未锁定。

（4）用户可以使用 pcode 命令将编译后的伪码存储在硬盘中。该命令执行后，MATLAB 会把编译后的函数载入内存中，而不是将 M 文件载入内存中。对于大多数函数来说，伪码文件在第一次运行时，并不能明显地缩短函数的执行时间。

但是，当用户反复调用该函数，或者当该函数需要与复杂的图形用户界面进行交互时，采用伪码文件的确可以大大提高函数的运行速度。可以使用如下所示的命令来创建伪码文件：

```
>> pcode myfunction
```

其中，myfunction 是需要编译的 M 文件的名字。伪码文件是一个经过加密的，并且与操作系统无关的二进制文件，该文件与原始 M 文件具有相同的文件名，但其后缀是".p"，而不是".m"。

利用伪码文件运行函数可以确保函数源码本身的安全性，因为所有的伪码文件都是由一些特殊的二进制代码构成的，一般的浏览器是无法解释这些代码的。

另外，伪码文件是无法转换成 M 文件的。由于伪码文件所具有的二进制特性，伪码文件在 MATLAB 各版本中是无法后向兼容的。

（5）当启动 MATLAB 时，会把存储在 toolbox 目录及其子目录中的所有 M 文件的名字和位置存入高速缓冲区中，以提高函数的运行速度。toolbox 目录及其子目录中的文件存入缓冲区后，这些文件都被视为具有只读属性。

也就是说，当一个函数被执行后，再对其进行修改，则 MATLAB 只执行原来的函数，而忽略对这个函数所做的改变。另外，如果一个新的 M 文件在 MATLAB 启动之后才被加到 toolbox 目录或其子目录下，那么它并不会被载入高速缓冲区中。

因此，在 M 函数文件开发完成之前，最好把它们保存在 toolbox 以外的目录中，如 MATLAB 安装目录。当这些函数开发完成后，再把它们存储在只读的 toolbox 目录或其子目录中。

最后，修改 MATLAB 的搜索路径，以便 MATLAB 在下次启动时能够找到这些 M 函数文件，并把它们载入高速缓冲区中。

（6）一个新的 M 函数文件被载入高速缓冲区中以后，并不能立即被调用，只有使用 rehash toolbox 命令对高速缓冲区进行刷新后，MATLAB 才能找到并调用它。

另外，当一个已被载入高速缓冲区中的文件被修改时，MATLAB 无法立即识别这些修改，只有通过 clear 命令将原来的函数从内存中清除之后，MATLAB 才能识别这些变化。

要将一个未锁定的文件从内存中清除，可以使用 clear myfun 命令，也可以使用 clear functions 命令将所有未锁定的函数从内存中清除。

> **注意** clear 命令只能清除未锁定的函数文件，不能清除已锁定的函数文件。

（7）对于 toolbox 目录之外的 M 文件，MATLAB 通过辨别其修改日期来判断是执行新的函数还是原来的函数。如果一个 M 函数已经被编译到内存中，当 MATLAB 再次调用该函数时，则会比较此时硬盘中的 M 函数文件的修改日期与内存中的 M 函数文件的修改日期。

如果这两个日期是一样的，那么 MATLAB 会执行内存中的 M 函数，如果硬盘中的 M 函数比内存中的 M 函数新，那么 MATLAB 就会将原来的编译文件清除，然后编译经过修改后的新文件并执行。

（8）利用 depfun()函数，可以检查一个 M 函数与其他所有文件之间的相关性。该函数严格列出了一个 M 文件对其他 M 函数、内置函数的调用，以及 eval 字符串中的函数调用和回调，还指出了函数所用到的变量和 Java 类。

当安装了不同 Toolboxes 的用户之间共享 M 函数时，用 depfun()函数标识出一个函数与另一个用户的所有函数之间的相关性是非常有用的。另外，depdir()函数用来返回一个 M 函数文件相关目录的列表，该函数内部使用了 depfun()函数。

12.1.4 输入参数和输出参数

MATLAB 中的函数对输入参数和输出参数的数量没有限制，可以有任意多个输入参数和输出参数。这些参数通常需要遵循一定的规则，并表现出特有的属性，具体的规则和属性如下。

（1）M 函数可以没有输入参数和输出参数。

（2）用户在调用 M 函数时，可以提供少于函数定义中规定个数的输入参数和输出参数，但不能提供多于函数定义中规定个数的输入参数和输出参数。

（3）如果一个函数中声明了一个或多个输出参数，但用户在使用时又不想输出参数，那么在调用该函数时不给函数提供输出变量即可。另外，在函数体内部，用户也可以在函数结束之前使用 clear 命令删除不需要的输出变量。

上面提到，用户不能提供多于函数定义中规定个数的输入参数和输出参数。因此，MATLAB 中提供了 nargchk()函数和 nargoutchk()函数，分别用于对有效的输入参数和输出参数的个数进行判断。

当函数在声明时定义了固定个数的输入参数和输出参数（即不出现 varargin 和 varargout），而用户没有正确指定参数个数时，MATLAB 就会自动报错，此时 nargchk()函数和 nargoutchk()函数的作用不大。

但当函数在声明时定义任意个数的输入参数和输出参数时，这两个函数是非常有用的（因为此时 MATLAB 通常不会自动报错）。

用户可以通过调用 nargin()函数和 nargout()函数来确定一个 M 函数在调用时用到了几个输入参数和输出参数。

 注意：nargin 和 nargout 是函数名，不是变量，因此用户不能对它们进行赋值操作，如 nargin=nargin-1 是错误的。

12.2　函数工作区

MATLAB 函数是一个黑箱，它通过输入参数接收数据，通过输出参数将计算结果输出，在函数体内部创建的任何变量都不会在 MATLAB 工作区中显示。

其实，MATLAB 函数在每次执行时都会创建一个临时工作区，称为函数工作区，在函数内部创建的变量都会存储在该工作区中，当函数执行完毕后，该工作区连同里面的变量一起被删除。

在调用函数时，函数内部的变量通常通过输入参数和输出参数与 MATLAB 工作区进行数据交换，除此之外，MATLAB 中还提供了一些其他的方法和技术用于函数工作区之间，以及函数工作区和 MATLAB 工作区之间的数据交换，这些技术主要包括如下几点。

（1）如果函数体内的一个变量被声明为 global，那么该变量就可以被其他函数、MATLAB 工作区及函数本身反复调用。要访问函数或 MATLAB 工作区中定义的全局变量，必须在每个工作区中都将该变量声明为 global，声明格式为 global variablename。

（2）除了通过全局变量共享数据，M 函数文件还定义了另一种可共享的变量类型，即 persistent 变量，其声明格式为 persistent variablename，该变量又称为永久变量。永久变量与全局变量类似，但是它只能被声明该变量的函数反复调用，不能被其他函数或 MATLAB 工作区调用。

一旦一个包含永久变量的 M 函数文件被调用，永久变量就会保留下来，供下次调用该函数时使用。

（3）如果希望在其他工作区执行一个表达式，然后将结果返回到当前工作区，则可以使用 evalin()函数。evalin()函数与 eval()函数类似，只不过 evalin()函数中的表达式既可以在调用工作区（Caller Workspace）执行，也可以在基本工作区（Base Workspace）执行。

（4）用户既可以在另一个工作区中执行一个表达式，并将结果赋给当前工作区中的一个变量，也可以将当前工作区中的一个表达式的结果赋值给另一个工作区中的一个变量。

assignin()函数便提供了这项功能，其语法格式为 assignin('workspace', 'vname',x)，其中'workspace'既可以是'caller'，也可以是'base'，该函数将当前工作区中变量 x 的值赋给'workspace'工作区中名为'vname'的变量。

（5）当在一个函数内部使用 inputname()函数时，就可以检测当该函数被调用时，调用工作区中都有哪些变量被使用（从函数名称也可以看出，该函数将返回输入变量的名称）。

（6）当前正被执行的 M 函数文件的文件名可以通过该函数内部工作区中的一个变量 mfilename 得到。例如，对于 M 函数文件 myfunction.m，当该文件被执行时，其函数工作区中就创建一个 mfilename 变量，变量值为字符串'myfunction'。另外，M 脚本文件也存在这样一个变量，用于保存正在执行的脚本文件的文件名。

12.3　M 函数文件的使用

前面介绍了 M 函数文件的创建规则及工作的基本原理，本节将介绍如何使用 M 函数文件。

12.3.1　M 函数文件实例

前面已经详细介绍了编写 M 函数文件需要注意的基本规则，其实在使用 MATLAB 时，经常调用的 MATLAB 自带函数库中的一些函数就是一个函数文件，如 sin(x)函数等。

下面列举一个比较简单的、自编的 M 函数文件。

例如，计算一个复杂的指数函数，输入参数是一个变量 x，输出参数为 y。将代码保存在 myfun1.m 中，代码设置如下：

```
function F=myfun1(x)
Iph=1;
I0=1;
q=1;
U0c=1;
A=1;
k=1;
T=1;
F=Iph-I0*(exp(q*(U0c+x)/(A*k*T))-1)-x;
```

如果想计算这个指数函数的值，如要知道 x=3 时 y 的值，可以在"命令行窗口"中输入如下代码：

```
>> F=myfun1(3)
```

运行结果如下：

```
F=
    -55.5982
```

在很多情况下，用户需要将一个函数的标识作为参数传递给另一个函数。MATLAB的许多数值分析函数就需要将用户提供的一个函数作为函数输入参数进行验证，如 fsolve()函数，它的一个调用方式为 x=fsolve(fun,x0)，其功能是利用初值 x0 来计算非线性方程的值。

12.3.2　函数句柄

函数句柄是 MATLAB 提供给用户的一个强有力的工具。首先，当一个函数句柄被创建时，它将记录函数的详细信息，因此，当使用函数句柄调用该函数时，MATLAB 会立即执行，不再需要进行文件搜索。尤其是，当反复调用一个文件时，可以节省大量的搜索时间，从而提高函数的执行效率。

例如，利用 fsolve()函数求解 12.3.1 节中的非线性指数函数的值，可以在"命令行窗口"中输入如下代码：

```
>> x=fsolve(@myfun1,0);
```

运行结果如下：

```
ans =
   -0.2079
```

其中，符号"@"意味着 fsolve()函数的等号左边是一个函数句柄，"@"后面定义了函数的输入参数 x0。

函数句柄的另一个重要特性是函数句柄可以用来标识子函数、私有函数和嵌套函数。

在一般情况下，这些函数对于用户来说都是"隐蔽"的，这些标识对用户正确使用这些函数非常有用。

例如，在编写一个含有子函数的 M 函数时，可以为子函数创建一个句柄，并作为主函数的一个输出参数提供给用户，这样就可以使本来"隐蔽"的子函数"显现"出来，便于用户对其进行验证和使用。

12.3.3　嵌套函数

上面的实例是先单独编写一个函数文件 myfun1.m，然后在"命令行窗口"中输入 x= fsolve(@myfun1,0)，这样就可以得到想要的结果。但是，是否可以将其写入一个函数文件中呢？

当然可以，MATLAB 提供的这种方式称为嵌套函数。嵌套函数是 MATLAB 的又一种函数类型，这种函数对于熟悉它的编程人员是十分有用的，但如果用户对该函数类型不是十分了解，对其使用不当，反而会造成程序质量下降。

例如，将上述两个过程写入一个名为 fs.m 的文件中，代码如下：

```
function x=fs(x0)
x=fsolve(@myfun1,x0);

function F=myfun1(x)
Iph=1;
I0=1;
q=1;
U0c=1;
A=1;
k=1;
T=1;
F=Iph-I0*(exp(q*(U0c+x)/(A*k*T))-1)-x;
```

在"命令行窗口"中输入如下代码：

```
>> fs(0)
```

运行结果如下：

```
ans =
   -0.2079
```

其中，function x=fs()相当于 C 语言中的主函数（main()），而 function F=myfun1()则是子函数。

在一个程序中，有且仅有一个主函数，其他的函数都是子函数。与 C 语言的不同之处在于，在 MATLAB 这种调用子函数的过程中，不用声明这个子函数。

从原则上来说，一个函数可以包含任意多个嵌套函数，并且嵌套函数还可以包含嵌套函数。一个嵌套函数既可以通过输入参数访问主函数工作区中的变量，也可以直接访问主函数工作区中的其他变量。

这些内容也许会令人费解，实际上，嵌套函数使 M 文件的调试变得非常复杂，并且初学者基本上无法感觉到它的优势究竟在什么地方。

只不过在编写较大程序库，并且需要诸多人来参与时，就需要这样的嵌套关系，一个程序员只需要知道其他程序员编写的程序中函数的接口是什么就可以，而不必关心其内容。例如，要想调用 MATLAB 库中的函数（MATLAB 开发人员已编写好），只需要知道其调用格式即可，而不需要了解代码内容。

12.4　本章小结

本章主要介绍了 M 函数文件的使用及其相关规则。在编写函数文件的过程中，首先需要注意的是，一个 M 函数文件的第 1 行都是一个以关键字 function 开头的声明行，表明该文件是一个 M 函数文件，声明行中包含函数名称、输入参数和输出参数。

另外，为了使其他的用户了解某个函数的功能特点和使用方法，通常需要为其加入适当的注释，M 函数文件的注释是有一定规律的。广大 MATLAB 用户应当熟悉如何使用 M 函数文件，并且逐步熟练掌握 MATLAB 软件，向着更高的目标迈进。

第13章

M文件的调试

对于编程人员来说，程序运行时出现 Bug 在所难免，尤其是在大规模，并且需要多人共同参与的情况下，因此掌握程序调试的方法和技巧对提高工作效率很重要。

为此，MATLAB 中提供了几种有助于调试 M 文件的方法和函数。另外，MATLAB 中还提供了一个有效工具——剖析器，用于帮助用户提高 M 文件的执行速度。M 文件剖析器在分析 M 文件的执行方面，MATLAB 能够通过标识出哪一行代码的运行时间最长来优化 M 文件的执行，提高其执行速度。

学习目标

（1）了解 M 文件的两种调试方法。
（2）了解语法检查。

13.1　调试方法

前面介绍了如何完成程序的编译，本节将介绍两种调试方法，即直接调试法和工具调试法，用来解决程序中经常遇到的错误。

13.1.1　直接调试法

在 MATLAB 中，表达式可能会存在两种类型的错误：语法错误和运行错误。语法错误一般是由用户的错误操作造成的（如未声明的变量或函数名拼写错误、缺少引号或括号等），只有在 MATLAB 中运行一个表达式或一个函数被编译进入内存时才会发现这些错误。

MATLAB 发现错误后，便立即标识出这些错误，并向用户提供关于所遇到的错误的类型，以及错误在 M 文件中所在的位置（行的标号）的信息。利用这些信息，用户就能对错误进行定位，并纠正它。

有一种语法错误例外，它是出现在 GUI 回调字符串中的语法错误。如果用户将 GUI 回调字符串拼写错误，这些错误在 GUI 运行的过程中，如果该字符串本身不被执行，那么 MATLAB 就无法发现这些错误，直到字符串本身被执行才会检测到错误。

另外，在运行时错误就能被 MATLAB 发现并标记出来。但用户在通常情况下很难发现这些错误到底发生在何处，即使 MATLAB 会将它们标记出来，当 MATLAB 运行时，如果错误被发现，MATLAB 便将控制权立刻返回到"命令行窗口"和 MATLAB 工作区。

这时，用户无法访问错误发生时函数工作区内的值，也不能通过查询这个函数工作区来筛查错误来源，并试图隔离出现的问题。因此，检查运行错误最好的方法是依靠编程经验和其他程序员的指导。

M 函数文件的调试方法有多种，对于简单的问题，可以直接使用如下几种方法来调试解决。

（1）将函数中要调试的语句行后面的分号删除，这样运算的过程和结果就可以在"命令行窗口"中显示出来。

（2）在函数中添加额外的语句，用于显示所要查看的变量语句。

（3）在 M 函数文件中选定位置添加 keyboard 命令，当函数执行到 keyboard 命令时，便停止执行，以便将临时控制权交给键盘。这时，用户就可以查看函数工作区中的变量，可以进行查询，还可以根据需求改变变量的值。

如果要恢复函数的执行，只要在键盘提示符（K>>）后输入 return 命令，函数即可恢复执行。

（4）在 M 函数文件开头的函数定义声明语句（即第 1 行语句）之前插入"%"，可以将第 1 行变为注释行，同时把 M 函数文件变为一个 M 脚本文件。

这样，在以脚本文件执行时，其工作区就是 MATLAB 的工作区，在出现错误时用户就可以查看这个工作区中的变量。

当一个 M 函数文件容量很大时，M 文件是可以递归调用的，或者是高度嵌套的，也就是说，该函数调用其他的 M 函数文件，而这些函数又调用其他的函数。

当然，用户也可以在"命令行窗口"中直接输入与这些调试函数等价的函数，只不过相对来说要麻烦得多。用户可以通过输入如下所示的 help 函数名来查看这些等价函数的联机帮助；如果用户坚持用这些函数，而不是用图形化的调试器，则参看联机帮助文档中的 debug 部分，也就是说，在 MATLAB 提示符后输入：

```
>> helpwin    doc debug
```

用户可以通过 MATLAB 的图形化调试工具来设置函数的运行和停止。例如，用户可以使函数在已设定的断点处停止运行，或者使函数在出现 MATLAB 报警和错误的地方停止运行，以及在得到 NaN 和 Inf 的结果表达式的地方中断程序的运行等。

如果用户在程序中设置了断点，则当程序运行到断点时，MATLAB 在执行完断点所在的行之后进行运算，并在返回结果之前立即停止执行，在 MATLAB 工作区中显示当前各内部变量的值。

一旦程序停止运行后，"命令行窗口"中会出现键盘提示符（K>> ），这时用户既可以查询函数工作区，改变工作区中变量的值等，也可以根据需要进行跟踪调试。

但是对于文件规模大、相互调用关系复杂的程序来说，直接调试是很困难的，这时可以借助 MATLAB 的专门调试器工具（Debugger），即工具调试法。

13.1.2　工具调试法

对于大型程序，直接调试已经不能满足调试要求，此时可以考虑采用工具调试法。所谓工具调试法，是指利用 MATLAB 的 M 文件编辑器中集成的程序调试工具对程序进行调试。

工具调试法的步骤如下。

（1）准备文件。最好将需要调试的文件单独放置到新的文件夹中，并将该文件夹设置为工作目录；使用 M 文件编辑器打开文件。

（2）在调试前，如果对文件有所改动，那么应该及时保存，保存后才能安全地进行调试。

（3）单击 Run 按钮对程序进行试运行，查看程序的运行情况。

（4）设置断点。断点的类型包括标准断点、条件断点和错误断点。

（5）在断点存在的情况下运行程序，会在"命令行窗口"中出现 K>> 提示符。在程序运行过程中碰到断点时，会在 M 文件编辑器和"命令行窗口"中给出提示。

Note

（6）检查变量的值。根据这些值判断程序当前的正误情况。

（7）按需要单击 M 文件编辑器的 Continue、Step、Step In、Step Out 等按钮。

（8）结束调试，修改程序，然后继续上述步骤，直至程序完美。

13.2　语法检查

当用户创建和调试 M 文件时，适时地检查代码中的语法错误和运行错误是非常必要的。过去，通常需要执行完 M 文件，然后根据"命令行窗口"中返回的警告信息和错误信息判断是否存在语法错误或运行错误，或者使用 pcode 命令创建一个 P 码文件来寻找错误根源。

在 MATLAB 中，用户可以使用 mlint() 函数来分析 M 文件中的语法错误，以及其他可能存在的问题或不完善的地方。

例如，mlint() 函数可以检查出文件中是否有变量虽然被定义但从未调用，是否有输入参数未使用，是否有输出参数未赋值，是否存在已不再使用的函数或命令，以及是否存在 MATLAB 根本执行不到的语句等。mlint() 函数通常都是以命令的形式调用的，其调用格式如下：

```
>> mlint myfunction
```

其中，myfunction 是要检查的 M 文件名称。当然，该函数也可以以函数的形式进行调用，用户可以通过多种方式获得其输出结果。例如，如下所示的代码将 mlint() 函数的输出结果赋给了一个结构体变量 out：

```
>> out= mlint('myfunction','-struct');
```

除了可以利用 mlint() 函数检查文件，用户还可以利用 mlintrpt() 函数检查某个目录下的所有文件，并生成一个新的 HTML 类型的窗口显示每个文件的检查结果。另外，在 MATLAB 桌面的当前路径窗口中，用户也可以使用这个特性。

13.3　本章小结

本章简要介绍了调试 M 文件的方法。在开发 M 文件的过程中，不可避免地会"报错"，也就是所谓的 Bug。

一般来说，错误分为两种，即语法错误和运行错误。语法错误在调试过程中经常出现，主要有变量名与函数名的错误拼写、标点符号的缺漏和 end 的漏写等，对于这类错误，在程序运行或编译时一般都能被发现，然后终止执行并报错，用户很容易发现并改正。

二维图形

视觉是人们感受世界、认识自然的重要途径。即使根据计算得到的数据堆或符号堆都非常准确，人们也很难从这一大堆原始的数据和符号中发现它们的具体物理含义或内在规律，而数据图形恰恰能使视觉感官直接感受到数据的许多内在本质，发现数据的内在联系。因此，数据可视化是一项非常重要的技术。

MATLAB 可以表示数据的二维图形、三维图形和四维图形。通过对图形的线型、立面、色彩、光线、视角等属性进行控制，可以把数据的内在特征表现得更加细腻和完美。本章将介绍二维图形的绘制和图形的处理。

学习目标

（1）熟练掌握 plot( )函数的用法。
（2）熟悉坐标控制和图形标识。
（3）熟悉双纵坐标图。
（4）了解其他二维绘图函数。
（5）熟悉统计图常用的函数。

14.1 plot()函数的用法

plot()是绘制图形的基本函数,本节将系统地介绍 plot()函数的用法及其衍生的函数和属性。

14.1.1 plot()函数的基本调用格式

绘制二维图形最常用的函数就是 plot(),通过不同形式的输入,该函数可以实现不同的功能。plot()函数的基本调用格式如下:

```
plot(y)
```

其中,参数 y 可以是向量、实数矩阵或复数向量。若 y 为向量,则绘制的图形以向量索引为横坐标值、以向量元素的值为纵坐标值;若 y 为实数矩阵,则绘制 y 的列向量对其坐标索引的图形;若 y 为复数向量,则 plot(y)相当于 plot(real(y),imag(y))。

例如,用 plot(y)绘制向量,如图 14-1 所示,代码如下:

```
>> t=1:.1:2*pi;
>> y=sin(t);
>> plot(y)
```

例如,用 plot(y)绘制复数向量,如图 14-2 所示,代码如下:

```
>> x=[1:1:10];
>> y=[10:10:100];
>> z=x+y.*i;
>> plot(z)
```

图 14-1 用 plot(y)绘制向量

图 14-2 用 plot(y)绘制复数向量

14.1.2 plot()函数的衍生调用格式

plot()函数的衍生调用格式如下:

```
plot(x, y)
```

x、y 均可为向量和矩阵，其中有 3 种组合可以用于绘制连线图。

当 x、y 均为 n 维向量时，绘制向量 y 对向量 x 的图形，即以 x 为横坐标，y 为纵坐标。

当 x 为 n 维向量，y 为 m×n 或 n×m 的矩阵时，该命令将在同一图内绘制 m 条不同颜色的连线。图中以向量 x 为 m 条连线的公共横坐标，纵坐标为矩阵 y 的 m 个 n 维分量。

当 x、y 均为 m×n 的矩阵时，将绘制 n 条不同颜色的连线，绘制规则如下：以矩阵 x 的第 i 列分量作为横坐标，矩阵 y 的第 i 列分量作为纵坐标，绘制得到第 i 条连线。

例如，用 plot(x,y) 绘制双向量，如图 14-3 所示，代码如下：

```
>> x=1:.2:20;
>> y=cos(x);
>> plot(x,y)
```

例如，用 plot(x,y) 绘制向量和矩阵，如图 14-4 所示，代码如下：

```
x=0:0.2:2*pi;
y=[sin(x);cos(x)];
plot(x,y)
```

图 14-3　用 plot(x ,y) 绘制双向量　　　　图 14-4　用 plot(x ,y) 绘制向量和矩阵

plot() 函数的另一种衍生调用格式如下：

```
plot(x, y, s)
```

此格式用于绘制不同的线型、点标和颜色的图形，其中 s 为字符，可以代表不同的线型、点标和颜色。二维绘图的图形常用设置选项如表 14-1 所示。

表 14-1　二维绘图的图形常用设置选项

符　号	颜　色	符　号	标　记	符　号	线　型
b	蓝色	.	点号	-	实线
g	绿色	o	圆圈	:	点线
r	红色	×	叉号	-.	点画线
c	青色	+	加号	--	虚线

续表

符 号	颜 色	符 号	标 记	符 号	线 型
m	洋红	*	星号	∨	向下三角形
y	黄色	s	方形	p	五角星
k	黑色	d	菱形	h	六角星
w	白色	∧	向上三角形	<	向左三角形

例如，用 plot(x, y, s)绘图，如图 14-5 所示，代码如下：

```
>> x=0:0.2:2*pi;
>> y=tan(x);
>> plot(x,y,'--r*')
```

图 14-5 用 plot(x, y, s)绘图

14.1.3 plot()函数的属性可控调用格式

plot()函数的调用格式如下：

```
plot(x, y, 's', 'PropertyName', PropertyValue, …)
```

其中，线对象的常用属性名和属性值如表 14-2 所示。

表 14-2 线对象的常用属性名和属性值

含 义	属 性 名	属 性 值	说 明
点、线颜色	Color	[vr,vg,vb]，RGB 三元组中的每个元素可在[0,1]取任意值	最常用的色彩可以通过表 14-1 中的字母表示，常用色彩可以通过 s 设置，蓝色为默认色彩
线型	LineStyle	4 种线型	可以通过 s 设置，细实线为默认线型
线宽	LineWidth	正实数	默认线宽为 0.5
数据点型	Marker	14 种点型	可以通过 s 设置
点的大小	MarkerSize	正实数	默认大小为 6.0
点边界颜色	MarkerEdgeColor	[vr,vg,vb]，RGB 三元组中的每个元素可在[0,1]取任意值	
点域色彩	MarkerFaceColor	[vr,vg,vb]，RGB 三元组中的每个元素可在[0,1]取任意值	

【例 14-1】 二维曲线绘图属性控制。

将代码保存在 eg14_1.m 中，具体如下：

```
clf
t=(0:pi/50:2*pi)';
k=0.4:0.1:1;
Y=sin(t)*k;
plot(t,Y,'LineWidth',1.5)
title('By plot(t,Y)'),xlabel('t')
```

运行结果如图 14-6 所示。

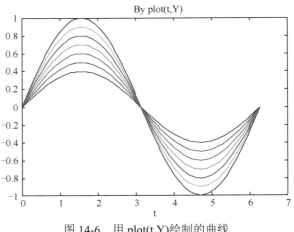

图 14-6　用 plot(t,Y)绘制的曲线

14.1.4　绘制曲线的一般步骤

前面介绍了 plot()函数的用法，并结合实例说明了如何绘制二维曲线，下面归纳绘制二维曲线的一般步骤。

（1）曲线数据准备：对于二维曲线而言，要确定横坐标和纵坐标数据变量。

（2）指定图形窗口和子图位置：在默认情况下，打开 Figure No.1 窗口或当前窗口、当前子图，也可以打开指定的图形窗口和子图。

（3）设置曲线的绘制方式：确定线型、色彩、数据点型。

（4）设置坐标轴：确定坐标的范围、刻度和坐标分格线。

（5）图形注释：确定图名、坐标名、图例、文字说明。

> 说明　步骤（1）和（3）是基本绘图步骤，如果利用 MATLAB 的默认设置，通常只需要这两个基本步骤就可以绘制出基本图形，而其他步骤并非完全必需。
> 一般在图形较多的情况下，需要指定图形窗口、子图时使用步骤（2）。
> 除了步骤（1）～（3），其他步骤可以根据需要改变前后顺序。

14.2　坐标控制和图形标识

MATLAB 对图形风格的控制比较完善。无论是在通用层面还是用户层面，都给出了令人满意的画面。

14.2.1　坐标轴的控制

axis 的主要特性如表 14-3 所示。

表 14-3　axis 的主要特性

命　令	描　述
axis([xmin xmax ymin ymax])	设置当前图形的坐标范围
V = axis	返回包含当前坐标范围的一个行向量
axis auto	将坐标轴刻度恢复为自动的默认设置
axis manual	冻结坐标轴刻度，此时如果 hold 被设置为 on，那么后面的图形将使用与前面相同的坐标轴刻度范围
axis tight	将坐标范围设置为被绘制的数据范围
axis fill	设置坐标范围和屏幕高宽比，使坐标轴可以包含整个绘制区域。该选项只在 PlotBoxAspectRatio 或 DataAspectRatioMode 被设置为 manual 模式时才有效
axis ij	将坐标轴设置为矩阵模式。此时水平坐标轴从左到右取值，垂直坐标轴从上到下取值
axis xy	将坐标轴设置为笛卡儿模式。此时水平坐标轴从左到右取值，垂直坐标轴从下到上取值
axis equal	设置屏幕高宽比，使每个坐标轴具有均匀的刻度间隔
axis image	设置坐标范围，使其与被显示的图形相适应
axis square	将坐标轴框设置为正方形
axis normal	将当前的坐标轴恢复为全尺寸，并将单位刻度的所有限制取消
axis vis3d	冻结屏幕高宽比，使一个三维对象的旋转不会改变坐标轴的刻度显示
axis off	关闭所有的坐标轴标签、刻度和背景
axis on	打开所有的坐标轴标签、刻度和背景

可以同时给出多个 axis 命令。例如，axis auto on xy 是默认的坐标轴刻度，这个 axis 命令只影响当前的图形。因此，它是在 plot 命令之后输入的，就像 grid 命令、xlabel 命令、ylabel 命令、title 命令和 text 命令等一样，都是在 plot 命令已经在屏幕上显示之后输入的。

【例 14-2】　固定坐标限。

将代码保存在 eg14_2.m 中，具体如下：

```
x=linspace(0,2*pi,30);
y=cos(2*x);
plot(x,y)
```

Note

```
title(' Fixed Axis Scaling')
axis([0 2*pi -1.5 2])
```

运行结果如图 14-7 所示。

图 14-7　固定坐标限

通过将 x 轴的最大值设定为 2*pi，这个图形的坐标轴就在 2*pi 的地方结束，而没有将这个坐标限向上进位到 7。

14.2.2　标识指令中字符的精细控制

MATLAB 中提供了特殊符号相应的字符转换功能，常见的字符转换如表 14-4 所示。

表 14-4　MATLAB 中常见的字符转换

字 符 串	符 号	字 符 串	符 号	字 符 串	符 号
\alpha	α	\rfloor	⌋	\cong	≅
\beta	β	\lfloor	⌊	\approx	≈
\gamma	γ	\perp	⊥	\Re	ℜ
\delta	δ	\wedge	∧	\oplus	⊕
\epsilon	ε	\rceil	⌉	\cup	∪
\zeta	ζ	\vee	∨	\subseteq	⊆
\eta	η	\langle	<	\in	∈
\theta	θ	\upsilon	υ	\lceil	⌈
\vartheta	ϑ	\phi	φ	\cdot	·
\iota	ι	\chi	χ	\neg	¬
\kappa	κ	\psi	ψ	\times	×
\lambda	λ	\omega	ω	\surd	√
\mu	μ	\Gamma	Γ	\varpi	ϖ
\nu	ν	\Delta	Δ	\rangle	>
\xi	ξ	\Theta	Θ	\sim	~
\pi	π	\Lambda	Λ	\leq	≤
\rho	ρ	\Xi	Ξ	\infty	∞

续表

字　符　串	符　　号	字　符　串	符　　号	字　符　串	符　　号
\sigma	σ	\Pi	Π	\clubsuit	♣
\varsigma	ς	\Sigma	Σ	\diamondsuit	♦
\tau	τ	\Upsilon	ϒ	\heartsuit	♥
\equiv	≡	\Phi	Φ	\spadesuit	♠
\Im	ℑ	\Psi	Ψ	\leftrightarrow	↔
\otimes	⊗	\Omega	Ω	\leftarrow	←
\cap	∩	\forall	∀	\uparrow	↑
\supset	⊃	\exists	∃	\rightarrow	→
\int	∫	\ni	∋	\downarrow	↓
\circ	°	\neq	≠	\nabla	∇
\pm	±	\aleph	ℵ	\ldots	…
\geq	≥	\wp	℘	\prime	′
\propto	∝	\oslash	∅	\0	∅
\partial	∂	\supseteq	⊇	\mid	│
\bullet	●	\subset	⊂	\copyright	©
\div	÷	\o	o		

例如，要实现对坐标轴和图形的标注，可以在“命令行窗口”中输入如下代码：

```
>> x=0:0.1*pi:3*pi;
>> y=sin(x);
>> plot(x,y)
>> xlabel('x(0-3\pi)','fontweight','bold');
>> ylabel('y(0-2)','fontweight','bold');
>> title('正弦函数 y=sin(x)','fontsize',14,'fontweight','bold','fontname',
'宋体')
```

上述代码可以实现对坐标轴和图形的标注，如图 14-8 所示。

图 14-8　坐标轴和图形的标注

还可以对标注文字进行显示控制，具体方式如下。

- \bf：黑体。
- \it：斜体。
- \sl：透视。
- \rm：标准形式。
- \fontname{fontname}：定义标注文字的字体。
- \fontsize{fontsize}：定义标注文字的字体大小。

14.2.3 图形的文本标注

在 MATLAB 中，可以使用 text 命令或 gtext 命令对图形进行文本注释。使用 text 命令进行标注时需要定义用于注释的文本字符串和放置注释的位置，而使用 gtext 命令进行标注时可以使用鼠标来选择标注文字放置的位置，调用格式如下：

```
text(x,y,'string')
text(x,y,z,'string')
text(...'PropertyName',PropertyValue...)
gtext('string')
gtext({'string1','string2','string3',...})
gtext({'string1';'string2';'string3';...})
```

在定义标注放置的位置时，可以通过函数的计算值来确定，而且标注中还可以实时调用返回值为字符串的函数，如 num2str()等，利用这些函数可以完成较为复杂的文本标注。

【例 14-3】 用 text 命令标注的图形。

将代码保存在 eg14_3.m 中，具体如下：

```
x=0:0.1*pi:3*pi;
y=sin(x);
plot(x,y)
xlabel('x(0-3\pi)','fontweight','bold');
ylabel('y(0-2)','fontweight','bold');
title('正弦函数 y=sin(x)','fontsize',14,'fontweight','bold','fontname',
'宋体')
text(pi/2,sin(pi/2),'\leftarrowsin(x)=1','FontSize',12)
text(5*pi/4,sin(5*pi/4),'\rightarrow sin(x)=-0.7','FontSize',12)
```

运行结果如图 14-9 所示。

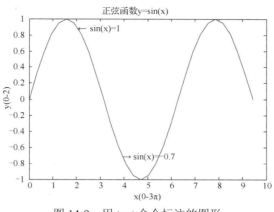

图 14-9　用 text 命令标注的图形

14.2.4　图例的标注

在对数值结果进行绘图时，经常会出现在一张图中绘制多条曲线的情况，这时读者可以使用 legend()函数为曲线添加图例以便进行区分。该函数能够为图形中所有的曲线进行自动标注，并以输入变量作为标注文本。legend()函数的调用格式如下：

```
legend('string1','string2',...)
```

legend()函数中的'string1'和'string2'等分别标注对应绘图过程中按绘制先后顺序所生成的曲线。

```
legend(...,'Location',location)
```

legend()函数中的'Location'和 location 用于定义标注放置的位置。Location 可以是一个 1×4 维的向量（[left bottom width height]）或任意一个字符串。

图例位置标注定义如表 14-5 所示。

表 14-5　图例位置标注定义

字　符　串	位　置	字　符　串	位　置
North	绘图区内的上中部	South	绘图区内的底部
East	绘图区内的右部	West	绘图区内的左中部
NorthEast	绘图区内的右上部	NorthWest	绘图区内的左上部
SouthEast	绘图区内的下部	SouthWest	绘图区内的左下部
NorthOutside	绘图区外的上中部	SouthOutside	绘图区外的下部
EastOutside	绘图区外的右部	WestOutside	绘图区外的左部
NorthEastOutside	绘图区外的右上部	NorthWestOutside	绘图区外的左上部
SouthEastOutside	绘图区外的右下部	SouthWestOutside	绘图区外的左下部
Best	标注与图形的重叠最小处	BestOutside	绘图区外占用最小面积

例如，用 legend()函数进行图例标注，在"命令行窗口"中输入如下代码：

```
>> x=0:pi/30:3*pi;
>> y1=sin(x);
>> y2=cos(x);
>> plot(x,y1,'k-',x,y2,'r.')
>> h=legend('sin','cos','Location','northwest');
```

运行结果如图 14-10 所示。

图 14-10   用 legend()函数进行图例标注

14.3   多次叠绘、双纵坐标图和多子图

用户可以用 hold 命令在一个已经存在的图形上添加一个新的图形。当用户输入 hold on 命令时，用户输入新的 plot()函数，MATLAB 不会将现存的坐标轴删除。

14.3.1   多次叠绘 hold 命令

若在已存在的图形窗口中用 plot()函数继续添加新的图形内容，可以使用图形保持命令 hold。发出 hold on 命令后，再执行 plot()函数，在保持原有图形的基础上添加新的绘制图形。而 hold off 命令则用于关闭此功能，使当前轴及图形不再具备刷新的性质。

【例 14-4】   使用 hold 命令绘制离散信号经过后产生的波形。

将代码保存在 eg14_4.m 中，具体如下：

```
t=2*pi*(0:20)/20;
y=cos(t).*tan(-0.4*t);
stem(t,y,'g','Color','k');
hold on
stairs(t,y,':r','LineWidth',3)
hold off
```

```
legend('\fontsize{14}\it stem','\fontsize{14}\it stairs')
box on
```

运行结果如图 14-11 所示。

图 14-11　离散信号的图形

14.3.2　双纵坐标图

双纵坐标图可以利用下列函数获得：

```
plotyy(X1,Y1,X2,Y2)
```

上述代码以左、右不同纵轴绘制 X1-Y1 和 X2-Y2 这两条曲线。

```
plotyy(X1,Y1,X2,Y2,'FUN')
```

上述代码以左、右不同纵轴把 X1-Y1 和 X2-Y2 绘制成 FUN 指定形式的两条曲线。

```
plotyy(X1,Y1,X2,Y2,'FUN1','FUN2')
```

上述代码以左、右不同纵轴把 X1-Y1 和 X2-Y2 绘制成 FUN1 和 FUN2 指定的不同形式的两条曲线。

【例 14-5】　绘制三角函数 $y=\cos(x)$ 和 $y=\sin(x)$ 在区间[0,4]上的曲线。

将代码保存在 eg14_5.m 中，具体如下：

```
clf;
x=0:0.2:4;
y=cos(x);
s=sin(x);
a=plotyy(x,y,x,s);
```

运行结果如图 14-12 所示。

图 14-12　三角函数图

14.3.3　多子图操作

使用 subplot(m,n,k)函数可以在视图中显示多个子图，其中 m×n 表示子图个数，k 表示当前图号。subplot 命令对图形窗口的分割如图 14-13 所示，MATLAB 命令行操作如下：

```
>> x=linspace(0,2*pi,40);
>> y=sin(x);
>> z=cos(x);
>> t=sin(x)./(cos(x)+eps);
>> ct=cos(x)./(sin(x)+eps);
>> subplot(2,2,1);
>> plot(x,y);
>> title('sin(x)');
>> subplot(2,2,2);
>> plot(x,z);
>> title('cos(x)');
>> subplot(2,2,3);
>> plot(x,t);
>> title('tangent(x)');
>> subplot(2,2,4);
>> plot(x,ct);
>> title('cotangent(x)');
```

当一个特定的子图被激活时，它是唯一一个对 axis 命令、hold 命令、xlabel 命令、ylabel 命令、title 命令、grid 命令和 box 命令进行响应的子图，其他子图不受任何影响。

图 14-13　多子图的布置

14.4　其他二维绘图函数

在 MATLAB 二维曲线绘图函数中，fplot()、ezplot()也是常用的绘图函数，而使用 ginput()函数可以获得图形中的数据点，本节将介绍这几种函数。

14.4.1　fplot()函数

plot()函数将从外部输入或通过函数数值计算得到的数据矩阵转化为连线图。在某些情况下，如果不知道某个函数随自变量变化的趋势，此时采用 plot()函数来绘图，则可能会因为自变量的取值间隔不合理而使曲线图形不能反映自变量在某些区域内函数值的变化情况。

 如果将自变量间隔取得足够小，以体现函数值随自变量变化的精确曲线，则会使数据量变得很大。

而 fplot()函数则可以很好地解决这个问题。fplot()函数用于指导如何通过函数来取得绘图的数值点矩阵。该函数通过内部的自适应算法来动态决定自变量的取值间隔，当函数值变化缓慢时，间隔取大一点；当函数值变化剧烈时（即函数的二阶导数很大），间隔取小一点。

fplot()函数的调用格式如下：

```
fplot(function,limits)
fplot(function,limits,LineSpec)
fplot(function,limits,tol)
```

```
fplot(function,limits,tol,LineSpec)
fplot(function,limits,n)
fplot(axes_handle,...)
[X,Y]=fplot(function,limits,...)
[...]=fplot(function,limits,tol,n,LineSpec,P1,P2,...)
```

其中，各项参数的含义如下。

function：待绘制的函数名称。

limits：定义 x 轴（自变量）的取值范围，或者 x 轴和 y 轴（因变量）的取值范围[xmin xmax]，[xmin xmax ymin ymax]。

LineSpec：定义绘图的线型、颜色和数据点等（见表 14-1）。

tol：相对误差容忍度，默认值为 2e-3。

n：当 n≥1 时，至少绘制 n+1 个点，默认值为 1，最大的步长限制为(1/n)*(xmax-xmin)。

axes_handle：坐标轴句柄，函数的图形将绘制在这个坐标系中。

P1,P2,...：向函数传递参数值。

例如，创建函数，然后在指定区间内绘图，MATLAB 命令行操作如下：

```
>> ff=@tan;
>> fplot(ff,[-3 6]);
```

运行结果如图 14-14 所示。

图 14-14　用 fplot()函数绘图

14.4.2　ezplot()函数

ezplot()函数也用于绘制某个自变量区域内的图形，调用格式如下：

```
ezplot(f)
ezplot(f,[min,max])
ezplot(f,[xmin,xmax,ymin,ymax])
ezplot(x,y)
ezplot(x,y,[tmin,tmax])
```

```
ezplot(...,figure_handle)
ezplot(axes_handle,...)
h=ezplot(...)
```

当 f=f(x)时，各参数的含义如下。

ezplot(f)：绘制表达式 f=f(x)在默认区域-2*pi<x<2*pi 内的图形，f 为函数句柄。

ezplot(f,[min,max])：绘制表达式 f=f(x)在区域 min<x<max 内的图形。

当 f=f(x,y)时，各参数的含义如下。

ezplot(f)：绘制函数 f(x,y)=0 在默认区域-2*pi<x<2*pi 和-2*pi<y<2*pi 内的图形。

ezplot(f,[min,max])：绘制 f(x,y)=0 在区域 min<x<max 和 min<y<max 内的图形。

ezplot(f,[xmin,xmax,ymin,ymax])：绘制 f(x,y)=0 在区域 xmin<x<xmax 和 ymin<y<ymax 内的图形。

ezplot(x,y)：绘制参数方程组 x=x(t)和 y=y(t)在默认区域 0<t<2*pi 内的图形。

ezplot(x,y,[tmin,tmax])：绘制 x=x(t)和 y=y(t)在区域 tmin<t<tmax 内的图形。

ezplot(...,figure_handle)：在句柄为 figure_handle 的窗口中绘制给定函数在给定区域内的图形。

ezplot(axes_handle,...)：在句柄为 axes_handle 的坐标系中绘制图形。

h=ezplot(...)：将直线对象的句柄返回到 h 变量中。

例如，绘制隐函数 $x^4 - y^6 = 0$ 的图形。

在“命令行窗口”中输入如下代码：

```
>> ezplot('x^4-y^6')
```

用 ezplot()函数绘制的图形如图 14-15 所示。

图 14-15　用 ezplot()函数绘制的图形

14.4.3　ginput()函数

在某些情况下，从一个图形窗口的图形中选择坐标点是很方便的。在 MATLAB 中，这个特性是通过 ginput()函数实现的。ginput()函数从当前的图形或子图中获取 n 个点，具体是哪些点则依赖于鼠标在这个图形或子图中单击的位置。

如果用户在所有的 n 个点被选取完之前按下 Enter 键，那么 ginput()函数就中断执行过程，即使所得到的数据点不足 n 个。在向量 x 和 y 中返回的数据分别是所选择点的 x 坐标值和 y 坐标值。返回的数据不需要一定是来自绘制图形的点，它可以是鼠标单击的位置的 x 坐标值和 y 坐标值。

如果在图形或子图的坐标限之外选择数据点，如在图形框外，那么返回的数据点就是推断出来的值。

获取二维图形数据的指令可以由函数 ginput()得到，其调用格式如下：

```
[x,y]=ginput(n)
```

用鼠标从二维图形中获取 n 个点的数据坐标(x,y)。

【例 14-6】　采用图解法求$(x+3)^x=5$ 的解。

将代码保存在 eg14_6.m 中，具体如下：

```
clf
x=-1:0.01:5;
y=(x+3).^x-5;
plot(x,y)
grid on
[x,y]=ginput(1);  %缩小自变量范围和放大局部图形有利于获取点的坐标
```

在如图 14-16 所示的图中用鼠标单击获取坐标。

图 14-16　局部放大图

用户可以不断收集数据点，直到按下 Enter 键为止。

MATLAB 中还提供了一个用来将二维图形的局部进行放大的交互工具，以便能够看得更详细，或者将一个关心的区域放大。

zoom on 命令用于将放大模式打开。在图形窗口中单击，就将图形以 2 为倍数，以鼠标单击的点为圆心进行放大。用户每单击一次，图形就放大一次。右击则将图形以 2 为倍数缩小。用户还可以通过单击并拖动鼠标将形成的特定方形区域进行放大。

zoom(n)命令以 n 为倍数进行放大。zoom out 命令用于将图形返回到它的初始状态。zoom off 命令用于关闭放大模式。不带参数的 zoom 命令用于实现当前图形窗口放大模式打开与关闭之间的切换。

14.5　特殊二维图形

前面主要针对 plot()函数介绍如何绘制二维图形。MATLAB 中还提供了其他一些基本二维绘图函数，以及一些特殊的绘图函数。

14.5.1　层叠图与标志图

为了使用对数坐标轴绘制图形，MATLAB 中提供了 semilogx()函数，用于将 x 轴转化为对数刻度；semilogy()函数用于将 y 轴转化为对数刻度；loglog()函数用于将 x 轴和 y 轴转化为对数刻度。这 3 个函数的基本用法与 plot()函数的用法完全一致。

MATLAB 中还提供了 area()函数，用于构建一个层叠的区域图。对于给定的向量 x 和 y，area(x,y)和 plot(x,y)将绘制相同的图形，只不过 area(x,y)将在所绘制的曲线下面填充颜色。用户可以设置填充区的下限，如果没有设置，那么默认值为 0。

要实现区域层叠，可以使用 area(X,Y)的调用格式。其中，Y 是一个矩阵；X 既可以是一个矩阵，也可以是一个长度等于 Y 的行数的向量。如果省略了 X，那么 area 默认 X 为 X=1:size(Y,1)。下面给出了一个绘制层叠图的例子，在"命令行窗口"中输入如下代码：

```
>> z=-pi:pi/3:pi;
>> area([tan(z);sin(z)])
```

运行结果如图 14-17 所示。

图 14-17　绘制层叠图

MATLAB 中提供了 fill()函数，用于绘制一个多边形，并用指定的颜色填充。

fill()函数的基本调用格式如下：

```
fill(x,y, 'c')
```

该命令用指定的颜色 c 填充由向量 x 和 y 定义的二维多边形。其中，数据对(x(i), y(i))用于确定多边形的每个顶点的位置。如果(x(i), y(i))中第一个数据对和最后一个数据对不相同，那么 MATLAB 就将最后一个点和第一个点连接起来形成一个封闭的多边形。

就像 plot()函数一样，fill()函数可以有任意数量的顶点对和对应的颜色。另外，当 x 和 y 是相同维数的矩阵时，x 和 y 的列都被假定为描述了不同的多边形。

【例 14-7】 在八边形中画出"MATLAB"标志，背景色为红色。

将代码保存在 eg14_7.m 中，具体如下：

```
t=(1:2:15)'*pi/8;
x=sin(t);
y=cos(t);
fill(x,y,'r')
axis square off
text(0,0,'MATLAB',...
'Color',[1 1 1],...
'FontSize',50,...
'FontWeight','bold',...
'HorizontalAlignment','center')
```

运行结果如图 14-18 所示。

图 14-18 "MATLAB"标志图

14.5.2 统计图

下面介绍几个统计图常用函数的使用方法。

（1）pie()函数。该函数用于绘制饼形图，调用格式如下：

```
pie(x)
pie(x,y)
```

其中，x 是一个数值向量；y 是一个可选的逻辑向量，它描绘了 x 中相应位置的元素在饼图中对应的扇形将向外移出一些，加以突出。例如，用 pie(x)绘制饼状图，在"命令行窗口"中输入如下代码：

```
>> x=[0.41 .20 .62 .51 .8];
>> pie(x)
```

运行结果如图 14-19 所示。

（2）bar()函数。该函数用于绘制二维垂直条形图，用垂直条形图表示向量或矩阵中的值，调用格式如下：

```
bar(y)
```

该函数为每个 y 中的元素画一个条形。

```
bar(x,y)
```

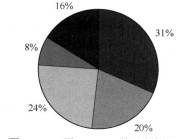

图 14-19　用 pie(x)函数绘制饼状图

该函数在指定的横坐标 x 上画出 y，其中 x 为严格单增的向量。若 y 为矩阵，则 bar 把矩阵分解成几个行向量，在指定的横坐标处分别画出。

```
bar(...,width)
```

在该函数中，参数 width 用来设置条形的相对宽度，并控制在一组内条形的间距。默认值为 0.8，所以如果没有指定 x，则同一组内的条形图间有很小的间距，若设置 width 为 1，则同一组内的条形图相互接触。例如，用 bar()绘制条形图，在"命令行窗口"中输入如下代码：

```
>> x=-2.5:0.25:2.5;
>> y=2*exp(-x.*x);
>> bar(x,y,'b')
```

运行结果如图 14-20 所示。

（3）stem()函数。该函数用于绘制离散数据序列，调用格式如下：

```
stem(z)
```

该函数可以生成向量 z 中的数据点图形，其中，各个点用一条直线和水平坐标轴相连。可以用可选字符串参数声明线型：

```
stem(x,z)
```

该函数将 z 中的数据点绘制在 x 值所声明的位置。例如，用 stem()函数绘制离散数据序列，在"命令行窗口"中输入如下代码：

```
>> z=randn(20,1);
>> stem(z,'-')
```

运行结果如图 14-21 所示。

Note

图 14-20 用 bar()函数绘制的条形图　　　图 14-21 用 stem()函数绘制的离散数据序列

常见的特殊二维图形函数如表 14-6 所示。

表 14-6　常见的特殊二维图形函数

函 数 名	说　　明	函 数 名	说　　明
pie	饼状图	barh	水平条形图
area	填充绘图	bar	条形图
comet	彗星图	plotmatrix	分散矩阵绘制
errorbar	误差带图	hist	柱状图
feather	矢量图	scatter	散射图
fill	多边形填充	stem	离散序列火柴杆状图
gplot	拓扑图	stairs	阶梯图
quiver	向量场	rose	极坐标系下的柱状图

MATLAB 中用来进行二维图形绘制的函数如表 14-7 所示。

表 14-7　MATLAB 中用来进行二维图形绘制的函数

函 数 名	描　　述
plot	线性绘图
loglog	对数坐标轴绘图
semilogx	半对数坐标轴（x 轴）绘图
semilogy	半对数坐标轴（y 轴）绘图
polar	极坐标绘图
plotyy	双 y 轴线性绘图
axis	用于控制坐标轴的刻度和外观
xlim	设置 x 轴的坐标范围
ylim	设置 y 轴的坐标范围
zlim	设置 z 轴的坐标范围
daspect	设置和获取数据高宽比，如 axis equal
pbaspect	设置和获取屏幕高宽比，如 axis square
zoom	图形的放大和缩小
grid	显示和隐藏栅格线

续表

函　数　名	描　　　述
Box	显示和隐藏坐标轴边框
hold	保持当前的图形
subplot	用于在同一图形窗口中生成多个坐标轴
figure	用于生成图形窗口
legend	添加图例
title	在图形的顶部添加标题
xlabel	添加 x 轴标注
ylabel	添加 y 轴标注
text	在图形中放置文本
gtext	在鼠标单击处放置文本
ginput	获得鼠标单击处的坐标
area	填充一个图形与横坐标之间的区域
bar	绘制条形图
barh	绘制水平条形图
bar3	绘制三维条形图
bar3h	绘制三维水平条形图
compass	绘制绕行曲线
errorbar	绘制误差线段
ezplot	利用字符串表达式轻松绘制线型图
ezpolar	利用字符串表达式轻松绘制极坐标图
feather	绘制羽状图
fill	绘制实心的二维多边形
fplot	利用给定的函数绘图
hist	绘制直方图
pareto	绘制 Pareto 图
pie	绘制饼状图
pie3	绘制三维饼状图
plotmatrix	绘制矩阵散布图
ribbon	将二维线以线性方式绘制成三维的带状
scatter	绘制分散数据图
stem	绘制离散序列的柄状图
stairs	绘制阶梯图

14.6　二维图形绘制实例

前面着重介绍了使用 MATLAB 绘制二维图形的基本方法，本节将通过具体的实例来介绍二维图形的绘制。

【例 14-8】 绘制椭圆方程 $\dfrac{x^2}{a^2}+\dfrac{y^2}{b^2}=1$ 的图形。

将代码保存在 eg14_8.m 中，具体如下：

```
th=[0:pi/50:2*pi]';                          %列向量
a=[0:.2:4.5];                                 %行向量
X=cos(th)*a;                                  %矩阵 X
Y=sin(th)*sqrt(30-a.^2);                      %矩阵 Y
plot(X,Y),axis('equal'),xlabel('x'), ylabel('y')
title('椭圆曲线')
```

运行结果如图 14-22 所示。

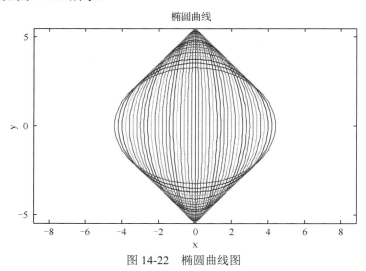

图 14-22　椭圆曲线图

【例 14-9】 观察各种轴控制指令的影响，绘制长轴为 3.25、短轴为 1.15 的椭圆。采用多子图表现时，图形形状不仅受控制指令的影响，还受整个图面高宽比及子图数目的影响。

将代码保存在 eg14_9.m 中，具体如下：

```
t=0:2*pi/99:2*pi;
x=1*cos(t);y=3*sin(t);                        %y 为长轴，x 为短轴
subplot(2,2,1),plot(x,y),axis normal,grid on,
title('Normal ')
subplot(2,2,2),plot(x,y),axis equal,grid on,
title('Equal')
subplot(2,2,3),plot(x,y),axis square,grid on,
title('Square')
subplot(2,2,4),plot(x,y),axis image,box off,
title('Image and Box off')
```

运行结果如图 14-23 所示。

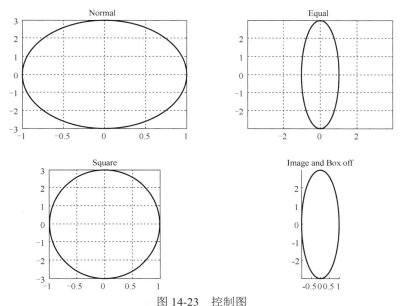

图 14-23　控制图

【例 14-10】　利用双坐标轴绘制函数 $y = x\cos x$ 和积分 $s = \int_0^x (x\cos x)\mathrm{d}x$ 在区间 $[1,3]$ 中的曲线。

将代码保存在 eg14_10.m 中，具体如下：

```
clf;
dx=0.1;
x=1:dx:3;
y=x.*cos(x);
s=cumtrapz(y)*dx;                        %使用梯形法求累计积分
plotyy(x,y,x,s),text(1,1,'\fontsize{14}\ity=xcos')
cost='{\fontsize{16}\int_{\fontsize{8}0}^{  x}}';
text(2,1,['\fontsize{14}\its=',cost,'\fontsize{14}\itxcosxdx'])
```

运行结果如图 14-24 所示。

图 14-24　双坐标轴的曲线方程图

【例 14-11】 向八边形图形中填色。

在绘制八边形图形时需要注意以下 3 点：使用 MATLAB 绘制任意多边形的一种方法；保证绘图数据首尾重合，使勾画的多边形封闭；使用图柄对图形的属性进行精细设置。

将代码保存在 eg14_11.m 中，具体如下：

```
clf;
n=8;                           %多边形的边数
dt=2*pi/n;
t=0:dt:2*pi
t=[t,t(1)];                    %fill 指令要求数据向量的首尾重合，使图形封闭
x=sin(t);
y=cos(t);
fill(x,y,'c');axis off         %向多边形中填色，隐去坐标轴
ht=text(0,0,'\fontname{隶书}\fontsize{32}八边形');    %文字注释，并且得到图柄
set(ht,'Color','r','HorizontalAlignment','Center')    %依靠图柄设置属性
```

运行结果如图 14-25 所示。

图 14-25　八边形图

【例 14-12】 绘制一个在第一象限的顺时针射线图，要求图中有 4 条射线。

将代码保存在 eg14_12.m 中，具体如下：

```
t=0:pi/6:pi/2;                 %在区间取点
r=ones(size(t));               %单位半径
[x,y]=pol2cart(t,r);           %将极坐标转化为直角坐标
compass(x,y),title('Compass')
```

运行结果如图 14-26 所示。

图 14-26　射线图

14.7　本章小结

本章主要介绍了 MATLAB 的二维绘图函数。第 14～16 章主要对 MATLAB 的图形特性进行详细的阐述。本章所阐述的很多图形特性和功能都能在图形窗口顶端的菜单栏中找到。

本章主要通过介绍 plot() 函数的基本使用方法，派生出绘图时经常使用的功能。本章不仅对坐标控制和图形标识进行了详细介绍，还详细介绍了绘制二维图形的其他函数的使用方法，使二维绘图更加丰富。

Note

第15章

三维图形

MATLAB 可以表示出数据的二维图形、三维图形和四维图形。通过对图形的线型、立面、色彩、光线和视角等属性进行控制，可以把数据的内在特征表现得更加细腻和完美。本章将图形的绘制由二维扩展至三维。

MATLAB 中提供了多个用来显示三维数据的函数。其中，有的函数用来绘制三维曲线，有的函数用来绘制三维曲面，而有的函数则用来绘制三维框架。除此之外，用户还可以使用颜色来表示数据的第四维。

学习目标

（1）熟练掌握 plot3( ) 函数的用法。
（2）熟悉 mesh( ) 函数和 surf( ) 函数的用法。
（3）熟悉特殊图形的操作。
（4）了解立体可视化函数。
（5）熟悉视觉控制命令。

15.1 三维绘图函数

比较常用的三维绘图是三维曲线图、三维网格图和三维曲面图，相应的 MATLAB 函数为 plot3()、mesh()和 surf()，下面分别介绍这 3 个函数的使用方法。

15.1.1 plot3()函数

plot3()是三维绘图的基本函数，其用法和 plot()函数基本一样，只是在绘图时至少需要提供 3 个参数（一个数据组），其调用格式如下：

```
plot3(X1,Y1,Z1,...)
plot3(X1,Y1,Z1,LineSpec,...)
plot3(...,'PropertyName',PropertyValue,...)
```

其中，X1、Y1、Z1 为向量或矩阵，LineSpec 用于定义曲线线型、颜色和数据点等，PropertyName 为线对象的属性名，PropertyValue 为相应属性的值。

当 X1、Y1、Z1 为长度相同的向量时，使用 plot3()函数将绘制一条分别以向量 X1、Y1 和 Z1 为 x、y 和 z 轴坐标值的空间曲线。

用 plot3()函数绘制三维螺旋线，如图 15-1 所示，命令行操作如下：

```
>> t=0:pi/50:10*pi;
>> plot3(sin(t),cos(t),t)
>> t=0:pi/50:10*pi;
>> plot3(sin(t),cos(t),t)
```

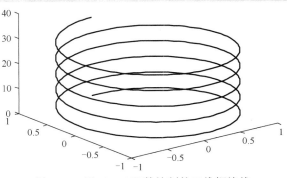

图 15-1 用 plot3()函数绘制的三维螺旋线

15.1.2 三维网线图的绘制

绘制三维网线图的函数是 mesh()。

在 MATLAB 中，用 *x-y* 平面上的 *z* 坐标来定义一个网格面，它通过将相邻的点用直线连接构成一个网格图，网格节点是 z 中的数据点。

mesh()函数的调用格式如下：

```
mesh(X,Y,Z)
mesh(Z)
mesh(...,C)
mesh(...,'PropertyName',PropertyValue,...)
mesh(axes_handles,...)
h=mesh(...)
hsurface=mesh('v6'...)
```

其中，C 用于定义颜色，如果没有定义 C，则 mesh(X,Y,Z)绘制的颜色随 Z 值（即曲面高度）成比例变化。X 和 Y 必须均为向量，若 X 和 Y 的长度分别为 m 和 n，则 Z 必须为 m×n 的矩阵，也即[m,n]=size(Z)，在这种情况下，网格线的顶点为（X(j)，Y(i)，Z(i,j)）；若参数中没有提供 X、Y，则将(i,j)作为 Z(i,j)的 X 轴和 Y 轴的坐标值。

下面给出一个绘制网格图的例子，代码如下：

```
>> [X,Y,Z]=peaks(30);
>> mesh(X,Y,Z)
>> xlabel('X-axis'),ylabel('Y-axis'),zlabel('Z-axis')
```

运行结果如图 15-2 所示。

图 15-2　网格图

如果在显示器上观察图 15-2，则可以发现随着网格图的高度不同，线条的颜色也不同。如果想改变线条的颜色，则在 mesh()函数的可选参数中设置该颜色值。有关颜色设置的内容将在第 16 章介绍。

其他还需要注意的是，图 15-2 中绘制的图形是显示栅格的。在 MATLAB 中，除了 plot3()函数，其他大多数函数在绘制三维图形及一些其他图形时都会将栅格属性默认设置为 grid on。

mesh()函数的调用是最简单的一种调用方式，除了上面的调用方式，mesh()函数还有其他一些调用方式。例如，具有单独输入参数的 mesh(Z)方式可以绘制出矩阵 Z 相对于其行索引和列索引的三维图形。

另外，也可以直接将 x 轴和 y 轴向量传递给 mesh()函数，而不需要使用 meshgrid()函数进行扩展，如 mesh(x,y,z)。

如图 15-2 所示，网格图在默认情况下是不透明的，这样只能显示前面的网格线，后面的网格线则被遮挡。如果要使网格图透明显示，则可以使用 hidden on 命令，当然，使用 hidden off 命令则使网格图不透明显示。下面的代码演示了网格图的透明属性：

```
>> [X,Y,Z]=sphere(12);
>> subplot(1,2,1)
>> mesh(X,Y,Z)
>> hidden on
>> axis square off
>> subplot(1,2,2)
>> mesh(X,Y,Z)
>> hidden off
>> axis square off
```

运行结果如图 15-3 所示，左边是不透明图，右边是透明图。

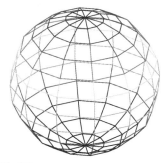

图 15-3　不透明图与透明图的对比

另外，MATLAB 中还提供了两个变体函数：一个是 meshc()函数，用来绘制用等值线描述的网格图；另一个是 meshz()函数，用来绘制一个包含了 0 平面的网格图。下面给出这两个函数的应用，代码如下：

```
>> [X,Y,Z]=peaks(20);
>> meshc(X,Y,Z)
>> pause(5)
>> meshz(X,Y,Z)
```

运行结果如图 15-4 和图 15-5 所示。

图 15-4　等值线图

图 15-5　平面网格图

15.1.3　三维表面图的绘制

　　三维表面图绘制函数 surf()的调用方法与 mesh()类似，不同之处在于：使用 mesh()函数绘制的是一个网格图，而使用 surf()函数绘制的是着色的三维表面图。着色的方法是在得到相应的网格后，对每个网格依据该网格所代表的节点的色值（由变量 C 控制）来定义网格的颜色。surf()函数的调用格式如下：

```
surf(Z)
surf(X,Y,Z)
surf(X,Y,Z,C)
surf(...,'PropertyName',PropertyValue)
surf(axes_handle,...)
h=surf(...)
hsurface=surf('v6',...)
```

　　其中，各个参数的含义与 mesh()函数中各个参数的含义相同。

　　下面使用 surf()函数绘制着色表面图，如图 15-6 所示，命令行操作如下：

```
>> x=0:0.2:2*pi;
>> y=0:0.2:2*pi;
>> z=sin(x')*cos(2*y);
>> surf(x,y,z)
```

图 15-6　使用 surf()函数绘制的着色表面图

这个表面图与网格图在颜色绘制上具有某种形式的对应性，是一个复式的 mesh 图形。表面图就像 mesh 图形一样，网格的颜色也根据其高度不同而发生变化，这与网格图中的线条颜色变化特性一样。

另外，在默认情况下，表面图中含有栅格线，即栅格属性的默认设置也是 grid on。

在一个表面网格图中，不会像在一个 mesh 图中那样考虑是否将被隐藏的线条显示，而在表面图中，就需要考虑如何使表面具有阴影效果来遮蔽表面的不同方法。

在前面的 surf 图中，阴影就像大厦外面的一个彩色玻璃的窗户或物体那样分成许多块面，其中黑色的线条就是不变颜色的各方块碎片之间的接缝。

除了分成块面阴影，MATLAB 中还提供了平面阴影及插值阴影，这些都可以通过使用 shading 来实现。例如，下面的代码分别实现了 surf 表面的平面阴影和插值阴影：

```
>> [X,Y,Z] = peaks(20);
>> surf(X,Y,Z)
>> shading flat
>> xlabel('X-axis'),ylabel('Y-axis'),zlabel('Z-axis')
>> pause(5)
>> shading interp
```

运行结果如图 15-7 和图 15-8 所示。

图 15-7　平面阴影图

图 15-8　插值阴影图

表面图不像网格图那样可以通过设置透明属性来观察被遮挡的部分。在表面图中，要想看到被遮挡的部分，必须将前面的表面部分删除。

MATLAB 中没有提供专门用于删除某块表面图的函数，但提供了一个在表面图上"打洞"的方法，即把想要出现的位置的数据值设定为 NaN 来实现。在绘图时，因为 NaN 没有值，所以所有的 MATLAB 绘图函数都会忽略 NaN 数据点，这样就在出现 NaN 的位置留出一个"空洞"。示例代码如下：

```
>> [X,Y,Z]=peaks(20);
>> x=X(1,:);
>> y=Y(:,1);
```

Note

```
>> i=find(y>.5& y<1);
>> j=find(x>-.4& x<.8);
>> Z(i,j)=nan;
>> surf(X,Y,Z)
>> xlabel('X-axis'),ylabel('Y-axis'),zlabel('Z-axis')
```

运行结果如图 15-9 所示。

图 15-9 "空洞"图

surf()函数也有两个同类变体函数：一个是 surfc()函数，该函数在绘制一个表面图时还绘制了底层等高线图；另一个是 surfl()函数，该函数在绘图时会考虑一个有光照效果的表面图。例如，下面的代码展示了 surfc()函数和 surfl()函数的应用：

```
>> [X,Y,Z]=peaks(20);
>> surfc(X,Y,Z)
>> xlabel('X-axis'),ylabel('Y-axis'),zlabel('Z-axis')
>> pause(5)
>> surfl(X,Y,Z)
>> shading interp
>> colormap pink
>> xlabel('X-axis'),ylabel('Y-axis'),zlabel('Z-axis')
```

运行结果如图 15-10 和图 15-11 所示。

图 15-10 使用 surfc()函数绘制的底层等高线图

图 15-11　使用 surfl()函数绘制的有光照效果的表面图

在图 15-11 中，surfl()函数利用一系列假设（如光照的方向、强度、阴影颜色等）来绘制与应用到表面的光照效果有关的表面图。实际上，surfl()函数就是将表面的颜色进行修改，以便得到光照效果。

15.2　特殊图形的操作

除了前面讨论的绘图函数，MATLAB 中还提供了一些专用的三维绘图函数，如 cylinder()函数、sphere()函数和 stem3()函数等。

15.2.1　三维特殊图形函数

三维特殊图形函数实现的功能和调用方法与对应的二维绘图函数基本相同，下面介绍几个常用函数的使用方法。

1．cylinder()函数

cylinder()函数用于绘制圆柱体，其调用格式如下：

```
[X,Y,Z]=cylinder
```

此时 cylinder()函数返回半径为 1、高度为 1 的圆柱体的 x 轴、y 轴和 z 轴的坐标值，圆柱体的圆周有 20 个距离相同的点。

```
[X,Y,Z]=cylinder(r)
```

此时 cylinder()函数返回半径为 r、高度为 1 的圆柱体的 x 轴、y 轴和 z 轴的坐标值，圆柱体的圆周有 20 个距离相同的点。

```
[X,Y,Z]=cylinder(r,n)
```

此时 cylinder()函数返回半径为 r、高度为 1 的圆柱体的 x 轴、y 轴和 z 轴的坐标值，圆柱体的圆周有指定的 n 个距离相同的点。

Note

```
cylinder(...)
```

此时 cylinder()函数没有任何输出参量，直接绘制圆柱体。

下面使用 cylinder()函数绘制圆柱体，代码如下：

```
>> cylinder(3)
```

运行结果如图 15-12 所示。

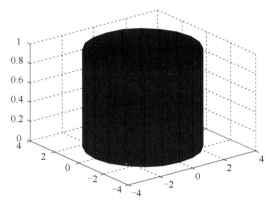

图 15-12　使用 cylinder()函数绘制的圆柱体

2．sphere()函数

sphere()函数用于生成球体，其调用格式如下：

```
sphere
```

此时 sphere()函数用于生成三维直角坐标系中的单位球体，该单位球体由 20×20 个面组成。

```
sphere(n)
```

此时 sphere()函数用于在当前坐标系中绘制由 n×n 个面组成的球体。

```
[X,Y,Z]=sphere(...)
```

此时 sphere()函数用于返回 3 个阶数为(n+1)×(n+1)的直角坐标系中的坐标矩阵。上述代码没有绘图，只是返回矩阵。读者可以使用 surf(x,y,z)或 mesh(x,y,z)绘制球体。

下面使用 sphere()函数绘制球体，代码如下：

```
>> sphere(15)
```

运行结果如图 15-13 所示。

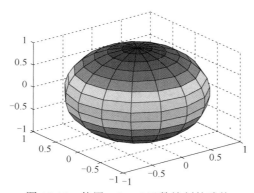

图 15-13　使用 sphere()函数绘制的球体

3．stem3()函数

stem3()函数用于绘制三维空间中的离散数据序列，其调用格式如下：

```
stem3(x,y,z,c,'filled')
```

stem3()函数用由 x-y 平面出发的线条及一个圆圈标记绘制(x,y,z)指定的各个点。其中，c 用于指定线条和标记的颜色，filled 用于指定是否为标记填充颜色。如果只给 stem3()函数传递一个二维数组参数 z，则该函数将绘制 z 中的各个点，并以 z 的行和列作为 x 轴和 y 轴。

下面绘制三维离散数据序列，代码如下：

```
>> z=rand(4);
>> stem3(z,'ro','filled')
```

运行结果如图 15-14 所示。

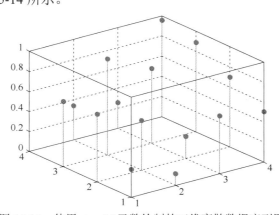

图 15-14　使用 stem3()函数绘制的三维离散数据序列图

15.2.2　等高线和带状图

等高线是具有相同海拔或高度的曲线。在 MATLAB 中，二维等高线图和三维等高线图分别使用函数 contour()函数和 countour3()函数绘制，代码如下：

```
>> [X,Y,Z]=peaks;
>> subplot(1,2,1)
>> contour(X,Y,Z,20)
>> axis square
>> xlabel('X-axis'),ylabel('Y-axis')
>> subplot(1,2,2)
>> contour3(X,Y,Z,20)
>> xlabel('X-axis'),ylabel('Y-axis'),zlabel('Z-axis')
```

运行结果如图 15-15 所示。

图 15-15　二维等高线图和三维等高线图

pcolor()函数用不同的颜色代表不同的高度来绘制等高线图，代码如下：

```
>> [X,Y,Z]=peaks;
>> pcolor(X,Y,Z)
>> shading interp
>> axis square
```

运行结果如图 15-16 所示。

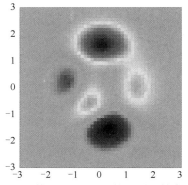

图 15-16　使用 pcolor()函数绘制的等高线图

ribbon(Y)函数用于将数组 Y 的各列绘制成一个个的带状，代码如下：

```
ribbon(x,Y)
```

绘制 Y 关于 x 的带状列图，代码如下：

```
ribbon(x,Y,width)
```

利用参数 width 设置各个带的宽度，如果用户不指定该参数，则默认的带宽为 0.75。下面给出了 ribbon() 函数的一个用法：

```
>> Z=peaks;
>> ribbon(Z)
```

运行结果如图 15-17 所示。

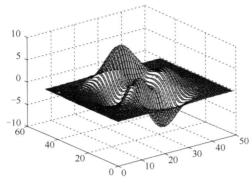

图 15-17　使用 ribbon() 函数绘制的带状图

常见的三维特殊图形函数如表 15-1 所示。

表 15-1　常见的三维特殊图形函数

函 数 名	说　　明	函 数 名	说　　明
bar3	三维条形图	stem3	三维离散数据图
comet3	三维彗星轨迹图	trisurf	三角形表面图
ezgraph3	函数控制绘制三维图	trimesh	三角形网格图
pie3	三维饼状图	sphere	球面图
scatter3	三维散射图	cylinder	柱面图
quiver3	向量场	contour3	三维等高线

15.3　立体可视化函数

除了前面介绍的网格图、表面图和等高线图，MATLAB 中还提供了一些立体可视化函数，用于绘制比较复杂的立体对象和向量对象。

15.3.1　视觉化作图

立体可视化函数通常在三维空间中构建标量和向量的图形。由于这些函数构建的是立体图而不是一个简单的表面，因此它们需要将三维数组作为输入参数，其中三维数组的每个维度分别代表一个坐标轴，三维数组中的点定义了坐标轴栅格和坐标轴上的坐标点。

如果要绘制的函数是一个标量函数，则绘图函数需要 4 个三维数组，其中 3 个数组各代表一个坐标轴，第 4 个数组代表这些坐标处的标量数据，这些数组通常记作 X、Y、Z 和 V。

如果要绘制的函数是一个向量函数，则绘图函数需要 6 个三维数组，其中 3 个分别表示一个坐标轴，另外 3 个用来表示坐标点处的向量，这些数组通常记作 X、Y、Z、U、V 和 W。

要正确合理地使用 MATLAB 中提供的立体和向量可视化函数，需要对与立体和向量有关的一些术语有所了解。例如，散度（Divergence）和旋度（Curl）用于描述向量过程，而等值面（Isosurfaces）和等值顶（Isocaps）则用于描述立体的视觉外观。

例如，利用标量函数构建立体图形。首先，必须生成一个构建立体对象的坐标系，代码如下：

```
>> x=linspace(-3,3,13);
>> y=1:10;
>> z=-5:5;
>> [X,Y,Z]=meshgrid(x,y,z);
>> size(X)
ans =
   10    13    11
```

上面的代码演示了 meshgrid() 函数在三维空间中的应用。其中，X、Y、Z 为定义栅格的 3 个三维数组。

这 3 个数组分别是从 x、y 和 z 经过三维栅格扩展形成的。也就是说，X 是将 x 复制扩展成具有 length(y) 个行和 length(z) 个页的三维数组；Y 先将 y 转置成一个列向量，然后复制扩展成具有 length(x) 个列和 length(z) 个页的三维数组；Z 先将 z 转换成一个 1×1× length(z) 的三维向量，然后复制扩展成具有 length(y) 个行和 length(x) 个列的三维数组。

其次，需要定义一个以这 3 个数组为自变量的标量函数 V，代码如下：

```
>> V=sqrt(X.^2+sin(Y).^2+Z.^2);
```

这样，利用标量函数 V=f(x,y,z) 定义一个立体对象所需要的数据已全部给出。为了使该立体对象可视化，可以利用下面的代码查看该立体对象的一些截面图：

```
>> slice(X,Y,Z,V,[0 3],[5 10],[-12])
>> xlabel('X-axis')
>> ylabel('Y-axis')
>> zlabel('Z-axis')
```

运行结果如图 15-18 所示。

图 15-18　截面图

三维数据也可以用 smooth3()函数来过滤而实现其平滑化，代码如下：

```
>> data=rand(8,8,8);
>> datas=smooth3(data,'box',3);
>> p=patch(isosurface(data,.5),...
    'FaceColor','Blue','EdgeColor','none');
>> patch(isocaps(data,.5),...
    'FaceColor','interp','EdgeColor','none');
>> isonormals(data,p)
>> view(3); axis vis3d tight off
>> camlight; lighting phong
```

运行结果如图 15-19 所示。

图 15-19　平滑化图形

15.3.2　四维表现图

对于三维图形，可以利用 $z=z(x,y)$的确定或不确定的函数关系来绘制图形，但此时自变量只有 2 个，即二维。当自变量有 3 个时，定义域是整个三维空间，由于人们所处的空间和思维局限性，在计算机屏幕上只能表现出 3 个空间变量。因此，再没有什么空间变量来表示函数的值。为此，MATLAB 用颜色来表示存在于第四维空间的值，它由 slice() 函数来实现。slice() 函数的调用格式如下：

```
slice(V,sx,sy,sz)
```

该函数显示三元函数 V=V(X,Y,Z) 确定的超立体图形在 x 轴、y 轴和 z 轴方向上的若干点（对应若干平面）的切片图，各点的坐标由数量向量 sx、sy 和 sz 指定。其中，V 为三维数组（阶数为 m×n×p）。

```
slice(X,Y,Z,V,sx,sy,sz)
```

此时该函数也显示三元函数 V=V(X,Y,Z) 确定的超立体图形在 x 轴、y 轴和 z 轴方向上的若干点（对应若干平面）。也就是说，如果函数 V=V(X,Y,Z) 中有一个变量，如 X 取定值 X0，则函数 V=V(X0,Y,Z) 变成立体曲面（只不过是将该曲面通过颜色表示高度 V，从而显示一个平面而已）的切片图，各点的坐标由参量向量 sx、sy 与 sz 指定。

参量 X、Y 与 Z 为三维数组，用于指定立方体 V 的坐标。参量 X、Y 与 Z 必须有单调的、正交的间隔（如同用命令 meshgrid 生成的一样）。每个点的颜色由超立体 V 的三维内插值确定。

```
slice(V,XI,YI,ZI)
```

此时该函数显示由参量矩阵 XI、YI 与 ZI 确定的超立体图形的切面图。参量 XI、YI 与 ZI 定义了一个曲面，同时在曲面的点上计算超立体 V 的值。参量 XI、YI 与 ZI 必须为同型矩阵。

```
slice(X,Y,Z,V,XI,YI,ZI)
```

此时该函数沿着由矩阵 XI、YI 与 ZI 定义的曲面绘制穿过超立体图形 V 的切片。

```
slice(...,'method')
```

此时该函数可以指定内插值的方法。method 可以是如下方法之一：linear、cubic、nearest。其中，linear 表示使用三次线性内插值法（该状态是默认的）；cubic 表示使用三次立方内插值法；nearest 表示使用最近点内插值法。

例如，在 $-2 \leqslant x \leqslant 2$、$-2 \leqslant y \leqslant 2$ 和 $-2 \leqslant z \leqslant 2$ 所在的区域内绘制可视化图，代码如下：

```
>> [x,y,z]=meshgrid(-2:.1:2,-2:.4:2,-2:.4:2);
>> v=sqrt(x.^2+sin(y).^2+z.^2);
>> xslice=[-1.2,.8,2];yslice=2;zslice=[-2,0];
>> slice(x,y,z,v,xslice,yslice,zslice)
>> colormap hsv
```

绘制的切片图如图 15-20 所示。

图 15-20　切片图

15.4　视觉控制

三维视图表现的是一个空间内的图形，因此，从不同的位置和角度观察图形会呈现不同的效果。下面介绍一些常用的视觉控制命令。

15.4.1　视觉控制命令

用于视觉控制的命令函数主要有 view()、viewmtx()和 rotate3d()，下面介绍这 3 个函数的使用方法。

在 MATLAB 中，用于改变二维图形或三维图形视觉的函数为 view()。view()函数用于指定立体图形的观察点，观察者的位置决定了坐标轴的方向。读者可以用方位角（Azimuth）和仰角（Elevation）或空间中的一点来确定观察点的位置，如图 15-21 所示，其调用格式如下：

```
view([x,y,z])
```

该函数在笛卡儿坐标系中将视觉设为沿向量[x,y,z]指向原点。

```
view(2)
```

该函数设置默认的二维形式视点。其中，az=0，el=90，即从 z 轴上方观看所绘制的图形。

```
view(3)
```

该函数设置默认的三维形式视点。其中，az=-37.5，el=30。

```
view(T)
```

该函数根据转换矩阵 T 设置视点。其中，T 为 4×4 阶的矩阵，如同用 viewmtx()函数生成的透视转换矩阵一样。

```
[az,el]=view
```

该函数返回当前的方位角 az 和仰角 el。

```
T=view
```

此时返回当前 4×4 阶的转换矩阵 T。

图 15-21　方位角和仰角示意图

下面举例说明：

```
>> x=-7:.5:7; y=x;
>> [X,Y]=meshgrid(x,y);
>> R=sqrt(X.^2+Y.^2);
>> Z=cos(R)./R;
>> subplot(2,2,1)
>> surf(X,Y,Z)
>> view(-37.5,30)
>> xlabel('X-axis'),ylabel('Y-axis'),zlabel('Z-axis')

>> subplot(2,2,2)
>> surf(X,Y,Z)
>> view(-37.5+90,30)
>> xlabel('X-axis'),ylabel('Y-axis'),zlabel('Z-axis')

>> subplot(2,2,3)
>> surf(X,Y,Z)
>> view(-37.5,60)
>> xlabel('X-axis'),ylabel('Y-axis'),zlabel('Z-axis')

>> subplot(2,2,4)
>> surf(X,Y,Z)
```

```
>> view(0,90)
>> xlabel('X-axis'),ylabel('Y-axis')
```

运行结果如图 15-22 所示。

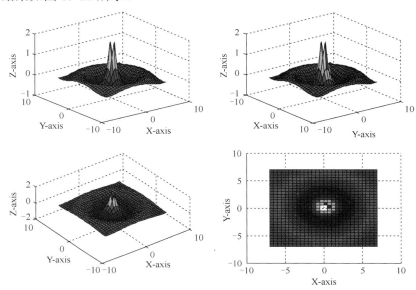

图 15-22　view()函数的绘图结果

viewmtx()函数用于视点转换矩阵。计算一个 4×4 阶的正交或透视的转换矩阵，该矩阵将一个四维的、齐次的向量转换到一个二维的平面上。viewmtx()函数的调用格式如下：

```
T=viewmtx(az,el)
```

该函数返回一个与视点的方位角 az 和仰角 el（单位都为度）对应的正交矩阵，并没有改变当前视点。

```
T=viewmtx(az,el,phi)
```

该函数返回一个透视的转换矩阵，其中参量 phi 是单位为度的透视角度，表示标准化立方体（单位为度）的对象视角角度与透视扭曲程度。

```
T=viewmtx(az,el,phi,xc)
```

该函数返回以标准化的立方体图形中的点 xc 为目标点的透视矩阵，目标点 xc 为视角的中心点。用户可以用一个三维向量 xc=[xc,yc,zc]来指定该中心点，每个分量都在区间[0,1]上，默认值为 xc=[000]。

phi 的取值如表 15-2 所示。

表 15-2　phi 的取值

phi 的值	说　　明	phi 的值	说　　明
0 度	正交投影	25 度	与普通投影类似
10 度	与远距离投影类似	60 度	与广角投影类似

Note

rotate3d()为三维视角变化函数，它的使用将触发图形窗口的 rotate3d 选项，用户可以非常方便地用鼠标来控制视角的变化，并且视角的变化值也将实时显示在图中。

例如，如果不采用 rotate3d 命令，那么系统默认的视角如下：

```
>> a=peaks(30);
>> mesh(a);
```

运行结果如图 15-23 所示。

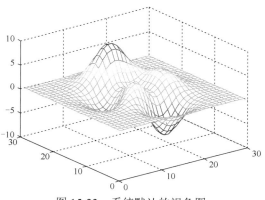

图 15-23　系统默认的视角图

```
>> rotate3d on
```

采用 rotate3d on 命令后，按住鼠标左键调节视角得到的图形如图 15-24 所示。

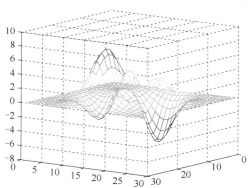

图 15-24　采用 rotate3d 命令调节视角得到的图形

15.4.2　摄像机控制

虽然用 view 命令对三维视角进行控制十分方便，但其功能非常有限。为了能够对三维场景进行全面控制，需要使用摄像机功能。

在上述环境中，用户通常需要对两个三维坐标系统进行管理：一个是摄像机所在的坐标系；另一个是摄像机所指的坐标系，也就是摄像机的目标坐标系。

MATLAB 中提供了一些摄像机函数，用于管理和处理这两个坐标系统之间的关系，并且提供对摄像机镜头的控制。

利用交互式的摄像机工具,可以避免在"命令行窗口"中输入大量的函数和输入/输出参数。考虑到摄像机函数描述起来比较复杂,并且这些函数大多都可以使用交互式工具来完成,另外,真正深入使用这些函数的用户相对较少,因此本章没有对摄像机函数进行详细描述。MATLAB 的在线文档对这些函数进行了详细的介绍,读者可自行查阅。

MATLAB 中提供的摄像机函数如表 15-3 所示。

表 15-3　摄像机函数

函　数　名	描　　述	函　数　名	描　　述
campos	摄像头位置	campan	固定窗口位置旋转对象
camtarget	摄像头目标	camdolly	固定对象移动摄像头
camva	摄像头视角	camzoom	放大摄像头
camup	设置窗口相对于显示对象的位置向量	camroll	滚动摄像头
camproj	摄像头投影	camlookat	查找特定的对象
camorbit	摄像头轨迹	camlight	生成摄像头光照对象,并将其放置在合适的位置

三维绘图所用到的函数如表 15-4 所示。

表 15-4　三维绘图所用到的函数

函　数　名	描　　述
plot3	在三维空间中绘制线和点
mesh	绘制网格表面
meshc	绘制底面带等高线的网格图
meshz	绘制带零平面的网格图
surf	绘制表面图
surfc	绘制底面带等高线的表面图
surfl	绘制有基本光照属性的表面图
fill3	绘制填充颜色的三维多面体
shading	设置颜色投影模式
hidden	显示或隐藏被网格遮住的部分
surfnorm	绘制表面法线
axis	控制坐标轴刻度和外观
grid	显示或隐藏栅格线
box	显示或隐藏坐标轴边框
hold	保持当前的图形
subplot	在同一图形窗口中生成多个坐标轴
daspect	设定数据高宽比
pbaspect	设置屏幕高宽比
xlim	设置 x 坐标轴的取值范围

续表

函 数 名	描 述
ylim	设置 y 坐标轴的取值范围
zlim	设置 z 坐标轴的取值范围
view	指定三维视角
viewmtx	视角转换矩阵
rotate3d	交互式坐标轴旋转
title	为图形添加标题
xlabel	添加 x 轴标注
ylabel	添加 y 轴标注
zlabel	添加 z 轴标注
text	在图形中放置文本
gtext	在鼠标单击的位置放置文本
contour	绘制等高线图
contourf	填充等高线图
contour3	绘制三维等高线图
clabel	添加等高线标注
pcolor	绘制伪色图
voronoi	绘制 Voronoi 分割图
trimesh	绘制三角形网格图
trisurf	绘制三角形表面图
scatter3	绘制三维分散数据图
stem3	绘制三维柄状图
waterfall	绘制瀑布图
ezmesh	利用字符串表达式轻松绘制网格图
ezmeshc	利用字符串表达式轻松绘制带等高线的网格图
ezplot3	利用字符串表达式轻松绘制三维曲线图
ezsurf	利用字符串表达式轻松绘制表面图
ezsurfc	利用字符串表达式轻松绘制带等高线的表面图
ezcontour	利用字符串表达式轻松绘制等高线图
ezcontourf	利用字符串表达式轻松绘制填充了颜色的等高线图
vissuite	有关可视化的帮助文档
isosurface	从立体图形中截取等值面
isonormals	绘制等值面法线
isocaps	绘制边缘等值面
isocolors	设置等值面和碎片颜色
contourslice	在截面中绘制等高线
slice	在立体图中截取曲面
streamline	数据的流线
stream3	三维数据流线

续表

函　数　名	描　　述
stream2	二维数据流线
quiver3	绘制三维箭头图
quiver	绘制二维箭头图
divergence	一个向量域的散度
curl	一个向量域的曲度和角速度
coneplot	绘制锥形图
streamtube	绘制流形管状图
streamribbon	绘制流形带状图
streamslice	在截面中绘制流形线
streamparticles	显示流粒子
interpstreamspeed	根据速度值对流线顶点进行插值
subvolume	提取三维数据集合中的子集
reducevolume	减小三维数据集
volumebounds	返回体积和颜色范围
smooth3	三维数据平滑
reducepatch	在绘制时减少碎片的数量
shrinkfaces	在绘制时缩小碎片的大小

15.5　三维图形绘制实例

上面着重介绍了 MATLAB 绘制三维图形的基本功能，本节通过具体的实例来介绍三维图形的绘制。

【例 15-1】　绘制 $z = x^2 + y^2$ 的曲面图形。

将代码保存在 eg15_1.m 中，具体如下：

```
clf
x=-5:5;
y=x;
[X,Y]=meshgrid(x,y);          %生成 x-y 坐标"格点"矩阵
Z=X.^2+Y.^2;                  %计算格点上的函数值
surf(X,Y,Z);
hold on
colormap(gray)
stem3(X,Y,Z,'bo')            %计算函数值表现在格点上
```

运行结果如图 15-25 所示。

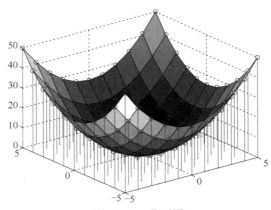

图 15-25　曲面图

【例 15-2】　用三维直方图表现数据。

将代码保存在 eg15_2.m 中，具体如下：

```
clf;
x=-2:2;                                    %需要注意的是，自变量单调变化
Y=[5,4,3,2,5;3,5,2,4,1;3,4,5,2,1];         %各因素的相对贡献份额
subplot(1,2,1),bar3(x',Y',1)               % "队列式" 直方图
xlabel('因素 ABC'),ylabel('x'),zlabel('y')
colormap(spring)                           %控制直方图的用色
subplot(1,2,2),bar3h(x',Y','grouped')      % "分组式" 水平直方图
ylabel('y'),zlabel('x')
```

运行结果如图 15-26 所示。

图 15-26　三维直方图

【例 15-3】　绘制函数 $z = \dfrac{\cos R}{R}$ （ $R = \sqrt{x^2 + y^2}$ ）的散点图。

将代码保存在 eg15_3.m 中，具体如下：

```
clc
clear
x=-pi:pi/12:pi;
y=x;
[X,Y]=meshgrid(x,y);
R=sqrt(X.^2+Y.^2);
Z=cos(R)./R;
C=abs(del2(Z));            %求"五点格式"差分，反映曲面的变化
meshz(X,Y,Z,C)            %由曲面变化决定用色
hold on,
scatter3(X(:),Y(:),Z(:),'filled')
hold off,colormap(summer)
```

运行结果如图 15-27 所示。

图 15-27　散点图

需要注意如下两个命令。

（1）散点图命令 scatter3，标识三维数据点，它的前 3 个输入参数必须是相同长度的向量。

（2）带垂帘的网线图命令 meshz，它的调用格式与 mesh 命令相同。

【例 15-4】　旋转图形。将方程 $z = -y\mathrm{e}^{(-x^2-y^2)}$ 进行旋转。

将代码保存在 eg15_4.m 中，具体如下：

```
shg;                                        %显示最新图形窗口
clf;
[X,Y]=meshgrid([-2:.2:2]);
Z=-Y*exp(-X.^2-Y.^2);
G=gradient(Z);
subplot(1,2,1),
surf(X,Y,Z,G)
subplot(1,2,2),
h=surf(X,Y,Z,G);
rotate(h,[-2,-2,0],30,[2,2,0]),
colormap(jet)
```

运行结果如图 15-28 所示。

图 15-28　旋转图

15.6　本章小结

　　本章主要介绍了显示三维数据图像的 MATLAB 函数，其中有的函数用来绘制三维曲线，有的函数用来绘制三维曲面，还有的函数用来绘制三维网格。本章还详细描述了这些函数的调用格式，并列举了相关实例。

　　除了上面这些三维函数，本章还着重介绍了三维图形的其他辅助操作，并且都非常实用，如三维图形等高线的绘制、视觉控制命令及透视操作。

第16章

图形细节处理

利用图形和图表来表示数据集的技术称为数据可视化。MATLAB 中提供了一系列工具和函数，用于使二维数据或三维数据可视化，以便向用户提供更多的信息。

与第 15 章中的图形一样，本章所显示的图形也无法展示颜色的变化，但 MATLAB 中提供了在计算机屏幕上可以详细观察颜色变化信息的函数及光照控制函数。因此，了解图形的颜色和光照是进一步修改图形细节的必要手段。

学习目标

（1）熟悉图形颜色控制命令。

（2）了解光照控制函数。

16.1 图形颜色控制

图形的一个重要因素是图形的颜色，丰富的颜色变化可以使图形更具表现力。在 MATLAB 中，色图（colormap）是完成这方面工作的主要命令。

16.1.1 colormap 命令

一般的线图函数（如 plot()函数、plot3()函数等）不需要使用 colormap 命令来控制其色彩显示，而对于面图函数（如 mesh()函数、surf()函数等）则需要调用 colormap 命令。colormap 设定的命令格式如下：

```
colormap(CM)
```

该命令设置当前图形窗的着色色图为 CM。表 16-1 中列举了色图矩阵 CM 对应的含义，即 MATLAB 中提供的一些预先定义好的颜色表。

表 16-1　MATLAB 中提供的一些预先定义好的颜色表

CM 值	含　义	CM 值	含　义
autumn	红、黄浓淡色	jet	蓝头红尾饱和色
bone	蓝色调浓淡色	lines	采用 plot 绘线色
colorcube	三浓淡多彩交错色	pink	淡粉红色
cool	青、品红浓淡色	prism	光谱交错色
copper	纯铜色调线性浓淡色	spring	青、黄浓淡色
flag	红-白-蓝-黑交错色	summer	绿、黄浓淡色
gray	灰色调线性浓淡色	winter	蓝、绿浓淡色
hot	黑、红、黄、白浓淡色	white	全白色

下面使用 bone 命令绘制蓝色调浓淡色图形：

```
>> [x,y,z]=peaks(30);
>> surf(x,y,z);
>> colormap(bone(128))
```

运行结果如图 16-1 所示。

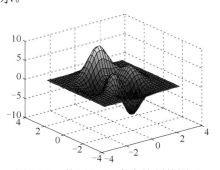

图 16-1　使用 bone 命令绘制的图形

上述代码用于定义图形为蓝色调灰度色图,其颜色定义了 128 种。如果没有定义颜色的多少,那么色图的大小(颜色种数的数目)与当前色图的大小相同。

下面列举一个色图函数的图形控制实例。

【例 16-1】　绘制关于 $z=x+y$ 的红、白、蓝、黑交错色图形。

将代码保存在 eg16_1.m 中,具体如下:

```
clf
x=-3:3;
y=x;
[X,Y]=meshgrid(x,y);
Z=X+Y;
surf(X,Y,Z);
colormap(flag)
colorbar
hold on
stem3(X,Y,Z,'bo')
hold off
xlabel('x'),ylabel('y'),zlabel('z')
axis([-10,10,-10,10,-10,inf])
```

运行结果如图 16-2 所示。

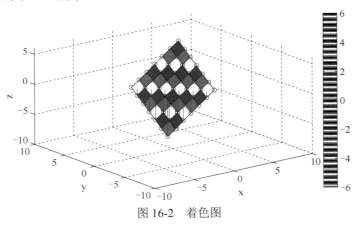

图 16-2　着色图

16.1.2　颜色表

MATLAB 使用一个行数为 3 的数组来表示颜色值,这个数组被称为颜色表。颜色表数组中的元素值均介于 0 和 1 之间,其中每行元素代表一个不同的颜色,该行中的 3 个元素分别表示构成该行颜色的红色、绿色和蓝色的强度。表 16-2 列举了颜色表中部分数值与对应颜色之间的关系。

表 16-2　颜色表中部分数值与对应颜色之间的关系

原　　色			调得的颜色
红（R）	绿（G）	蓝（B）	
1	0	0	红色
1	0	1	洋红色
1	1	0	黄色
0	1	0	绿色
0	1	1	青色
0	0	1	蓝色
0	0	0	黑色
1	1	1	白色
0.5	0.5	0.5	灰色

如表 16-2 所示，颜色表中的第 1 行数据表示红色强度，第 4 行数据表示绿色强度，第 6 行数据表示蓝色强度。颜色表中所有的数值都被严格限制在 0 和 1 之间。

一个颜色表由多个代表红、绿、蓝（RGB）值的行组成，不同的颜色表从第 1 行到最后一行按照不同的方式排列和变化，用户可以根据需要自定义颜色表。

在默认情况下，表 16-2 中的颜色表函数都自动生成一个 64×3 的数组，该数组给出了颜色表中 64 种颜色的 RGB 描述。当然，表 16-2 中的颜色表函数也都可以接收一个参数，声明需要生成颜色数组的行数。例如，hot(m)就生成一个 m×3 的数组，该数组包含从黑色、暗红、橙色、黄色到白色共 m 种颜色的 RGB 值。

总之，一个函数通常以下列 3 种方式之一来接收一个颜色参数。

（1）一个在 plot 颜色和线型表中定义的字符串，如 r 或 red 表示红色。

（2）一个表示单个颜色的 RGB 行向量，如[.25 .50 .75]。

（3）一个数组。如果颜色参数是一个数组，那么 MATLAB 就会对该数组的元素进行作为对当前颜色表中颜色值的索引。

颜色表的显示有多种方法，其中一种方法就是直接查看颜色表数组中的元素，具体如下：

```
>> hot(8)
ans =
    0.3333         0         0
    0.6667         0         0
    1.0000         0         0
    1.0000    0.3333         0
    1.0000    0.6667         0
    1.0000    1.0000         0
    1.0000    1.0000    0.5000
    1.0000    1.0000    1.0000
```

这个颜色表是包含 8 个颜色值的 hot 颜色表。

为了更清楚地看到颜色表中的颜色，需要将颜色表进行可视化显示，这时可以使用 pcolor()函数，如下所示：

```
>> n=15;
>> map=copper(n);
>> colormap(map)
>> [xx,yy]=meshgrid(0:n,[0 1]);
>> c=[1:n+1;1:n+1];
>> pcolor(xx,yy,c)
>> set(gca,'Yticklabel','')
```

运行结果如图 16-3 所示。

图 16-3　可视化颜色表

图 16-3 中显示了铜色颜色表的颜色变化情况，其中最左边的颜色带代表颜色表中的第 1 种颜色，最右边的颜色带代表颜色表中的最后一种颜色。

16.2　其他图形颜色控制命令

16.2.1　色彩浓淡处理

shading 命令用于控制曲面图形的着色方式，常见的调用格式如下：

```
shading options      %为图形对象着色进行浓淡处理
shading flat         %为一整条线条或贴片用一种颜色处理
shading interp       %用线性插值成色
shading faceted      %勾画出网格线，在 flat 的基础上在贴片的四周勾画黑色网线
```

【例 16-2】　绘制函数 $z=x+y$ 的图形，并用 3 种浓淡处理方式进行比较。

将代码保存在 eg16_2.m 中，具体如下：

```
clf
x=-4:4;y=x;
[X,Y]=meshgrid(x,y);
Z=X.^2+Y.^2;
surf(X,Y,Z)
colormap(jet)
subplot(1,3,1),surf(Z),axis off
subplot(1,3,2),surf(Z),axis off,shading flat
subplot(1,3,3),surf(Z),axis off,shading interp
set(gcf,'Color','w')
```

运行结果如图 16-4 所示。

图 16-4　浓淡处理

16.2.2　改变颜色表

在正常情况下，MATLAB 使用一个颜色表中所有的颜色来绘制用户的所有数据图，也就是说，MATLAB 用颜色表中的第一个颜色绘制用户数据中最小的值，用颜色表中的最后一个颜色绘制用户数据中最大的值。

如果不想用上述方式使用颜色表，则可以使用 caxis 来改变颜色表的使用方式。例如，可以将整个颜色表用于用户数据的一个子集，或者将当前颜色表中的某一部分应用到整个用户数据集上。

caxis()函数控制数值与色彩间的对应关系及颜色的显示范围，常见的调用格式如下：

```
caxis([cmin cmax])    %该函数在[cmin cmax]范围内与色图的色值相对应，并依此为图形
着色。若数据点的值小于 cmin 或大于 cmax，则按等于 cmin 或 cmax 进行着色
caxisauto             %由 MATLAB 自动计算色值的范围
caxismanual           %按照当前的色值范围设置色图范围
caxis(caxis)          %与 caxismanual 实现相同的功能
v=caxis               %返回当前色图的范围的最大值和最小值[cmin cmax]
```

下面的例子显示了 caxis()函数的典型用法：

```
>> a=peaks(20);
>> surf(a)
>> caxis([-2 2])
```

运行结果如图 16-5 所示。

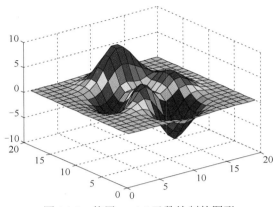

图 16-5　使用 caxis()函数绘制的图形

16.2.3　改变图色

前面介绍的颜色表是用数组的形式表示的，因此，可以利用数组方式处理颜色表。例如，brighten()函数就是采用数组处理方式来调整一个给定颜色表中各个颜色的强度的。brighten(beta)会根据 beta 的大小将当前的颜色表进行亮化（当 0<beta≤1 时）或暗化（当 −1≤beta<0 时）处理。

当执行 brighten(beta)后，再执行 brighten(−beta)就可以将颜色表恢复到原来的状态。如果将 brighten(beta)的执行结果赋给一个变量，即 newmap=brighten(beta)，则创建一个经过亮化或暗化后的颜色表 newmap，原来的颜色表保持不变。

brighten()函数用于增亮或变暗色图，常见的调用格式如下：

```
brighten(beta)
```

该函数增亮或变暗当前的色图。若 0<beta<1，则增亮色图；若−1<beta<0，则变暗色图。改变的色图将代替原来的色图，但从本质上来说是相同的。

```
brighten(h,beta)
```

此时该函数对指定的句柄对象 h 中的子对象进行操作。

```
newmap=brighten(beta)
```

此时该函数没有改变当前图形的亮度，而是返回变化后的色图。

```
newmap=brighten(cmap,beta)
```

此时该函数没有改变指定色图 cmap 的亮度，而是返回变化后的色图。

下面使用 brighten()函数改变图色，代码如下：

```
>> a=peaks(20);
>> surf(a)
>> brighten(-0.6)
```

运行结果如图 16-6 所示。

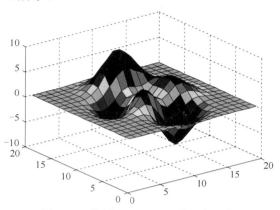

图 16-6   使用 brighten()函数改变图色

另外，colorbar()函数用于显示能指定颜色刻度的颜色标尺，常见的调用格式如下：

```
colorbar(...'peer',axes_handle)
```

该函数生成一个与坐标轴 axes_handle 有关的颜色标尺，代替当前的坐标轴。

由于篇幅有限，此处不再一一举例说明。

16.3   光照控制函数

光照是图形色彩强弱变化的方向，好的光效可以更好地在图形窗口中展现绘制对象的特点，以及增强可视化分析数据的能力。

16.3.1   灯光设置

可以通过添加一个或多个光源来仿真一个物体的光照部位和与直接光照相对应的阴影部位。在 MATLAB 中，光源生成函数为 light()，该函数生成一个沿着射线矢量[1 0 1]方向，从无穷远处照来的白光光源。

light()函数为当前图形设置光源，其调用格式如下：

```
light('PropertyName',PropertyValue,...)
```

该函数中的 PropertyName 是用于定义光源的颜色、位置和类型等的变量名。

下面使用 light()函数为图形设置光源：

```
>> a=peaks(20);
>> surf(a)
>> light('Position',[1 0 0],'Style','infinite');
```

运行结果如图 16-7 所示。

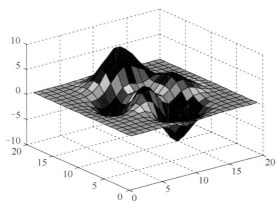

图 16-7　使用 light()函数为图形设置光源

16.3.2　照明模式

用户可以使用 lighting()函数从以下 4 个不同的光照模式中为物体选择一种光照效果：none（忽略任何光源）、flat（光源生成以后的默认模式）、phong 及 gouraud。这 4 种模式都使用不同的算法来改变物体的外观。

flat：光照模型为物体的每个面都使用了统一的颜色。

gouraud：光照模型根据顶点的颜色对表面颜色进行插值。

phong：光照模型对每个表面的顶点的法线进行插值，并计算在每个坐标轴像素处的反光。正如颜色表是图形窗口的属性一样，光线光照也是坐标轴的一个属性或产物。因此，图形窗口中的每个坐标轴都可以单独设置光照。

【例 16-3】　比较光照模型的 4 种效果。

将代码保存在 eg16_3.m 中，具体如下：

```
subplot(2,2,1)
sphere
light
shading interp
axis square off
lighting none
title(' No Lighting')
```

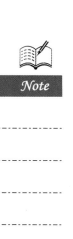

```
subplot(2,2,2)
sphere
light
shading interp
axis square off
lighting flat
title(' Flat Lighting')

subplot(2,2,3)
sphere
light
shading interp
axis square off
lighting gouraud
title(' Gouraud Lighting')

subplot(2,2,4)
sphere
light
shading interp
axis square off
lighting phong
title('Phong Lighting')
```

运行结果如图 16-8 所示。

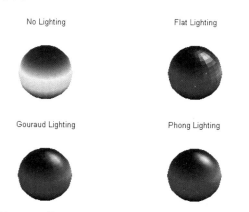

图 16-8 使用 lighting()函数设置的曲面光源模式

16.3.3 控制光反射的材质

除了光照，在轴上的物体沿某一坐标轴的外观可以通过调整其表面外观上的反射特性（或者称为表面"反射系数"）来改变。反射系数是由以下元素的一些组元构成的。

（1）环境光线——图中统一均匀漫反射光线的强度。

（2）散射反射——弱漫反射光线强度。

（3）镜面反射——强漫反射光线强度。

（4）镜面指数——控制镜面"热点"的尺寸或范围。

（5）镜面颜色反射——确定表面颜色对反射贡献率的影响。

利用 material 可以获得一些预先定义的表面反射属性，其可选参数包括 shiny、dull、metal 和 default（default 用来存储默认的表面反射属性）。

控制光效的 material 命令的调用格式如下：

```
material shiny                          %使对象比较明亮，镜反射大
material dull                           %使对象比较暗淡，漫反射大
material metal                          %使对象带金属光泽（默认模式）
material default                        %返回默认模式
material([ka kd ks n sc])               %对反射五要素进行设置
```

其中，ka 表示均匀背景光的强度，kd 表示漫反射的强度，ks 表示反射光的强度，n 表示控制镜面亮点大小，sc 表示控制镜面颜色的反射系数。

【例 16-4】　light 命令、lighting 命令和 material 命令所表现的图形。

将代码保存在 eg16_4.m 中，具体如下：

```
clf;
[X,Y,Z]=sphere;
colormap(jet)
surf(X,Y,Z),axis equal off,shading interp
light('position',[10 10 10],'style','infinite')
lighting phong
material shiny
```

运行结果如图 16-9 所示。

图 16-9　light 命令、lighting 命令和 material 命令所表现的图形

颜色和光照函数及其描述如表 16-3 所示。

表 16-3　颜色和光照函数及其描述

函 数 名	描 述
light	光照对象生成函数
lighting	设置光照模式（如 flat、gouraud、phong 或 none）
lightangle	球坐标中的位置光照对象
material	设置反射的物质类型（如 default、shiny、dull 或 metal）
camlight	设置与摄像头相关的光照对象
brighten	亮化或暗化颜色表
caxis	设置或获取颜色轴的限制
diffuse	找出表面散射反射
specular	找出表面镜面反射
surfnorm	计算表面法线
colorbar	生成颜色条
colordef	定义默认颜色属性
colormap	设置或获取图形窗口颜色表
colormapeditor	用于创建颜色映射表的图形用户接口（GUI）函数
hsv2rgb	将"色度-饱和度-亮度"颜色值转换为"红-绿-蓝"模式值
rgb2hsv	将"红-绿-蓝"颜色值转换为"色度-饱和度-亮度"模式值
rgbplot	绘制颜色表
shading	阴影模式（如 flat、faceted 或 interp）
spinmap	使颜色旋转
whitebg	将图形窗口设置成白色背景
graymon	将图形窗口设置成灰度默认值，以便在单色显示器中显示
autumn	带红色和黄色阴影的颜色表
bone	带蓝色的灰度颜色表
cool	带天蓝色和粉色阴影的颜色表
copper	线性铜色调颜色表
flag	带交替的红色、白色、蓝色和黑色的颜色表
gray	线性灰度颜色表
hot	黑、红、黄、白基色颜色表
hsv	色度、饱和度、亮度（HSV）颜色表
jet	HSV 颜色表的变种（开始是蓝色，结尾是红色）
lines	基于线颜色的颜色表
prism	带交替的红色、橙色、黄色、绿色、蓝色和紫色的颜色表
spring	带洋红和黄色阴影的颜色表
summer	带绿色和黄色阴影的颜色表
winter	带蓝色和绿色阴影的颜色表

16.4　图形处理实例

前面主要针对着色、光照等方面对图形进行了特殊的处理，本节将继续给出几个相关的实例，使读者领会起来更加细腻。

【例 16-5】　随机色图。绘制色图和色图矩阵。

将代码保存在 eg16_5.m 中，具体如下：

```
rand('seed',2);
CM=rand(12,3);
m=size(CM,1);
Y=[1:m+1;1:m+1]';
pcolor(Y)
colormap(CM)
```

运行结果如图 16-10 所示。

图 16-10　随机色图

【例 16-6】　颜色表的创建和修改。利用 caxis auto 命令将颜色表表示的数据范围恢复成默认值 cmin 和 cmax。

将代码保存在 eg16_6.m 中，具体如下：

```
clear
clc
N=12;
 data=[1:N+1;1:N+1]';

subplot(1,3,1)
colormap(hsv(N))
pcolor(data)
set(gca,'XtickLabel','')
title('限制')
```

```
caxis auto                              %默认

subplot(1,3,2)
pcolor(data)
axis off
title('扩展限制')
caxis([-5,N+5])                         %扩展颜色

subplot(1,3,3)
pcolor(data)
axis off
title('严格限制')
caxis([5,N-5])                          %严格控制
```

运行结果如图 16-11 所示。

图 16-11　颜色表的创建和修改

【例 16-7】　将一个半径为 3 的单位球体进行透视显示，要求不显示坐标轴，并且图形表面要表现出暖色。

将代码保存在 eg16_7.m 中，具体如下：

```
[X0,Y0,Z0]=sphere(20);                  %产生单位球面的三维坐标
X=3*X0;Y=3*Y0;Z=3*Z0;                   %产生半径为 3 的球面的三维坐标
clf,surf(X0,Y0,Z0);                     %绘制单位球面
shading interp
hold on,mesh(X,Y,Z),colormap(spring)
hold off
hidden off                              %产生透视效果
axis equal,axis off                     %不显示坐标轴
```

运行结果如图 16-12 所示。

图 16-12　单位球体

【例 16-8】　利用 MATLAB 中提供的无限大水体中水下射流速度数据 flow 做切片图，其中 flow 是一组定义在三维空间中的函数数据。

将代码保存在 eg16_8.m 中，具体如下：

```
clf;
[X,Y,Z,V]=flow;                      %取 4 个 flow 流速数据矩阵，V 是射流速度
x1=min(min(min(X)));
x2=max(max(max(X)));                 %取 x 坐标的上下限
y1=min(min(min(Y)));
y2=max(max(max(Y)));                 %取 y 坐标的上下限
z1=min(min(min(Z)));
z2=max(max(max(Z)));                 %取 z 坐标的上下限
sx=linspace(x1+1,x2,4);             %确定 4 个垂直 x 轴的切面坐标
sy=0;                                %在 y=0 处，取垂直 y 轴的切面
sz=0;                                %在 z=0 处，取垂直 z 轴的切面
slice(X,Y,Z,V,sx,sy,sz);            %绘制切片图
view([-12,30]);shading interp;
colormap jet;
axis off;colorbar
```

运行结果如图 16-13 所示。

图 16-13　流速切片图

16.5 本章小结

　　本章主要介绍了 MATLAB 的图形化功能。本章在介绍颜色参数之前，首先对颜色表进行简单描述，包括颜色表的创建、使用、显示及修改等。然后介绍了如何在一个图形窗口中仿真多个颜色表，或者使用一个颜色表的部分内容。最后介绍了光照模型，并且给出了一些光照模型的实例。

　　MATLAB 的图形化功能将计算的数据转化成图形，使用户在观察数据方面更具有直观感受，并且操作简单。

第17章

符号数学

在计算机上得到解析表达式而非数值结果一直是纯数学家的梦想，MATLAB
为此提供了符号数学工具箱。前面介绍的相关数学计算只是利用数值计算方法
得到近似解。而符号计算建立在数值完全准确表达和推演严格解析的基础之上，
所得结果完全准确。

自从 2008 年后，MathWorks 公司在 MATLAB 中就使用 MuPAD 内核替换
原来的 Maple 符号计算内核。在纯粹的数学理论中，符号计算解算问题的指令
和过程比数值计算更自然、更简明。

学习目标

(1) 熟悉符号对象的创建和使用。
(2) 掌握符号表达式的操作。
(3) 熟练掌握符号微积分的计算。
(4) 熟练掌握符号矩阵的计算。

17.1 符号对象的创建和使用

本节将介绍如何借助 MATLAB 中的符号数学工具箱来创建和使用符号对象、符号表达式。

17.1.1 创建符号对象和符号表达式

sym 类是符号数学工具箱中定义的一种新的数据类型。sym 类的实例就是符号对象，符号对象是一种数据结构（Struture），用于存储代表符号的字符串。在符号数学工具箱中，用符号对象来表示符号变量、符号表达式和符号矩阵。

在一个 MATLAB 程序中，syms()函数规定和创建符号常量、符号变量、符号函数及符号表达式，利用 class()函数可以测试建立的操作对象是何种操作对象类型，以及是否是符号对象类型。

1. 函数命令 sym

函数命令 sym 的调用格式有如下几种：

```
S = sym(A)
S = sym('A', [m n])
S = sym('A', n)
S = sym(A, 'real')
S = sym(A, 'positive')
S = sym(A, 'clear')
S = sym(A, flag)
```

其中，A 用来建立一个符号对象 S，其类型为 sym。如果 A（不带单引号）是一个数字、数值矩阵或数值表达式，则输出是将数值对象转换成的符号对象。如果 A（带单引号）是一个字符串，则输出是将字符串转换成的符号对象。

flag 为转换的符号对象应该符合的格式。如果被转换的对象为数值对象，那么 flag 可以有如下几种选择。

d：最接近的十进制浮点精确表示。

e：带（数值计算时）估计误差的有理式表示。

f：十六进制浮点表示。

r：如果是默认设置，则最接近有理式表示的形式。

例如，输入如下代码，观察数据类型：

```
>> c=sym(2);
classc=
    'sym'
```

2. 函数命令 syms

函数命令 syms 的调用格式如下：

```
syms arg1 arg2 ...
syms arg1 arg2 ... real
syms arg1 arg2 ... clear
syms arg1 arg2 ... positive
```

该命令可以建立 3 个或多个符号对象。flag、real、clear 和 positive 的具体选项请参考 MATLAB 的帮助文档。

例如，输入如下代码：

```
>> syms a;
>> classa=class(a)
classa=
    'sym'
```

在 MATLAB 符号运算中，符号变量是内容可变的符号对象。符号变量通常是指一个或几个特定的字符，不是指符号表达式，甚至可以将一个符号表达式赋值给一个符号变量。符号变量与 MATLAB 数值变量名称的命名规则相同。

- 变量名可以由英文字母、数字和下画线组成。
- 变量名应以英语字母开头。
- 组成变量名的字母数量不大于 31 个。

17.1.2　符号对象的基本运算

在 MATLAB 中，符号计算表达式的运算符和数值计算中的运算符及基本函数相同。

例如，输入函数表达式 $f=x^2+y^2+z^2+1$。对应的代码如下：

```
>> syms x y z;
>> f=x^2+y^2+z^2+1
f=
x^2+y^2+z^2+1
```

该函数表达式中所用到的运算符"+"和"^"与数值计算符相同。

在 MATLAB 中可调用的符号运算函数指令如表 17-1 所示。

表 17-1　在 MATLAB 中可调用的符号运算函数指令

类　别	情　况　描　述	与数值计算对应关系
基本函数	三角函数、双曲函数及反函数；atan2 除外	名称和使用方法相同
	指数函数、对数函数（如 exp、expm）	名称和使用方法相同
	复数函数（但没有幅角函数 angle）	名称和使用方法相同
	矩阵分解函数（如 eig、svd）	名称和使用方法相同
	方程求解函数 solve	不同
	微积分函数（如 diff、int）	不完全相同
	积分变换和反变换函数（如 laplace、ilaplace）	只有离散 Fourier 变换
	绘图函数（如 ezplot、ezsurf）	数值绘图指令更丰富
经典特殊函数	如误差函数 erf、贝塞尔函数 besselj、第一类完全椭圆积分 EllipticK 等；通过 mfunlist 可以看到所有经典函数名	部分

17.2　符号表达式的操作

符号计算所得的结果比较烦琐，并且不直观，因此，MATLAB 中专门提供了对符号计算结果进行简化和替换的函数。

17.2.1　替换

符号运算工具箱中提供了 subexpr()函数和 subs()函数，用于实现符号对象的替换。在 MATLAB 中，通过符号替换可以将表达式的输出形式简化，从而得到比较简单的表达式。

1．subexpr()函数

subexpr()函数将表达式中重复出现的字符串用变量代替，其调用格式有如下两种：

```
[Y,SIGMA] = subexpr(S,SIGMA)
```

指定使用变量 SIGMA 的值（必须为符号对象）来代替符号表达式（可以是矩阵）中重复出现的字符串。替换后的结果由 Y 返回，被替换的字符串由 SIGMA 返回。

```
[Y,SIGMA] = subexpr(S,'SIGMA')
```

这种形式和上一种形式的不同之处在于第二个输入参数是字符或字符串，它用来替换符号表达式中重复出现的字符串。其他参数与上面的形式相同。

例如，将复杂的表达式进行替换，求矩阵 $\begin{bmatrix} a & b \\ b & a \end{bmatrix}$ 的特征值和特征向量。对应的代码如下：

```
>> syms a b W
>> [V,D]=eig([a b;b a])            %V 是特征向量矩阵，D 是特征值
```

```
>> [RVD,W]=subexpr([V;D],W)      %对矩阵元素中的公共子表达式进行置换表达
V=
[ 1, -1]
[ 1,  1]
D=
[ a+b,    0]
[   0, a - b]
RVD=
[   1,   -1]
[   1,    1]
[ a + b,    0]
[   0, a - b]
W=
[ empty sym ]
```

2. subs()函数

subs()函数可以用指定符号替换符号表达式中的某个特定符号，其调用格式有如下几种：

```
R = subs(S)
```

这种形式用工作空间中的变量值替代符号表达式 S 中的所有符号变量。如果没有指定某个符号变量的值，则返回值中该符号变量不被替换。

```
R = subs(S,New)
```

这种形式用新符号变量 New 替代原来符号表达式 S 中的默认变量。确定默认变量的规则与 findsym()函数的规则相同。

```
R = subs(S,Old,New)
```

这种形式用新符号变量 New 替代原来符号表达式 S 中的变量 Old。当 New 是数值形式的符号时，实际上用数值代替原来的符号来计算表达式的值，只是所得的结果仍然是字符串形式。

例如，利用数字来替换字母：

```
>> syms a b;
>> subs(a+b,a,5)
ans =
b+5
```

17.2.2　精度计算

符号计算的一个非常显著的特点是由于计算过程中不会出现舍入误差，因此可以得到任意精度的数值解。

一般符号计算的结果都是字符串，特别是一些符号计算的结果从形式上来看是数值，但从变量类型上来看它们仍然是字符串。

1. digits(d)

调用 digits(d)函数后的近似解的精度变成 d 位有效数字，d 的默认值是 32。另外，调用 digits 命令（没有参数）可以得到当前采用的数值计算的精度。

2. vpa(A,d)

vpa(A,d)用于求符号 A 的近似解，该近似解的有效位数由参数 d 来指定。如果不指定 d，则按照 digits(d)指令设置的有效位数输出。

3. double(A)

double(A)可以把符号矩阵或任意精度表示的矩阵 A 转换为双精度矩阵。

下面演示上述 3 个函数的输出结果，代码如下：

```
>> A=[4.220 1.360 5.800;6.370 7.401 1.0;5.000 2.30 4.901];
>> S=sym(A)
S=
    [ 211/50,       34/25,        29/5]
    [ 637/100, 7401/1000,           1]
    [       5,     23/10, 4901/1000]
>> digits(5)              %转换成有效位数为 5 的任意精度的矩阵
>> vpa(S)
ans =
    [ 4.22,  1.36,   5.8]
    [ 6.37, 7.401,   1.0]
    [  5.0,   2.3, 4.901]
>> double(S)             %转换成双精度型的矩阵
ans =
    4.2200    1.3600    5.8000
    6.3700    7.4010    1.0000
    5.0000    2.3000    4.9010
```

17.2.3 化简

MATLAB 的符号工具箱中提供了 collect()函数、expand()函数、horner()函数、factor()函数和 simplify()函数，用来实现符号表达式的化简，下面分别介绍这些函数。

1. collect()函数

collect()函数的功能是将符号表达式中的同类项进行合并，其调用格式如下：

```
R=collect(S)
```

它将表达式 S 中相同次幂的项合并。其中，S 既可以是一个表达式，也可以是一个符号矩阵。

例如，合并 f 中 x 的同类项，代码如下：

```
>> syms x
>> f=(x-1)*(x-2)^2;
>> collect(f)
ans =
    x^3-5*x^2+8*x-4
```

2．expand()函数

expand()函数的功能是将表达式展开，其调用格式如下：

```
R = expand(S)
```

它将表达式 S 中的各项展开，如果 S 中包含函数，则利用恒等变形将其写成相应的和的形式。该函数多用于多项式、三角函数、指数函数和对数函数。

例如，将三角函数展开，代码如下：

```
>> syms x y;
>> h=sin(x+y);
>> expand(h)
ans =
    cos(x)*sin(y)+cos(y)*sin(x)
```

3．horner()函数

horner()函数的功能是将符号表达式转换成嵌套形式，其调用格式如下：

```
R = horner(S)
```

其中，S 是符号多项式矩阵，horner()函数将其中的每个多项式转换成它们的嵌套形式。

例如，将多项式转换成嵌套形式，代码如下：

```
>> syms x y;
>> f=x^4+x^2+x;
>> horner(f)
ans =
    x*(x*(x^2 + 1) + 1)
```

4．factor()函数

factor()函数的功能是将符号多项式进行因式分解，其调用格式如下：

```
factor(X)
```

如果 X 是一个多项式或多项式矩阵，系数是有理数，那么该函数将把 X 表示成系数为有理数的低阶多项式相乘的形式；如果 X 不能分解成有理多项式乘积的形式，则返回 X 本身。

例如，将多项式 $x^3 - y^3$ 进行因式分解。对应的代码如下：

```
>> syms x y
>> factor(x^3-y^3)
ans =
    [ x - y, x^2 + x*y + y^2]
```

5. simplify()函数

simplify()函数可以根据一定的规则对表达式进行简化，其调用格式如下：

```
R= simplify(S)
```

该函数是一个强有力的具有普遍意义的工具，可以应用于包含和式、方根、分数的乘方、指数函数、对数函数、三角函数、Bessel 函数及超越函数等的表达式，其中 S 可以是符号表达式矩阵。

例如，化简多项式$(x^2+2x+1)/(x+1)$。对应的代码如下：

```
>> syms x
>> S=sym((x^2+2*x+1)/(x+1));
>> simplify(S)
ans =
    x+1
```

17.3 符号微积分的计算

微积分是整个高等数学的重要组成部分，符号数学工具箱中提供了一些常用的函数来支持具有重要基础意义的微积分运算。

17.3.1 极限和导数的符号计算

高等数学中的大多数微积分问题都能用符号计算解决，而且都可以由计算机完成。

1. limit()函数

limit(f,x,a)函数用于求极限：

$$\lim_{x \to a} f(x)$$

其中，f 是符号函数的表达式，当 x 近似为 a 时，f 取到 a 的值。

例如，求极限：

$$\lim_{x \to 1}\left(2 - \frac{3}{x}\right)^2$$

在"命令行窗口"中输入如下代码：

```
>> l=limit((2-3/x)^2,x,1)
l=
    1
```

【例 17-1】　分别求 $1/x$ 在 0 处从两边趋近、从左边趋近和从右边趋近的这 3 个极限值。

采用极限方法也可以用来求下列函数的导数：

$$f'(x) = \lim_{t \to 0} \frac{f(x+t) - f(x)}{t}$$

将代码保存在 eg17_1.m 中，具体如下：

```
syms x
f=sym(1/x)
y1=limit(f)                     %对 x 求趋近于 0 的极限
y2=limit(f,'x',0)               %对 x 求趋近于 0 的极限
y3=limit(f,'x',0,'left')        %从左边趋近于 0
y4=limit(f,'x',0,'right')       %从右边趋近于 0
```

运行结果如下：

```
f=
    1/x
y1=
    NaN
y2=
    NaN
y3=
    -Inf
y4=
    Inf
```

　当左极限和右极限不相等，并且表达式的极限不存在时，结果为 NaN。

假定符号表达式的极限存在，Symbolic Math Toolbox 提供了直接求表达式极限的 limit() 函数，limit() 函数的基本用法如表 17-2 所示。

表 17-2　limit() 函数的基本用法

函 数 格 式	说　　明
limt(f)	对 x 求趋近于 0 的极限
limt(f,x,a)	对 x 求趋近于 a 的极限，当左极限和右极限不相等时极限不存在
limt(f,x,a, left)	对 x 求从左边趋近于 a 的极限
limt(f,x,a, right)	对 x 求从右边趋近于 a 的极限

2. diff()函数

diff()函数的调用格式有如下 3 种，它们的形式和作用分别如下：

```
diff(S,'v')
```

这种格式将符号 v 视作变量，对符号表达式或符号矩阵 S 求取微分。

```
diff(S,n)
```

这种格式将 S 中的默认变量进行 n 阶微分运算，其中默认变量可以用 findsym()函数确定，参数 n 必须是正整数。

```
diff(S,'v',n)
```

这种格式将符号 v 视作变量，对符号表达式或矩阵 S 进行 n 阶微分运算。

首先建立一个符号表达式，然后取相应的微分。例如，求以下符号微分：

$$\frac{d}{dx}\cos(x)$$

在"命令行窗口"中输入如下代码：

```
>> syms x
>> f=cos(x);
>> df=diff(f)
df=
    -sin(x)
```

【例 17-2】 已知 $f(x)=ax^2+bx+c$，求 $f(x)$ 的微分。

将代码保存在 eg17_2.m 中，具体如下：

```
clear
syms x a b c
f=sym(a*x^2+b*x+c)
dydx=diff(f)                    %对默认自由变量 x 求一阶微分
dyda2=diff(f,'a')              %对符号变量 a 求一阶微分
dydx2=diff(f,'x',2)           %对符号变量 x 求二阶微分
dydx3=diff(f,3)               %对默认自由变量 x 求三阶微分
```

运行结果如下：

```
f=
    a*x^2+b*x+c
dydx=
    b+2*a*x
dyda2=
    x^2
dydx2=
```

```
    2*a
dydx3=
    0
```

【例 17-3】　对符号矩阵 $\begin{bmatrix} 2x & t^2 \\ t\cos(x) & \mathrm{e}^x \end{bmatrix}$ 求微分。

将代码保存在 eg17_3.m 中，具体如下：

```
syms t x
g=[2*x t^2;t*cos(x) exp(x)]          %创建符号矩阵
diff(g)                              %对默认自由变量 x 求一阶微分
diff(g,'t')                          %对符号变量 t 求一阶微分
diff(g,2)                            %对默认自由变量 x 求二阶微分
```

运行结果如下：

```
g=
    [      2*x,      t^2]
    [ t*cos(x), exp(x)]
ans =
    [        2,      0]
    [ -t*sin(x), exp(x)]
ans =
    [      0, 2*t]
    [ cos(x),    0]
ans =
    [        0,      0]
    [ -t*cos(x), exp(x)]
```

17.3.2　级数的符号求和与符号积分

　　微分和积分在数学中是一对互逆的运算。在高等数学中求解积分过程的基本步骤如下：分割、求和，并且近似取极限。求积分的过程就是累积求和的过程。在学习符号积分之前，读者需要先了解级数求和的 MATLAB 指令。

　　（1）symsum()函数用于对符号表达式求和。该函数的调用格式如下：

```
r = symsum(s,a,b)
```

　　求符号表达式 s 中默认变量从 a 变为 b 时的有限和。

```
r = symsum(s,v,a,b)
```

　　求符号表达式 s 中变量 v 从 a 变为 b 时的有限和。a 和 b 默认的求和区间为[0, v-1]。

　　例如，求级数：

$$\sum_{n=1}^{5} n$$

在"命令行窗口"中输入如下代码：

```
>> syms n;
>> r=symsum(n,1,5)
r=
    15
```

【例 17-4】 求级数 $1+\dfrac{1}{2^2}+\dfrac{1}{3^2}+\cdots+\dfrac{1}{k^2}+\cdots$ 和 $1+x+x^2+\cdots+x^k+\cdots$ 的和。

将代码保存在 eg17_4.m 中，具体如下：

```
syms x k
s1=symsum(1/k^2,1,10)          %计算级数前 10 项的和
s2=symsum(1/k^2,1,inf)         %计算级数和
s3=symsum(x^k,k,0,inf)         %计算对 k 为自变量的级数和
```

运行结果如下：

```
s1=
    1968329/1270080
s2=
    pi^2/6
s3=
    piecewise(1 <= x, Inf, abs(x) < 1, -1/(x - 1))
```

（2）符号数学工具箱中提供的 int() 函数用来求符号表达式的积分，其调用格式如下：

```
R = int(S)
```

可以用默认变量求符号表达式 S 的不定积分值，默认变量可以用 findsym() 函数确定。

```
R = int(S,v)
```

可以用符号标量 v 作为变量求符号表达式 S 的不定积分值。

```
R = int(S,a,b)
```

如果符号表达式采用默认变量，那么该函数求默认变量从 a 变为 b 时符号表达式 S 的定积分值。如果 S 是符号矩阵，那么积分将对各个元素分别进行计算，而且每个元素的变量也可以独立地由 findsym() 函数来确定，a 和 b 可以是符号或数值标量。

```
R = int(S,v,a,b)
```

如果符号表达式采用符号标量 v 作为标量，那么求当 v 从 a 变为 b 时符号表达式 S 的定积分值。其他参数和上一种调用方式相同。

例如，求不定积分：

$$\int \sin(x)\mathrm{d}x$$

在 "命令行窗口" 中输入如下代码：

```
>> syms x;
>> int(sin(x))
ans =
    -cos(x)
```

求不定积分时，结果中要加上一个常数 C。

【例 17-5】　求函数 $\cos(x)$ 的单次积分和二次积分。

将代码保存在 eg17_5.m 中，具体如下：

```
f=sym(cos(x));
s1=int(f)                          %求不定积分
s2=int(f,0,pi/3)                   %求定积分
s3=int(f,'a','b')                  %求定积分
s4=int(int(f))                     %求多重积分
```

运行结果如下：

```
s1=
    sin(x)
s2=
    3^(1/2)/2
s3=
    sin(b)-sin(a)
s4=
    -cos(x)
```

【例 17-6】　求符号矩阵 $\begin{bmatrix} 2x & t^2 \\ t\cos(x) & \mathrm{e}^x \end{bmatrix}$ 的积分。

将代码保存在 eg17_6.m 中，具体如下：

```
syms t x
g=[2*x t^2;t*cos(x) exp(x)]        %创建符号矩阵
s1=int(g)                          %对 x 求不定积分
s2=int(g,'t')                      %对 t 求不定积分
s3=int(g,sym('a'),sym('b'))        %对 x 求定积分
```

运行结果如下：

```
g=
[     2*x,    t^2]
[ t*cos(x), exp(x)]
```

```
s1=
[      x^2,  t^2*x]
[ t*sin(x), exp(x)]
s2=
[        2*t*x,    t^3/3]
[ (t^2*cos(x))/2, t*exp(x)]
s3=
[            b^2 - a^2,    -t^2*(a - b)]
[ -t*(sin(a) - sin(b)), exp(b) - exp(a)]
```

17.4 符号计算

本节介绍的符号对象的矩阵运算在形式上与数值计算中的运算十分相似，只要仔细阅读便可掌握。

17.4.1 符号矩阵的计算

符号对象的加法和减法运算必须满足下列原则：如果两个对象都是符号矩阵，那么它们必须大小相等。

例如，对符号矩阵进行加法和减法运算，代码如下：

```
>> syms a b
>> A=sym([a b;b a]);                    %定义符号矩阵
>> B=sym([2*a b;b 2*a]);                %定义符号矩阵
>> A+B
ans =
[ 3*a, 2*b]
[ 2*b, 3*a]
```

在线性代数中，对矩阵的若尔当典范形（Jordan Canonical Form）进行计算相当复杂。MATLAB 中提供的 jordan()函数用来求矩阵的若尔当典范形，考虑到不同用户对矩阵计算的各种需求，它的调用格式如下：

```
J = jordan(A)
```

计算矩阵 A 的若尔当典范形，其中 A 可以是数值矩阵或符号矩阵。

```
[V,J] = jordan(A)
```

除了计算矩阵 A 的若尔当典范形 J，还返回相应的变换矩阵 V。

例如，计算矩阵的若尔当典范形，代码如下：

```
>> A=sym([1 2 -3 ;1 2 5;2 4 -5 ]); %定义矩阵
```

```
>> [V,J]=jordan(A)
V=
[ -2,       30^(1/2)/58 + 14/29,         14/29 - 30^(1/2)/58]
[  1, 22/29 - (15*30^(1/2))/58, (15*30^(1/2))/58 + 22/29]
[  0,                        1,                         1]
J=
[ 0,                0,          0]
[ 0, - 30^(1/2) - 1,          0]
[ 0,                0, 30^(1/2) - 1]
```

jordan()函数对矩阵元素值的极微小变化特别敏感，因此采用数值方法计算若尔当典范形非常困难，对于矩阵 A 的值，必须精确地知道它的元素是整数或有理数。不支持对任意精度的矩阵求其若尔当典范形。

符号计算产生的公式一般都太长、太复杂，而且没有太多的用处。在符号数学工具箱中，只有有限精度矩阵的奇异值分解才是可行的。svd()函数用于对符号矩阵 A 进行奇异值分解，其调用格式如下：

```
S = svd(A)
```

给出符号矩阵奇异值对角矩阵，其计算精度由 digits()函数指定。

```
[U,S,V] = svd(A)
```

其中，输出参数 U 和 V 是两个正交矩阵，它们满足关系式 A = USV。

例如，求随机矩阵 A 的奇异值分解，代码如下：

```
>> X=rand(6,6) %随机生成 6 行 6 列的矩阵
X=
    0.8147    0.2785    0.9572    0.7922    0.6787    0.7060
    0.9058    0.5469    0.4854    0.9595    0.7577    0.0318
    0.1270    0.9575    0.8003    0.6557    0.7431    0.2769
    0.9134    0.9649    0.1419    0.0357    0.3922    0.0462
    0.6324    0.1576    0.4218    0.8491    0.6555    0.0971
    0.0975    0.9706    0.9157    0.9340    0.1712    0.8235
>> digits(30)    %指定输出精度
>> S=svd(vpa(X))
S=
 3.14816925922790810650162505707
 0.98027858385168144532760726028
 0.72144988783094977410626717907 9
 0.55870099592090101127297180072 3
 0.46998503742881115414874029432 2
 0.18713732910565186545716873925 3
```

rand(m,n)是 MATLAB 中提供的一个随机矩阵生成函数，可以随机生成 m 行 n 列的随机矩阵。

在下面的例子中，首先生成一个希尔伯特矩阵（数值型），然后将其转换成符号矩阵，并进行各种线性代数运算，从中可以体会符号对象线性代数运算的特点：

```
>> H=hilb(4)                              %生成 4 阶希尔伯特数值矩阵
>> H=sym(H)                               %将数值矩阵转换为符号矩阵
>> inv(H)                                 %求符号矩阵的逆矩阵
>> det(H)                                 %求符号矩阵的行列式
H=
    1.0000    0.5000    0.3333    0.2500
    0.5000    0.3333    0.2500    0.2000
    0.3333    0.2500    0.2000    0.1667
    0.2500    0.2000    0.1667    0.1429
H=
[   1, 1/2, 1/3, 1/4]
[ 1/2, 1/3, 1/4, 1/5]
[ 1/3, 1/4, 1/5, 1/6]
[ 1/4, 1/5, 1/6, 1/7]
ans =
[   16,  -120,   240,  -140]
[ -120,  1200, -2700,  1680]
[  240, -2700,  6480, -4200]
[ -140,  1680, -4200,  2800]
ans =
    1/6048000
```

17.4.2 符号计算实例

前面介绍了符号计算的基本操作，本节将列举关于数学问题的符号计算实例，以供读者参考。

【例 17-7】 求三元非线性方程组 $\begin{cases} x^2 + 2x + 1 = 0 \\ x + 3z = 4 \\ yz = -1 \end{cases}$ 的解。

将代码保存在 eg17_7.m 中，具体如下：

```
syms x y z
eq1=sym(x^2+2*x+1==0);
eq2=sym(x+3*z==4);
eq3=sym(y*z==-1);
[x,y,z]=solve(eq1,eq2,eq3)           %解方程组并赋值给 x、y 和 z
```

运行结果如下：

```
x=
-1
y=
-3/5
z=
5/3
```

　　　　输出结果为"结构对象"，如果最后一条语句为"S=solve(eq1,eq2,eq3)"，则运行结果如下：

```
S=
    x: [1x1 sym]
    y: [1x1 sym]
    z: [1x1 sym]
```

【例 17-8】　求 $f(t) = \dfrac{1}{t}$ 的 Fourier 变换。

　　本例涉及的基本知识如下：单位阶跃函数和单位脉冲函数的符号表示；fourier 指令的使用。

　　将代码保存在 eg17_8.m 中，具体如下：

```
syms t w;
UT=fourier(1/t,t,w)                 %实施 Fourier 变换
Ut=ifourier(UT,w,t)                 %结果与原函数相等
f=ifourier(UT)                      %Fourier 反变换默认 x 为自变量
```

　　运行结果如下：

```
UT=
-pi*sign(w)*1i
Ut=
1/t
f=
1/x
```

【例 17-9】　求微分方程 $y = xy' - 2(y')^2$ 的通解和奇解的关系。

　　将代码保存在 eg17_9.m 中，具体如下：

```
syms x y
y=dsolve('y=x*Dy-2*(Dy)^2','x')              %求微分方程的解
clf,
hold on,
ezplot(y(2),[-6,6,-4,8],1)                   %绘制奇解曲线
cc=get(gca,'Children');                      %取奇解曲线的图柄
```

Note

```
set(cc,'Color','b','LineWidth',5)                %把奇解绘制成粗红线
for k=-2:0.5:2;
    ezplot(subs(y(1),'C1',k), [-6,6,-4,8],1);
end                                              %绘制通解曲线
hold off,
title('\fontsize{15}通解和奇解')
```

运行结果如下：

```
y=
 - 2*C1^2 + x*C1
        x^2/8
```

通解和奇解如图 17-1 所示。

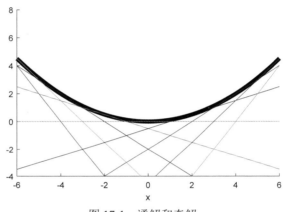

图 17-1　通解和奇解

【例 17-10】　用 ezplot3()绘制动态三维符号表达式曲线。

将代码保存在 eg17_10.m 中，具体如下：

```
syms t
x=sym(sin(t));
y=sym(cos(t));
z=sym(t);
ezplot3(x,y,z,[0,10*pi],'animate')   %绘制 t 在[0,10*pi]范围内的三维曲线
```

运行结果如图 17-2 所示。

【例 17-11】　求微分方程 $x\dfrac{\mathrm{d}^2 y}{\mathrm{d}x^2}-3\dfrac{\mathrm{d}y}{\mathrm{d}x}=x^2$，$y(1)=0$，$y(0)=0$ 的解，并绘制 $y(x)$ 特解的图形。

将代码保存在 eg17_11.m 中，具体如下：

```
syms x
y=dsolve('x*D2y-3*Dy==x^2','x');                 %求微分方程的通解
y=dsolve('x*D2y-3*Dy==x^2','y(1)=0','y(5)=0','x'); %求微分方程的特解
```

Note

绘制 $y(x)$ 特解的图形，代码如下：

```
y=sym(-1/3*x^3+1/3*x^4);
ezplot(y)
ezplot(y,[0,100])                    %绘制符号函数 y 在[0,100]中的图形
```

运行结果如图 17-3 所示。

图 17-2　动态三维曲线　　　　　　　　图 17-3　特解图

MATLAB 中常用的绘图命令如表 17-3 所示。

表 17-3　MATLAB 中常用的绘图命令

命 令 名	含 义
ezcontour	绘制等高线
ezcontourf	绘制带填充颜色的等高线
ezmesh	绘制三维网线图
ezmeshc	绘制带等高线的三维网线图
ezpolar	绘制极坐标图
ezsurf	绘制三维曲面图
ezsurfc	绘制带等高线的三维曲面图

17.5　本章小结

计算数学表达式、方程不是在离散化的数值点上进行的，而是凭借一系列恒等式、数学定理，通过推理和演绎获得解析结果。本章正是基于此，并结合 MATLAB 软件符号计算的强大功能，来介绍有关符号计算的基础内容。

只要通过简单的学习并且根据相应的算例，就可以系统地掌握符号计算的基本操作，从而根据不同的需求从烦琐的数学理论推导中解脱出来，把主要精力放在专门的科研项目中，使计算效率更高、更快。

第18章

特殊操作函数

在 MATLAB 中有一类特殊操作的指令函数，虽然它们不经常用到，但是在实际项目中却能使用到。例如，将一个十进制的数字转化成十六进制的数字就会用到这类函数。又如，对一个字节的数据进行移位操作也需要使用这样的函数。

学习目标

（1）了解对位操作函数。
（2）掌握进制相互转换函数。
（3）了解集合函数。

18.1 对位操作函数

　　除了逻辑运算，MATLAB 中还提供了对一个无符号整数数据的各个位进行逻辑运算的函数。

　　下面给出其中一些函数的具体用法。首先将数据显示格式限定为十六进制，然后查看最大的 16 位无符号整数：

```
>> format hex
>> intmax('uint16')     %largest unsigned 16-bit number
ans =
 uint16
   ffff
```

　　下面生成两个标量 a 和 b：

```
>> a =uint16(2^9)
a=
 uint16
   0200
>> b=uint16(567)
b=
 uint16
   0237
```

　　下面分别执行两个整数的逐位与、逐位或、逐位异或操作，代码如下：

```
>> bitand(a,b)          %(a & b)
ans =
 uint16
   0200
>> bitor(a,b)           %(a | b)
ans =
 uint16
   0237
>> bitxor(a,b)          %xor(a,b)
ans =
 uint16
   0037
```

　　下面将 a 的各位取反，代码如下：

```
>> bitcmp(a)
ans =
```

```
   uint16
     fdff
```

下面获取 b 的第 5 位，代码如下：

```
>> bitget(b,5)
ans =
  uint16
     0001
```

下面将 b 的第 5 位设为 1，代码如下：

```
>> bitset(b,5)
ans =
  uint16
   0237
```

最后将数据显示设为默认的格式（短浮点型）：

```
>> format short g
```

18.2 进制相互转换函数

MATLAB 中提供了一些函数用于将十进制数字转换成其他进制数字，转换的结果以字符串的形式给出。

例如，将十进制数字和二进制数字进行转换，其中用到的转换函数是 dec2bin() 和 bin2dec()：

```
>> a=dec2bin(28)          %将十进制数字转换成二进制数字
a=
   '11100'
>> class(a)
ans =
   'char'
>> bin2dec(a)             %将二进制数字转换成十进制数字
ans =
   28
>> class(ans)
ans =
   'double'
```

也可以将十进制数字和十六进制数字进行转换，其中用到的转换函数是 dec2hex() 和 hex2dec()：

```
>> a=dec2hex(1024)          %将十进制数字转换成十六进制数字
a=
    '400'
>> class(a)
ans =
    'char'
>> hex2dec(a)               %将十六进制数字转换成十进制数字
ans =
     1024
>> class(ans)
ans =
    'double'
```

MATLAB 中提供的 dec2base() 函数和 base2dec() 函数用于实现十进制数字和任何进制（2～36）数字之间的转换。例如，下面的代码实现了十进制数字和五进制数字之间的转换：

```
>> a=dec2base(52,5)
a=
    '202'
>> class(a)
ans =
    'char'
>> base2dec(a,3)
ans =
    20
```

> **注意**　在 MATLAB 中，36 是可以表示的最大进制。这是因为，MATLAB 在表示一个进制数时，需要使用 0～9 和 A～Z（共 36 个）中的一个符号来表示进制数中的一个"位"，由于这些符号只有 36 个，因此 MATLAB 最多可以表示三十六进制数字。

18.3　集合函数

MATLAB 中提供的几个集合函数用来对集合进行测试和比较。其中，最简单的集合运算就是比较两个集合是否相等，用到的集合函数是 isequal()，下面的代码给出了该函数的用法：

```
>> a=rand(2,6);                %均匀分布的随机数组
>> b=randn(2,6);               %均值为 0、方差为 1 的随机数组
>> isequal(a,b)                %比较
```

```
ans =
  logical
      0
>> isequal(a,a)                                    %比较相等
ans =
  logical
      1
>> isequal(a,a(:))                                 %a 与其列比较
ans =
  logical
      0
```

上述结果说明，如果两个数组（集合）相等，则必须有相同的维数和相同的元素值。isequal()函数不仅可以用于数值型数组，还适用于所有的 MATLAB 数据类型。

例如，下面的代码将两个结构体变量视为集合进行运算：

```
>> a='a char';
>> b='a Char';
>> isequal(a,b)
ans =
  logical
      0
>> a={'o'  't'  'th'};
>> b={'o'  't'  'f'};
>> isequal(a,b)
ans =
  logical
      0
>> isequal(a,a)
ans =
  logical
      1
```

这说明，对于两个 MATLAB 变量（包括单元数组变量），如果具有相同的维数和完全相同的元素值，则这两个 MATLAB 变量就是相等的。

当这两个变量为结构体变量时，只有当它们的大小相同，各域都有相同的名称和顺序，并且域中的内容也完全相同时，这两个结构体变量才是相等的。

有时需要将集合中重复出现的元素删除，以保证集合中的各元素互不相等。unique()函数可以帮助我们完成这个操作，下面给出一个简单的例子：

```
>> a=[3 3 1;4 3 9]
a=
    3    3    1
```

```
       4      3      9
>> unique(a)
ans =
     1
     3
     4
     9
```

如果要确定一个集合中的哪些元素是另一个集合中的成员，可以使用 ismember() 函数，如下所示：

```
>> a=2:8
a=
     2      3      4      5      6      7      8
>> b=2:2:9
b=
        2      4      6      8
>> ismember(a,b)
ans =
  1×7 logical 数组
      1     0     1     0     1     0     1
>> ismember(b,a)
  1×4 logical 数组
ans =
      1      1      1      1
```

这说明，当 ismember() 函数接收两个向量输入时，将返回与第一个输入参数相同大小的逻辑向量，如果第一个向量的某个元素也是第二个向量的元素，则逻辑数组的对应位置将返回 true(1)，否则返回 false(0)。

除了上面的逻辑判断函数，MATLAB 中还提供了几个集合运算函数，包括 union() 函数、intersect() 函数、setdiff() 函数和 setxor() 函数，下面给出这几个集合运算函数简单用法的例子：

```
>> a,b
a=
     2      3      4      5      6      7      8
b=
     2      4      6      8
>> union(a,b)
ans =
     2      3      4      5      6      7      8
>> intersect(a,b)
ans =
     2      4      6      8
```

```
>> setxor(a,b)
ans =
     3     5     7
>> setdiff(a,b)
ans =
     3     5     7
>> setdiff(b,a)
ans =
  空的 1×0 double 行向量
>> union(a,b)
ans =
     2     3     4     5     6     7     8
```

和前面的 isequal()函数、unique()函数和 ismember()函数一样，这几个集合运算函数同样适用于字符串单元数组，并且其用法也与这 3 个函数大同小异。只有通过上机练习上面的例子方可掌握它们的用法。

18.4 ▶ 本章小结

本章介绍了有关的特殊操作函数，这类函数主要是对数组进行有针对性的操作，它们虽然在数值计算方面不常用，但是在实际项目操作中经常会用到，特别是对进制转化函数来说十分有用。

这类函数虽然不像 C 语言中的对位操作运行得那么快，但这类函数在 MATLAB 语言体系中能起到很好的解决问题的作用。

第**19**章

时间函数

在编程过程中,往往需要测试模块函数所消耗的时间。因此,时间和日期是经常遇到的概念。MATLAB 中提供了许多用来处理时间和日期问题的函数。利用这些函数可以对时间和日期进行数学运算,如打印一份日历及迅速找到指定的某一天等。

因此,MATLAB 中提供了许多函数用来实现日期数字和字符串之间的转换,以及对日期和时间进行各种处理。

学习目标

(1) 了解获得当前日期和时间的函数。
(2) 熟悉 tic( )函数和 toc( )函数。
(3) 熟悉时间标签的设置。

Note

19.1 日期和时间

日期和时间是日常生活中一维不可逆的物理度量值。任何一款软件内部都有关于日期和时间的描述。

19.1.1 当前日期和时间

要获得当前日期和时间，可以使用 clock()函数，该函数将当前日期和时间返回到一个数组中。例如，可以使用下面的代码获取当前时间：

```
>> T = clock
T=
      2020          9          18          14          43          39.949
```

当用 clock()函数查看当前时间时，其返回值 T 的各元素代表的时间单位分别为 T=[year month day hour minute seconds]。例如，上述代码获取的时间为 2020 年 9 月 18 日 14 时 43 分 39.949 秒。

由于验证的时间不同，因此得出的结果会与此不同。

与 clock()函数不同，now()函数将返回当前的日期值，如下所示：

```
>> format long
>> t=now
t=
    7.380526142897917e+05
>> format short g
```

对于 MATLAB 而言，上述代码中的 T 和 t 分别是相同时间信息的不同表示方法。

另外，date()函数以 dd-mmm-yyyy 的格式返回表示当前日期的字符串，如下所示：

```
>> date
ans =
    '14-Sep-2020'
```

这表明当前日期为 2020 年 9 月 14 日。

不难发现，date()函数与 clock()函数在计算时间的精度上有差异。

19.1.2 日期格式转换

MATLAB 支持以下 3 种日期格式：双精度日期数字（日期值）、各类日期字符串和数值日期向量（如 clock()函数的返回值为[year,month,day,hour,minute,seconds]）。

datestr()函数用于将日期值转换成一个表示日期的字符串。datestr()函数的调用格式如下：

```
datestr (date, dateform)
```

其中，date 为要转换的日期值，dateform 为日期的字符串类型。可以与 datestr()函数一起使用的预定义日期格式如表 19-1 所示。

表 19-1　可以与 datestr()函数一起使用的预定义日期格式

数值标识符	日期和时间格式	示　　例
-1 （默认值）	'dd-mmm-yyyy HH:MM:SS' 或 'dd-mmm-yyyy'（如果'HH:MM:SS'= 00:00:00）	01-Mar-2000 15:45:17 或 01-Mar-2000
0	'dd-mmm-yyyy HH:MM:SS'	01-Mar-2000 15:45:17
1	'dd-mmm-yyyy'	01-Mar-2000
2	'mm/dd/yy'	03/01/00
3	'mmm'	Mar
4	'm'	M
5	'mm'	3
6	'mm/dd'	03/01
7	'dd'	01
8	'ddd'	Wed
9	'd'	W
10	'yyyy'	2000
11	'yy'	00
12	'mmmyy'	Mar-00
13	'HH:MM:SS'	15:45:17
14	'HH:MM:SS PM'	3:45:17 PM
15	'HH:MM'	15:45
16	'HH:MM PM'	3:45 PM
17	'QQ-YY'	Q1-01
18	'QQ'	Q1
19	'dd/mm'	01/03
20	'dd/mm/yy'	01/03/00
21	'mmm.dd,yyyy HH:MM:SS'	Mar.01,2000 15:45:17
22	'mmm.dd,yyyy'	Mar.01,2000
23	'mm/dd/yyyy'	03/01/2000
24	'dd/mm/yyyy'	01/03/2000
25	'yy/mm/dd'	00/03/01
26	'yyyy/mm/dd'	2000/03/01
27	'QQ-YYYY'	Q1-2001
28	'mmmyyyy'	Mar2000
29	yyyy-mm-dd' (ISO 8601)	2000-03-01
30	yyyymmddTHHMMSS' (ISO 8601)	20000301T154517
31	'yyyy-mm-dd HH:MM:SS'	2000-03-01 15:45:17

其中，日期和时间的输出格式如表 19-2 所示。

表 19-2　日期和时间的输出格式

符号标识符	说　　明	示　　例
yyyy	完整年份	1990,2002
yy	两位数年份	90,02
QQ	使用字母 Q 和一个数字的季度年份	Q1
mmmm	使用全名的月份	March,December
mmm	使用前 3 个字母的月份	Mar,Dec
mm	两位数月份	03,12
m	使用大写首字母表示月份	M,D
dddd	使用全名的日期	Monday,Tuesday
ddd	使用前 3 个字母的日期	Mon,Tue
dd	两位数日期	05,20
d	使用大写首字母表示日期	M, T
HH	两位数小时 当使用符号标识符 AM 或 PM 时无前导零	05, 5AM
MM	两位数分钟	12,02
SS	两位数秒	07,59
FFF	3 位数毫秒	057
AM or PM	在表示时间的文本中插入的 AM 或 PM	3:45:02PM

下面是关于 datestr()函数的示例：

```
>> t=now
t=
   7.3805e+05
>> datestr(t)
ans =
    '14-Mar-2020 20:08:58'
>> class(ans)
ans =
    'char'
>> datestr(t,12)
ans =
    'Mar20'
>> datestr(t,23)
ans =
    '03/14/2020'
>> datestr(t,25)
ans =
    '20/03/14'
>> datestr(t,13)
ans =
    '20:08:58'
>> datestr(t,29)
ans =
    '2020-03-14'
```

与 datestr()函数相反，datenum()函数将一个日期字符串转换成日期值。

datenum()函数的调用格式如下：

```
datenum(str)
```

其中，str 为要转换的日期字符串。下面演示 datenum()函数的具体用法：

```
>> t=now
t=
   7.3805e+05
>> ts=datestr(t)
ts=
    '18-Sep-2020 14:49:29'
>> datenum(ts)
ans =
   7.3805e+05
>> datenum(2020,9,14,16,48,07)
ans =
   7.3805e+05
>> datenum(2020,9,14)
ans =
     738048
```

另外，datenum()函数还可以将以数字表示的日期转换成日期值，其调用格式有两种：datenum(year,month,day)和 datenum(year,month,day,hour, minute, second)。由于篇幅有限，这里不再详细举例，感兴趣的读者可以参考 MATLAB 帮助文档。

19.1.3　日期函数

日期函数用于从一个日期值或日期字符串中找出具体的日期或星期。例如，要想知道某天是星期几，可以用 weekday()函数，该函数根据一个日期字符串或日期值返回该日的星期数。下面的代码给出 weekday()函数的具体用法：

```
>> [d,w]=weekday('21-Sep-2012')
d=
     6
w=
    'Fri'
```

要想知道任意一个月的最后一天是几号，可以使用 eomday()函数。由于存在闰年，因此该函数需要年和月这两个输入参数，下面的代码演示了 eomday()函数的用法：

```
>> eomday(2012,9)
   30
```

利用 calendar() 函数可以生成指定月份的一个日历，该日历既可以显示在"命令行窗口"中，又可以存储在一个 6×7 的数组中。下面的代码演示了 calendar() 函数的用法：

```
>> calendar(date)
              Mar 2020
    S     M    Tu     W    Th     F     S
    1     2     3     4     5     6     7
    8     9    10    11    12    13    14
   15    16    17    18    19    20    21
   22    23    24    25    26    27    28
   29    30    31     0     0     0     0
    0     0     0     0     0     0     0
```

　　MATLAB 中的星期数计算是按照西方的习惯进行的，即星期日为一个星期的第 1 天，星期六为第 7 天。

19.2 时钟函数

　　当用户需要计算一组 MATLAB 操作的运行时间时，可以使用 tic() 函数和 toc() 函数。tic() 函数启动一个秒表，表示计时开始；toc() 函数则停止这个秒表，表示计时结束，并计算出所经历的时间（单位为秒）。下面的代码连续两次计算 plot(rand(20,6)) 这条指令的执行时间：

```
>> tic;
>> plot(rand(20,6));
>> toc
```

　　历时 0.641 358 秒。

```
>> tic;
>> plot(rand(20,6));
>> toc
```

　　历时 0.041 497 秒。

　　读者会发现两条同样的 plot 命令在计算时间上的差别。第 2 条 plot 命令比第 1 条 plot 命令执行得快，这是因为 MATLAB 在执行第 1 条 plot 命令时已经生成了 Figure 窗口，并且已经将所需要的函数编译到内存中，这样第 2 条命令就省略了创建 Figure 窗口及函数搜索和编译的时间。

　　除了 tic() 函数和 toc() 函数，MATLAB 中还提供了两个函数——cputime() 和 etime()，用来计算一次运算所占用的时间。

其中，cputime()函数返回以秒为单位、自当前 MATLAB 程序段启动之后到调用该函数所占用的 CPU 时间；etime()函数计算两个以 6 元素行向量格式（如 clock()函数与 datevec()函数的返回值）表示的时间向量之间的时间间隔。此处不再赘述，感兴趣的读者可以参考 MATLAB 帮助文档。

　　实际上，tic()函数和 toc()函数内部也是利用 clock()函数和 etime()函数进行计时的。

19.3　时间标签

在使用 MATLAB 作图时，有时需要使用日期或时间字符串作为某个坐标轴的标签。使用 datetick()函数可以自动为一个坐标轴设置时间标签。例如，绘制某地区 2000—2010 年每两年一次的新生儿数量（以百万人为单位）：

```
>> t=(2010:2020)';
>> p=[ 75.995; 91.972;105.711;
123.203;131.669;
     150.697;179.323;203.212;
226.505;249.633;250.330];
>> plot(datenum(t,1,1),p)
>> datetick('x','yyyy')
```

运行结果如图 19-1 所示。

图 19-1　新生儿数量图

　　必须先用 plot()函数绘制一个随时间变化的曲线，然后才能用 datetick()函数为时间坐标轴设置希望的格式。

19.4　本章小结

在 MATLAB 内部，日期和时间被保存为一个双精度数（称为日期值），这个数的整数部分表示从公元 0 年 1 月 1 日到该日的天数，小数部分则表示具体的时刻。通过学习本章，用户可以清楚地对自己编写的程序进行计时操作和时间记录，而且程序更便于查阅，不容易被忘记。

掌握这些时间与日期函数比其他函数更难，并且时钟计时函数也更适用于记录那些昼夜运行的程序。

输入/输出函数

使用 MATLAB 不仅可以进行高层次的程序设计，还可以进行低层次的磁盘文件读/写操作。MATLAB 中有很多有关文件输入和输出的函数，用户可以很方便地对二进制文件或 ASCII 文件进行打开、关闭和存储等操作。

像大多数应用程序一样，MATLAB 可以将当前工作区中的变量存储为 MATLAB 本机自定义的数据格式。本章主要介绍 MATLAB 中的文件输入函数和输出函数，以及数据文件的导入函数和导出函数。

学习目标

（1）熟练掌握二进制文件的读取和写入。
（2）熟练掌握文本文件的读取和写入。
（3）熟练掌握数据文件的导入和导出。

20.1　文件的读/写

MATLAB 中提供了一些低级文件 I/O 函数用来读取和写入二进制文件或 ASCII 文件，其中大部分函数与 C 语言中的文件 I/O 函数非常相像。

20.1.1　读/写二进制文件

在 MATLAB 中，fread()函数可以从文件中读取二进制数据，将每个字节看成一个整数，将结果写入一个矩阵返回。fread()函数基本的调用格式如下：

```
[array, count] = fread(fid, size, precision)
[array, count] = fread(fid, size, precision, skip)
```

其中，fid 是用于 fopen 打开的一个文件的文件标识，array 是包含数据的数组，count 用于读取文件中变量的数目，size 用于指定读取文件中变量的数目。

例如，MATLAB 中之前默认存在一个 tw.m 文件，其内容如下：

```
a=1:.2:2*pi;
b=cos(2*a);
figure(1);
plot(a,b);
```

用 fread()函数读取此文件，具体操作如下：

```
>> fid=fopen('tw.m','r');
>> data=fread(fid);
```

如果验证文件是否已经被读取，则输入如下代码：

```
>> disp(char('data'));
>> a=1:.2:2*pi;
>> b=cos(2*a);
>> figure(1);
>> plot(a,b);
```

运行结果如图 20-1 所示。

有读取就有写入，这是既对立又统一的。MATLAB 中提供的 fwrite()函数可以将矩阵中的元素按照二进制格式写入某个打开的文件中，并返回成功写入的数据个数。

fwrite()函数基本的调用格式如下：

```
count = fwrite(fid, array, precision ,skip)
```

其中，fid 是用于 fopen 打开的一个文件的文件标识，array 是写出变量的数组，count

Note

是写入文件变量的数目，参数 precision 字符串用于指定输出数据的格式，skip 则用位当作单位。

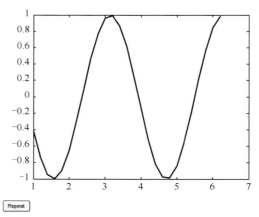

图 20-1   文件内容验证

例如，将一个包含 25 个元素的值写入名为 magic5.bin 的二进制文件中，代码如下：

```
>> fid=fopen('magic5.bin','w');
>> fwrite(fid,magic(5),'integer*4');
>> fclose(fid);
```

验证是否已经写入名为 magic5.bin 的二进制文件中，代码如下：

```
>> fid=fopen('magic5.bin','r')
fid=
     5
>> data=(fread(fid,25,'int32'))
data=
    17
    23
     4
    10
    11
    24
     5
     6
    12
    18
     1
     7
    13
    19
    25
     8
    14
```

```
20
21
 2
15
16
22
 3
 9
```

　　二进制文件是无法用 type 命令来显示文件内容的。

20.1.2　读/写文本文件

MATLAB 中写入文本文件的是 fprintf()函数，其语法格式如下：

```
count = fprintf(fid, format, val1, val2, ...)
```

其中，fid 是要写入数据的那个文件的文件标识，format 是控制数据显示的字符串。val1 和 val2 等是 MATLAB 中的数据变量，count 是返回的成功写入的字节数。

　　如果 fid 丢失，那么数据将写入标准输出设备（命令行窗口）。fprintf()函数的格式转换指定符如表 20-1 所示。

表 20-1　fprintf()函数的格式转换指定符

指　定　符	描　　　述
%c	单个字符
%d	用十进制形式表示（有符号的）
%e	科学记数法（用到小写的 e，如 3.1416e+00）
%E	科学记数法（用到大写的 E，如 3.1416E+00）
%f	固定点显示
%g	%e 和%f 中的复杂形式，多余的 0 将会被舍去
%G	与%g 类似，只不过要使用大写的 E
%o	用八进制形式表示（无符号的）
%s	字符串
%u	用十进制形式表示（无符号的）
%h	用十六进制形式表示（用小写字母 af 表示）
%H	用十六进制形式表示（用大写字母 AF 表示）

例如，将一个二维表写入名为 tx.dat 的文件中，代码如下：

```
a=1:13;
b=[a;a];
fid=fopen('tx.dat','w');
fprintf(fid,'方阵表:\n');
```

```
fprintf(fid,'%2d %2d\n',b);
fclose(fid);
```

显示 tx.dat 文件中的内容：

```
>> type tx.dat
方阵表：
 1  1
 2  2
 3  3
  4  4
  5  5
  6  6
  7  7
  8  8
  9  9
10 10
11 11
12 12
13 13
```

读取文本文件的函数为 fscanf()，其语法格式如下：

```
[array, count] = fscanf(fid, format, size)
```

其中，fid 是所要读取的文件的文件标识（fileid），format 是控制如何读取的格式字符串，array 是接收数据的数组，输出参数 count 返回从文件中读取的变量的个数，参数 size 指定从文件读取数据的数目。

> format 用于指定读入数据的类型，常用的格式有以下几种。
>
> %s：按字符串进行输入转换。
>
> %d：按十进制数据进行转换。
>
> %f：按浮点数进行转换。

如果文件中的数据与格式转换指定符不匹配，那么 fscanf()函数的操作就会突然中止。

另外，还有其他的格式，这些格式与 C 语言中 fprintf()函数的参数用法是相同的，可以参考表 20-1。表 20-2 列举了 MATLAB 中的低层次文件 I/O 函数。

表 20-2　MATLAB 中的低层次文件 I/O 函数

类　别	函 数 名	描述/语法实例
打开和关闭文件	fopen	打开文件，如 fid = fopen('filename', 'permission')
	flcose	关闭文件，如 status = fclose(fid)
二进制文件 I/O	fread	从一个二进制文件中读取全部或部分数据，如 A = fread(fid,num,precision)
	fwrite	将数据写入二进制文件，如 cound = fwrite(fid,array,precision)

续表

类　　别	函　数　名	描述/语法实例
格式化 I/O	fscanf	从文件中读取格式化数据，如 A = fscanf(fid,format,num)
	fprintf	将格式化数据写入文件中，如 count = fprintf(fid,format,A)
	fgetl	从文件读取行，删除换行符，如 line = fgetl(fid)
	fgets	从文件读取行，保留换行符，如 line = fgets(fid)
字符串转换	sprintf	将格式化数据写入字符串，如 S = sprintf(format,A)
	sscanf	在格式控制下读取字符串，如 A = sscanf(string,format,num)
文件定位	ferror	获取文件 I/O 状态的信息，如 message = ferror(fid)
	feof	检测是否到了文件结尾，如 TF = feof(fid)
	fseek	设置文件定位指针，如 status = fseek(fid,offset,origin)
	ftell	获取文件定位指针的位置，如 position = ftell(fid)
	frewind	将文件定位指针设置到文件开头，如 frewind(fid)

20.1.3　文本和二进制 I/O 函数的比较

格式转换指定符为转换提供了指令。格式化文件的优点如下：不仅可以清楚地看到文件包括什么类型的数据，还可以非常容易地在不同类型的程序之间进行转换。

但是，格式化文件也有缺点，程序必须做大量的工作，需要对文件中的字符串进行转换，并且转换成相应的计算机可以直接应用的中间数据格式。如果将数据读取到其他的 MATLAB 程序，所有的这些工作都会影响效率。

计算机可以直接应用的中间数据格式，比格式化文件中的数据大得多。所以，用字符格式存储数据是低效的，并且浪费磁盘空间。无格式化文件（二进制文件）克服了上面的缺点，其中的数据无须转化就可以把内存中的数据写入磁盘。

因为没有发生转化，所以计算机就没有把时间浪费在格式化数据上。在 MATLAB 中，二进制 I/O 操作比格式化 I/O 操作快得多，因为中间没有转化过程。

进一步来说，数据占用的磁盘空间将更小。另外，无格式的数据不能进行人工检查和人工翻译，并且数据不能移植到不同类型的计算机，因为不同类型的计算机用不同的中间过程来表示整数或浮点数。

格式化 I/O 数据产生格式化文件。格式化文件夹由可以组织的字符、数字等组成，并且是 ASCII 文本格式。这类数据很容易辨认，因为可以在显示器上把它显示出来，或者在打印机上打印出来。

但是，为了应用格式化文件中的数据，MATLAB 程序必须把文件中的字符转化为计算机可以直接应用的中间数据格式。

格式化文件与无格式化文件的区别如表 20-3 所示。在一般情况下，格式化文件对于那些必须进行人工检查的数据，或者对于那些必须在不同的计算机上运行的数据，是最好的选择。

表 20-3 格式化文件和无格式化文件的区别

格式化文件	无格式化文件
能在输出设备上显示数据	不能在输出设备上显示数据
在不同的计算机之间进行移植很容易	不能在不同的计算机之间很容易地进行移植
相对地，需要大量的磁盘空间	相对地，需要较少的磁盘空间
慢，需要大量的计算时间	快，需要较少的计算时间
在进行格式化过程中会产生截断误差或四舍五入错误	不会产生截断误差或四舍五入错误

对于那些不需要进行人工检查的数据，以及在相同类型的计算机中创建并运行的数据，存储时最好用无格式化文件。在这些环境下，无格式化文件运算要快得多，占用的磁盘空间更小。

20.2 MATLAB 数据文件

本节主要介绍如何将当前 MATLAB 工作区中的变量存储为 MATLAB 本机自定义的数据格式，以及 MATLAB 数据文件的导入和导出。

20.2.1 数据文件

在"命令行窗口"中输入如下代码：

```
>> save
```

此命令将当前 MATLAB 工作区中的所有变量以 MATLAB 二进制形式存储在当前文件夹下的 MATLAB.mat 文件中。

二进制 MAT 文件中包含的都是各变量完整的双精度格式的值及变量的名称，并且保存了变量的名字。

 MAT 文件与用户使用的操作系统平台及 MATLAB 版本均无关。

save 命令也可以用来保存特定的变量，并将其保存到 MATLAB.mat 文件中。例如，下面的代码将变量 var1、var2 和 var3 保存在 MATLAB.mat 文件中：

```
>> save var1 var2 var3
```

利用命令-函数的二元性，上述这种 save 命令形式还可以写成如下所示的函数调用形式：

```
>> save ('filename','var1','var2','var3')
```

与 save 命令相对应的是 load 命令。load 命令用来打开由 save 命令创建的数据文件，或者打开适用于 save 命令的数据文件。

在"命令行窗口"中输入单个 load 命令，例如：

```
>> load
```

这条命令把在当前文件夹下或在 MATLAB 的搜索路径中找到的第一个 MATLAB.mat 文件中的所有变量载入 MATLAB 工作区。例如，下面的命令将从 filename 文件中载入变量 var1、var2 和 var3：

```
>> load('filename','var1','var2','var3')
```

如果要删除一个已经存在的数据文件，则使用 delete()函数。例如，下面的代码用于删除 filename.ext 文件：

```
>> delete filename.ext
```

20.2.2　数据文件的导入和导出

MATLAB 还支持多种工业标准文件格式和一些用户定义的文件格式。MATLAB 中提供的针对这些数据文件的导入函数和导出函数，使 MATLAB 能够和其他许多应用程序进行数据交换。

例如，用户可以使用 Figure 图形窗口中 File 菜单下的 Save 命令，将当前 Figure 图形窗口中的图形保存为本地的 MATLAB 自定义的 FIG 文件格式。

另外，用户还可以通过选择 Figure 图形窗口中 File 菜单下的 Export 命令，将当前 Figure 图形窗口中的图形导出为多种其他文件格式。

用户还可以使用 MATLAB 中提供的专门针对各种数据导入和导出的函数完成数据的导入和导出。数据导入和导出的函数如表 20-4 所示。

表 20-4　数据导入和导出的函数

数据导入和导出的函数的名称	描　　述
dlmread	从分隔文本文件中读入数据
dlmwrite	将数据写入分隔文本文件中
textread	从文件中读入格式化文本
textscan	在利用 fopen()函数将文件打开后，再读入格式化文本
wklread	从电子表格文件中读入数据
wklwrite	将数据写入电子表格文件
xlsread	从电子表格文件读入
aviread	从 AVI 文件中读入数据
imread	从图像文件中读入数据
imwrite	将数据写入图像文件
auread	从 Sun 声音文件中读入数据
auwrite	将数据写入 Sun 声音文件中
wavread	从 Microsoft 声音文件（.WAV 文件）中读入数据

续表

数据导入和导出的函数的名称	描　　述
wavwrite	将数据写入 Microsoft 声音文件（.WAV 文件）中
hdf	MATLAB-HDF 网关函数
cdfepoch	创建用于导出通用数据文件（CDF）格式的对象
cdfinfo	获得一个 CDF 文件的信息
cdfread	从 CDF 文件中读入数据
cdfwrite	将数据写入 CDF 文件

20.3 本章小结

　　本章着重介绍了 MATLAB 输入/输出函数，包括文件的打开、不同格式文件的读取和写入，以及 MATLAB 数据文件的导入和导出。这些读/写命令与 C 语言等高级编程语言中的文件读取格式类似，细心的读者通过比较可以发现其中的很多用法和格式都是相通的。

　　在系统学习完本章内容之后，读者就可以熟练地利用 MATLAB 的输入/输出函数来改写文件内容，与外部数据相互传递，达到随意处理文件的目的。

第 3 部分
MATLAB 的数学计算和数据分析

第21章

矩阵计算

MATLAB 是以矩阵为基础的描述性语言软件，为专业化的数值线性代数程序提供了一个简单、易用的接口。MATLAB 中提供了大量涉及范围很广的矩阵代数函数，用来处理和操作矩阵。

矩阵计算在工程领域和理论方面都有非常重要的作用。目前，许多工科专业的研究生或本科生都需要掌握矩阵计算方法。本章主要介绍矩阵计算方法，特别是二维数组的基本计算方法。

学习目标

(1) 熟练掌握线性方程组的两种解法。

(2) 掌握求矩阵特征值和特征向量的方法。

(3) 了解非线性矩阵运算。

Note

21.1　线性方程组

线性方程组的解法在解决实际数学问题中占有重要的地位，只要涉及多元变量的情况和线性状态，都需要建立线性方程组来解决。

21.1.1　直接解法

线性方程组的定义如下。

设 n 阶线性方程组为

$$Ax = b$$

其中，

$$A = \begin{bmatrix} a_{11} & a_{12} & \cdots & a_{1n} \\ a_{21} & a_{22} & \cdots & a_{2n} \\ \vdots & \vdots & & \vdots \\ a_{n1} & a_{n2} & \cdots & a_{nn} \end{bmatrix}, \quad x = \begin{bmatrix} x_1 \\ x_2 \\ \vdots \\ x_n \end{bmatrix}, \quad b = \begin{bmatrix} b_1 \\ b_2 \\ \vdots \\ b_n \end{bmatrix}$$

求解线性方程组的方法大致可以分为两类：直接解法和间接解法。

在 MATLAB 中用运算符 "\" 求解线性系统，这个运算符的功能很强大，直接利用该运算符即可求线性方程组的解。

令 A 是 $n \times m$ 的矩阵，b 和 x 是包含 n 个元素的列向量，B 和 X 是 $n \times p$ 的矩阵。MATLAB 用如下命令求解系统 $Ax = b$：

```
x = A \ b
```

求解更一般的系统 $AX = B$，也可以用同样的方法，其中，$B = (b_1, b_2, \cdots, b_p)$：

$$X = A \backslash B$$

如果 A 是一个奇异矩阵或近似奇异矩阵，则会给出错误信息。

下面举例说明运用运算符 "\" 来求解线性方程组。

【例 21-1】　求方程组 $\begin{cases} 2x_1 + x_2 - x_3 - x_4 = 3 \\ x_1 - x_2 - 3x_3 + 4x_4 = 4 \\ x_1 + 5x_2 - 2x_3 - 4x_4 = 1 \end{cases}$ 的一个特解。

代码设置如下：

```
>> A=[2 1 -1 -1;1 -1 -3 4;1 5 -2 -4];
>> B=[3 4 1]';
```

```
>> X=A\B    %由于系数矩阵不是满秩，因此该解法可能存在误差
X=
    1.4516
         0
   -0.4194
    0.3226
```

该方程组的特解就是 1.4516、0、-0.4194、0.3226。

对于线性方程组 $AX=b$，只要矩阵 A 是非奇异矩阵，就可以通过矩阵 A 的逆矩阵求解，即 $X = A^{-1}b$。

MATLAB 命令为 x=inv(A)*b，或者 x=A^-1*b。

下面列举一个关于 inv() 函数的例子。

【例 21-2】　求方程组 $\begin{cases} x_1 + x_2 = 1 \\ 2x_1 + 4x_2 = 2 \end{cases}$ 的解。

代码设置如下：

```
>> A=[1 1;2 4];
>> b=[1;2];
>> x=inv(A)*b
x=
    1
    0
```

由 MATLAB 的计算结果可知，此方程组的解为 1 和 0。

如果将程序的第 3 行改写成如下形式：

```
>> i=inv(A)
```

则求解的关于 A 的逆矩阵如下：

```
i=
    2.0000   -0.5000
   -1.0000    0.5000
```

21.1.2　间接解法

LU 分解又称为 Gauss 消去分解，可以把任意方阵分解为下三角矩阵的基本变换形式（行交换）和上三角矩阵的乘积，即 $A=LU$，L 为下三角矩阵，U 为上三角矩阵。

线性方程组 $AX=b$ 就变成了 $L*U*X=b$，所以 $X=U\backslash(L\backslash b)$，这样可以大大提高运算速度。

MATLAB 中提供了 LU 分解函数，其调用格式如下：

```
[L,U]=lu(A)
```

其中，A 为线性方程组的系数矩阵。

下面列举一个 LU 分解的例子。

【例 21-3】　求方程组的一个特解：

$$\begin{cases} x_1 + x_2 - x_3 = 6 \\ 2x_1 - x_2 + 3x_3 = 7 \\ 4x_1 + 5x_2 = 8 \end{cases}$$

代码设置如下：

```
>> A=[1 1 -1;2 -1 3;4 5 0];
>> B=[6 7 8]';
>> D=det(A)
>> [L,U]=lu(A)
>> X=U\(L\B)
D=
   -17
L=
    0.2500    0.0714    1.0000
    0.5000    1.0000         0
    1.0000         0         0
U=
    4.0000    5.0000         0
         0   -3.5000    3.0000
         0         0   -1.2143
X=
    6.4118
   -3.5294
   -3.1176
```

由 MATLAB 的计算结果可知，系数矩阵 **A** 是非奇异矩阵，通过 LU 分解成上三角矩阵 **L** 和下三角矩阵 **U**，最终求解的该方程组的解为 6.4118、−3.5294、−3.1176。

对于解三角线性方程组的追赶法和迭代法，在 MATLAB 中没有对应的算法，若要采用这些方法，则需要编写相应的算法程序。

21.2　矩阵函数

从上面的例子中可以发现，除了对线性方程组的求解，MATLAB 中还提供了其他一些在解决数值线性代数问题时有用的矩阵函数，用于求解其他的数值线性代数问题。

21.2.1 求矩阵特征值和特征向量的方法

一个 $n×n$ 的矩阵 A 的特征值和特征向量满足下列关系式：

$$Av = \lambda v$$

其中，λ 为一个标量，v 为一个向量。如果把矩阵 A 的所有 n 个特征值放在矩阵 D 的对角线上，那么相应的特征向量按照与特征值对应的顺序排列，作为矩阵 V 的列，特征值问题可以改写为如下形式：

$$AV = VD$$

如果 V 是非奇异矩阵，那么该问题可以认为是一个特征值分解问题，此时关系式如下：

$$A = VDV^{-1}$$

广义特征值问题是指方程 $AX = \lambda BX$ 的非平凡解问题。其中，A 和 B 都是 $n×n$ 的矩阵，λ 是一个标量。满足方程的 λ 称为广义特征值，对应的向量 X 称为广义特征向量。

在 MATLAB 中用 eig()函数求特征值和特征向量，其调用格式如下：

```
d=eig(A)
```

该命令返回矩阵 A 的所有特征值。

```
[V,D]=eig(A)
```

该命令返回矩阵 A 的特征值和特征向量，它们满足 $AV=VD$。

```
[V,D]=eig(A,'nobalance')
```

该命令在求解特征值和特征向量时不采用初期的平衡步骤。一般来说，平衡步骤对输入矩阵进行调整，因此计算出来的特征值和特征向量更加准确。然而，如果输入矩阵中确实含有数值很小的元素（可能会导致截断误差），那么平衡步骤可能会加大这种误差，从而得到错误的特征值和特征向量。

```
d=eig(A,B)
```

该命令返回矩阵 A 和矩阵 B 的广义特征值。

```
[V,D]=eig(A,B)
```

该命令返回矩阵 A 和矩阵 B 的广义特征值与广义特征向量。

```
[V,D]=eig(A,B,flag)
```

在该命令中，flag 有 chol 和 qz 两种值。当 flag='chol'时，计算广义特征值采用矩阵 B 的 Cholesky 分解来实现。当 flag='qz'时，无论矩阵的对称性如何，都采用 QZ 算法来求解广义特征值。

例如，求解矩阵 A 的特征值和特征向量。

操作代码如下：

```
>> A=[1 2 3;4 5 6;7 8 9];
>> [V D]=eig(A)
V=
    -0.2320    -0.7858     0.4082
    -0.5253    -0.0868    -0.8165
    -0.8187     0.6123     0.4082
D=
    16.1168          0          0
         0    -1.1168          0
         0          0    -0.0000
```

由此可以看出，矩阵 *A* 的特征值中有两个是相同的，与之对应的矩阵 *A* 的特征向量也有两个是相同的。故矩阵 *V* 是奇异矩阵，该矩阵不可以做特征值分解。

【例 21-4】　比较 eig() 函数与 eigs() 函数。

将代码保存在 eg21_4.m 中，具体如下：

```
clear
clc
rand('state',1),
A=rand(100,100);
t0=clock;
[V,D]=eig(A);
T_full=etime(clock,t0)              %指令 eig 的运作时间
options.tol=1e-8;                   %为 eigs 设定计算精度
options.disp=0;                     %使中间迭代结果不显示
t0=clock;
[v,d]=eigs(A,1,'lr',options);       %计算最大实部特征值和特征向量
T_part=etime(clock,t0)              %指令 eigs 的运作时间
[Dmr,k]=max(real(diag(D)));         %在 eig 求得的全部特征值中找最大实部的那个
d,
D(1,1)

vk1=V(:,k+1);                       %与 d 相同的特征向量应是 V 的第 k+1 列
vk1=vk1/norm(vk1);
v=v/norm(v);                        %向量长度归一
V_err=acos(norm(vk1'*v))*180/pi     %求复数向量之间的夹角（度）
D_err=abs(D(k+1,k+1)-d)/abs(d)      %求两个特征值之间的相对误差
```

运行结果如下：

```
T_full=
    0.0310
T_part=
```

```
    0.0630
d=
    50.2271
ans =
    50.2271
V_err=
    89.8632
D_err=
    0.9404
```

对于随机矩阵 A 来说，因为数据量太大，所以未完全显示，如图 21-1 所示。

图 21-1　随机矩阵 A

21.2.2　矩阵函数汇总

上面介绍了矩阵函数中一类特殊处理矩阵的函数，也是十分常见的函数。本节将汇总 MATLAB 中涉及的矩阵函数。

矩阵函数或运算符及其描述如表 21-1 所示。

表 21-1　矩阵函数或运算符及其描述

函数或运算符	描　　述
/ 和 \	矩阵的左除和右除，用于求解线性方程组
accumarray(ind,val)	利用累加创建数组
A^n	求 A 的 n 次幂，如 A^3=A*A*A
balance(A)	将 A 进行缩放以提高其特征值精度
[V,D]=cdf2rdf(V,D)	将复数对角矩阵转化为两个实数对角矩阵
chol(A)	将 A 进行 Cholesky 因式分解
cholinc(A,DropTol) cholinc(A,Options)	将 A 进行不完全 Cholesky 因式分解
cholupdate(R,X)	Cholesky 因式分解的秩 1 升级
cond(A)	利用奇异值分解求 A 的条件数
condest(A)	求 A 的范数 1 的条件数估计

续表

函数或运算符	描　　述
[V,D,s]=condeig(A)	求 A 与重复特征值相对应的条件数
det(A)	求矩阵的行列式
dmperm(A)	对 A 进行 Dulmage-Mendelsohn 排列
eig(A)	求矩阵的特征值和特征向量
[V,D]=eig(A)	求 A 的特征向量矩阵（V）和特征值对角矩阵（D）
expm(A)	矩阵指数函数
funm(A)	矩阵通用函数
gsvd(A,B)	求 A 的广义奇异值
[U,V,X,C,S]=gsvd(A)	对 A 进行广义奇异值分解
hess(A)	求 A 的 Hessenburg 标准型
inv(A)	求 A 的逆
linsolve(A,y,options)	快速求解 Ax=y，其中 A 的结构由 options 给定
logm(A)	矩阵对数运算
lscov(A,y,V)	已知数据的协方差矩阵（V），求线性方程组的最小二乘解
lsqnonneg(A,y)	求线性方程组的非负最小二乘解
[L,U,P]=lu(A)	对矩阵 A 进行 LU 分解
minres(A,y)	利用最小残差法求线性方程组的解
norm(A,type)	求矩阵或向量（由 type 指定）的范数
null(A)	求 A 的零空间
orth(A)	求 A 的正交空间
pinv(A)	求 A 的伪逆矩阵
planerot(X)	对 X 进行平面旋转
poly(A)	求 A 的特征多项式
polyeig(A0,A1,…)	多项式的特征值解
polyvalm(A)	求 A 的矩阵多项式
qr(A)	对 A 进行正交三角分解
qrdelete(Q,R,J)	从 QR 分解中删除行或列
qrinsert(Q,R,J,X)	在 QR 分解中插入行或列
qrupdate(Q,R,U,V)	Cholesky 因式分解的秩 1 升级
qz(A,B)	广义特征值问题求解
rank(A)	利用奇异值分解求 A 的秩
rcond(A)	对 A 进行 LAPACK 倒数条件估计
rref(A)	将矩阵 A 变换为行阶梯型
rsf2csf(A)	将 A 由实块对角阵转换成复块对角阵
schur(A)	对 A 进行 Schur 分解
sqrtm(A)	求 A 的平方根
subspace(A,B)	求两个子空间 A 和 B 之间的角度
svd(A)	求矩阵 A 的奇异值
[U,S,V]=svd(A)	对 A 进行奇异值分解
trace(A)	求矩阵 A 的迹（即对角元素的和）

下面列举一些用于计算矩阵的相关函数。

rank()函数用默认允许误差计算矩阵的秩，其调用格式如下：

```
rank(A)
```

其中，A 是矩阵。

例如，求六阶单位矩阵的秩，代码如下：

```
>> rank(eye(6))
ans =
    6
```

trace()函数用来计算矩阵的迹。

矩阵的迹定义为矩阵对角元素之和，该函数的调用格式如下：

```
trace(A)
```

例如，求矩阵 A=[1 2 3;4 5 6;7 8 9]的迹，代码如下：

```
>> A=[1 2 3;4 5 6;7 8 9]
A=
    1    2    3
    4    5    6
    7    8    9
>> t=trace(A)
t=
    15
```

 A 必须是方阵，否则 MATLAB 会自动报错。

矩阵空间之间的夹角代表两个矩阵线性相关的程度。如果夹角很小，那么它们之间的线性相关度就很高；反之，它们之间的线性相关度就很低。在 MATLAB 中可以使用 subspace()函数求矩阵空间之间的夹角，其调用格式如下：

```
Th= subspace(A,B)
```

该函数返回矩阵 A 和矩阵 B 之间的夹角。

例如，求矩阵 A 和矩阵 B 之间的夹角，代码如下：

```
>> A=[1 4 7;2 5 8;3 6 9;10 12 16];
>> B=[1 15 23;14 11 5;8 13 29;2 4 6];
>> Th=subspace(A,B)
Th =
    1.5480
```

【例 21-5】 用求逆法解给定方程的误差、残差、运算次数和所用时间。

将代码保存在 eg21_5.m 中，具体如下：

```
clear
clc
tic                        %启动计时器 Stopwatch Timer
x=ones(10,1);              %令解向量 x 为全 1 的 100 元列向量
A=rand(10,10)
b=A*x;
xi=inv(A)*b;              %xi 是用求逆法解给定方程所得的解
ti=toc                    %关闭计时器，并显示解方程所用的时间
eri=norm(x-xi)            %解向量 xi 与真解向量 x 的范-2 误差
rei=norm(A*xi-b)/norm(b)  %方程的范-2 相对残差
```

运行结果如下：

```
A=
    0.1369    0.0205    0.0858    0.7116    0.7075    0.7014
    0.8280    0.6290    0.3030    0.0665
    0.9032    0.5210    0.2985    0.6875    0.2579    0.9477
    0.2546    0.6025    0.0674    0.8639
    0.2571    0.3699    0.2118    0.6998    0.7888    0.4720
    0.0595    0.8473    0.8699    0.5987
    0.4884    0.6981    0.8893    0.2749    0.4880    0.2047
    0.5042    0.6751    0.0776    0.2595
    0.3667    0.0846    0.2533    0.0475    0.1109    0.0946
    0.6427    0.4032    0.2985    0.8893
    0.3663    0.0155    0.7577    0.5067    0.0220    0.8822
    0.6757    0.5302    0.7785    0.9853
    0.0569    0.3229    0.1190    0.1418    0.8387    0.7158
    0.7261    0.1738    0.3707    0.4638
    0.0711    0.9670    0.8807    0.9306    0.9734    0.0744
    0.9285    0.8089    0.2251    0.2441
    0.6462    0.4258    0.8929    0.8961    0.8718    0.8755
    0.3494    0.7162    0.9221    0.9304
    0.1612    0.1842    0.4300    0.3826    0.4416    0.6231
    0.1453    0.7993    0.5066    0.5720
ti=
   6.8607e-04
eri=
   4.2826e-15
rei=
   3.9255e-16
```

总体来说，MATLAB 中提供了处理几乎所有常见的和某些不常见的数值线性代数问

题的函数，由于篇幅有限，这里只介绍了几个常用函数的调用格式，更多的详细描述可参考 MATLAB 帮助文档。

21.3 非线性矩阵运算

前面介绍的矩阵函数都是用来处理线性矩阵的，本节将介绍有关非线性矩阵的求解过程。MATLAB 中提供的非线性矩阵运算函数及其功能如表 21-2 所示。

表 21-2 MATLAB 中提供的非线性矩阵运算函数及其功能

函 数 名	功能描述	函 数 名	功能描述
expm	矩阵指数运算	sqrtm	矩阵开平方运算
logm	矩阵对数运算	funm	一般非线性矩阵运算

1. 矩阵指数运算

线性微分方程组的一般形式为

$$\frac{\mathrm{d}\boldsymbol{x}(t)}{\mathrm{d}t} = \boldsymbol{A}\boldsymbol{x}(t)$$

其中，$\boldsymbol{x}(t)$是与时间有关的一个向量，$\boldsymbol{A}$ 是与时间无关的矩阵。该方程的解可以表示为

$$\boldsymbol{x}(t) = \mathrm{e}^{t\boldsymbol{A}}\boldsymbol{x}(0)$$

因此，解一个线性微分方程组的问题就等效于矩阵的指数运算。在 MATLAB 中，expm()函数用于矩阵的指数运算，其调用格式如下：

```
Y = expm(X)
```

该函数返回矩阵 X 的指数

【例 21-6】 求一个三元矩阵的指数解。

将代码保存在 eg21_6 中，具体如下：

```
A=[1 2 4;4 -2 9;-4 3 5];
x0=[0;1;1];
t=0:0.03:3;
xt=[];
for i=1:length(t),
xt(i,:)=expm(t(i)*A)*x0;
end;
plot3(xt(:,1),xt(:,2),xt(:,3), '-o')
grid on;
```

由此可以得到如图 21-2 所示的结果图。

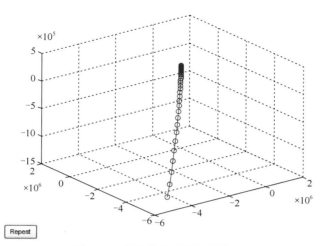

图 21-2　矩阵指数函数运算结果

2．矩阵对数运算

矩阵对数运算是矩阵指数运算的逆运算，在 MATLAB 中，logm()函数用来实现矩阵的对数运算，其调用格式如下：

```
L = logm(A)
```

该函数返回矩阵 A 的对数 L。

```
[L, exitflag] = logm(A)
```

该函数返回矩阵 A 的对数 L，同时返回标量 exitflag。当 exitflag 为 0 时，函数成功运行；当 exitflag 为 1 时，表明运算过程中某些泰勒级数不收敛，但运算结果仍可能准确。

例如，求矩阵 A 的反函数并验证。

操作代码如下：

```
>> A=[1 2 4;4 -2 9;-4 3 5];
>> B=expm(A)
>> A2=logm(B)
B=
 -200.9321    77.7200   300.7126
 -240.7582    85.2894   336.5332
 -102.6135    24.1337   106.3838
A2=
    1.0000     2.0000     4.0000
    4.0000    -2.0000     9.0000
   -4.0000     3.0000     5.0000
```

3．矩阵开平方运算

对矩阵 A 开平方得到矩阵 X，满足 $X*X=A$。如果矩阵 A 的某个特征值具有负实部，

则其平方根 **X** 为复数矩阵。如果矩阵 **A** 是奇异的，则它有可能不存在平方根 **X**。

MATLAB 中有两种计算矩阵平方根的方法：A^0.5 和 sqrtm(A)。sqrtm()函数比 A^0.5 的运算精度更高。sqrtm()函数的调用方法如下：

```
X=sqrtm(A)
```

该命令返回矩阵 A 的平方根 X，如果矩阵 A 是奇异的，将返回警告信息。

```
[X,resnorm]=sqrtm(A)
```

该命令不返回任何警告信息，返回留数 norm(A-X^2,'fro')/norm(A, 'fro')。

```
[X,alpha,condest]=sqrtm(A)
```

该命令返回一个稳定因子 alpha，以及矩阵 X 的条件数估计 condest。

例如，求一个正定矩阵 **A** 的平方根 **B**，并验证 **B∗B=A**。

操作代码如下：

```
>> A=[1 2 4;4 -2 9;-4 3 5];
>> B=sqrtm(A)
>> BB=B*B
B=
   1.3648 + 0.1839i   0.4468 - 0.1954i   0.9140 + 0.0985i
   0.8377 - 1.7255i   0.7514 + 1.8339i   2.0086 - 0.9240i
  -0.8861 + 0.5688i   0.6571 - 0.6046i   2.2798 + 0.3046i
BB=
   1.0000 + 0.0000i   2.0000 - 0.0000i   4.0000 - 0.0000i
   4.0000 - 0.0000i  -2.0000 + 0.0000i   9.0000 + 0.0000i
  -4.0000 - 0.0000i   3.0000 + 0.0000i   5.0000 - 0.0000i
```

MATLAB 中提供了计算一般非线性矩阵运算的函数 funm()，由于篇幅有限，这里不再一一列举，感兴趣的读者可以参考 MATLAB 帮助文档。

21.4 本章小结

本章主要介绍了 MATLAB 的基本矩阵运算函数，包括线性方程的两种不同解法和矩阵函数，特别是特征值和特征向量的求解、非线性矩阵运算等。只要读者学过线性代数，对本章知识的理解就不会感到困难。

即使理论功底并不扎实的读者，通过学习 MATLAB 和阅读本章也会觉得求解矩阵运算非常简单。

MATLAB 正在为解决类似高等数学计算问题的学生和工程人员提供一个强大的辅助平台。

第**22**章

数理统计

数理统计是现代社会人文与科技紧密结合的科学工具。MATLAB 为此提供了统计工具箱，其中包括数理统计的诸多函数。利用这些函数可以大大减少手动计算量和复杂的数理统计模型，以及烦琐的公式。

该工具箱中包含 200 多个函数，主要支持概率分布、参数估计、描述性统计、线性模型、非线性模型和假设检验等。

学习目标

（1）熟悉概率分布函数。

（2）熟练掌握统计描述。

（3）熟悉参数估计 mle ( ) 函数和假设检验 ttest ( ) 函数。

22.1 概率分布函数

MATLAB 中提供了 20 种概率分布函数，其中包含离散分布和连续分布，并且为每种分布提供了 5 个函数。

22.1.1 概率分布

为概率分布提供的 5 个函数分别是概率密度函数、累积分布函数、逆累积分布函数、随机产生器与方差计算函数。下面介绍概率密度函数和累积分布函数。

（1）概率密度函数 pdf() 的调用格式如下：

```
Y=pdf('Name',X,A1,A2,A3)
```

其中，Name 为特定的分布名称，第 1 个字母必须用大写形式；X 为分布函数自变量取值矩阵；A1、A2、A3 分别为相应分布的参数值；Y 存放结果，为概率密度值矩阵。

例如，计算一个正态分布的概率密度分布值，代码如下：

```
>> y=pdf('Normal',-4:4,0,1)
y=
    0.0001  0.0044  0.0540  0.2420  0.3989  0.2420  0.0540  0.0044  0.0001
```

（2）累积分布函数 cdf() 的调用格式如下：

```
P=cdf('Name',X,A1,A2,A3)
```

其中，cdf() 函数的参数设置与 pdf() 函数的参数设置相同。

例如，计算一个正态分布的累积分布值，代码如下：

```
>> p=cdf('Normal',-4:4,0,1)
p=
    0.0000  0.0013  0.0228  0.1587  0.5000  0.8413  0.9772  0.9987  1.0000
```

如果想求分布函数的取值范围，则利用 icdf() 函数，即逆累积分布函数，代码如下：

```
>> x=icdf('Normal',p,0,1)
x=
    -4.0000  -3.0000  -2.0000  -1.0000   0   1.0000   2.0000   3.0000   4.0000
```

MATLAB 中的概率密度函数列表如表 22-1 所示。

表 22-1 MATLAB 中的概率密度函数列表

函　数　名	概　率　密　度
betapdf	β 概率密度函数
binopdf	二项概率密度函数

续表

函　数　名	概　率　密　度
chi2pdf	χ^2 概率密度函数
exppdf	指数概率密度函数
fpdf	F 概率密度函数
gampdf	γ 概率密度函数
geopdf	几何概率密度函数
hygepdf	超几何概率密度函数
lognpdf	对数正态概率密度函数
nbinpdf	负二项概率密度函数
ncfpdf	偏 F 概率密度函数
nctpdf	偏 t 概率密度函数
ncx2pdf	偏概率密度函数 2χ
normpdf	正态分布概率密度函数
pdf	指定分布的概率密度函数
poisspdf	泊松分布的概率密度函数
raylpdf	Rayleigh 概率密度函数
tpdf	t 概率密度函数
unidpdf	离散均匀分布概率密度函数
unifpdf	连续均匀分布概率密度函数
weibpdf	Weibull 概率密度函数

　　上面用到的正态分布也称为高斯分布，是比较常用的一种概率分布，MATLAB 对一些数理统计中常见的分布都有相应的描述，可参考表 22-2 中的分布函数列表。

表 22-2　分布函数列表

分　布　名	分　布　函　数
正态分布	[m,v]=normstat(mu,sigma)
超几何分布	[mn,v]=hygestat(M,K,N)
几何分布	[m,v]=geostat(P)
Gamma 分布	[m,v]=gamstat(A,B)
F 分布	[m,v]=fstat(v1,v2)
指数分布	[m,v]=expstat(mu)
Chi-square 分布	[m,v]=chi2stat(nu)
二项分布	[m,v]=binostat(N,P)
Beta 分布	[m,v]=betastat(A,B)
威尔分布	[m,v]=weibstat(A,B)
连续均匀分布	[m,v]=unistat(A,B)
离散均匀分布	[m,v]=unidstat(N)
t 分布	[m,v]=tstat(nu)
瑞利分布	[m,v]=raylstat(B)
泊松分布	[m,v]=poisstat(lambda)

续表

分　布　名	分　布　函　数
非中心 chi2 分布	[m,v]=ncx2stat(nu,delta)
非中心 t 分布	[m,v]=nctstat(nu,delta)
非中心 F 分布	[m,v]=ncfstat(nu1,nu2,delta)
负二项分布	[m,v]=nbinstat(R,P)
对数正态分布	[m,v]=lognstat(mu,sigma)

22.1.2　概率分布函数实例

【例 22-1】　泊松分布概率密度函数和相应的正态分布概率密度函数的计算。

将代码保存在 eg22_1.m 中，具体如下：

```
Lambda=10;
x=0:10;
yd_p=poisspdf(x,Lambda)
yd_n=normpdf(x,Lambda,sqrt(Lambda))
```

计算结果如下。

泊松分布概率密度函数：

```
yd_p =
 列 1 至 13
   0.0000    0.0005    0.0023    0.0076    0.0189    0.0378    0.0631
   0.0901    0.1126    0.1251    0.1251    0.1137    0.0948
 列 14 至 21
0.0729  0.0521  0.0347  0.0217  0.0128  0.0071  0.0037  0.0019
```

正态分布概率密度函数：

```
yd_n =
 列 1 至 13
   0.0009    0.0022    0.0051    0.0109    0.0209    0.0361    0.0567
   0.0804    0.1033    0.1200    0.1262    0.1200    0.1033
 列 14 至 21
   0.0804    0.0567    0.0361    0.0209    0.0109    0.0051    0.0022    0.0009
```

【例 22-2】　逆累计 χ^2 分布函数的应用。计算置信水平为 95% 的 χ^2 分布，并提供分布函数图。

将代码保存在 eg22_2.m 中，具体如下：

```
clf;
v=4;
```

```
xi=0.95;                                %设置信水平为95%，确定置信区间
x_xi=chi2inv(xi,v);
x=0:0.2:20;
yd_c=chi2pdf(x,v)                       %计算概率密度函数，供绘制曲线使用
%绘制图形，并把置信区间填色
plot(x,yd_c,'b')
hold on
xxf=0:0.1:x_xi;
yyf=chi2pdf(xxf,v);                     %为填色而计算
fill([xxf,x_xi],[yyf,0],'r')            %注意：加入点(x_xi,0)，以使填色区域封闭
text(x_xi*1.01,0.01,num2str(x_xi))      %注明置信区间边界值
text(10,0.16,['\fontsize{16} x~{\chi}^2' '(4)'])
text(1.5,0.08,'\fontsize{22}置信水平0.95')
hold off
```

计算 χ^2 分布的函数值的结果如下：

```
yd_c =
  列 1 至 13
        0    0.0452    0.0819    0.1111    0.1341    0.1516    0.1646
    .1738    0.1797    0.1830    0.1839    0.1831    0.1807
  列 14 至 26
   0.1771    0.1726    0.1673    0.1615    0.1553    0.1488    0.1421
   0.1353    0.1286    0.1219    0.1153    0.1089    0.1026
  列 27 至 39
   0.0966    0.0907    0.0851    0.0798    0.0747    0.0698    0.0652
   0.0609    0.0567    0.0528    0.0492    0.0457    0.0425
  列 40 至 52
   0.0395    0.0366    0.0340    0.0315    0.0292    0.0270    0.0250
   0.0231    0.0214    0.0198    0.0182    0.0168    0.0155
  列 53 至 65
   0.0143    0.0132    0.0122    0.0112    0.0104    0.0095    0.0088
   0.0081    0.0074    0.0068    0.0063    0.0058    0.0053
  列 66 至 78
   0.0049    0.0045    0.0041    0.0038    0.0035    0.0032    0.0029
   0.0027    0.0025    0.0023    0.0021    0.0019    0.0017
  列 79 至 91
   0.0016    0.0015    0.0013    0.0012    0.0011    0.0010    0.0009
   0.0009    0.0008    0.0007    0.0007    0.0006    0.0006
  列 92 至 101
   0.0005    0.0005    0.0004    0.0004    0.0004    0.0003    0.0003
   0.0003    0.0002    0.0002
```

运行结果如图 22-1 所示。

图 22-1 $\chi^2(4)$ 分布水平为 95% 的置信区间

22.2 统计描述

描述性统计的方法包括位置度量、散布度量、缺失数据下的统计处理、相关系数、样本分位数、样本峰度、样本偏度、自助法等。

（1）最大值、最小值、平均值、中间值、元素求和。这几个函数的用法都比较简单，下面举例说明这些函数的用法。

【例 22-3】 计算随机产生的样本数据的最大值、最小值、平均值、中间值，并且绘制相应的图形。

将代码保存在 eg22_3.m 中，具体如下：

```
x=1:1:12;
y=randn(1,12);
hold on;
plot(x,y);
[y_max,I_max]=max(y);
plot(x(I_max),y_max, '*');
[y_min,I_min]=min(y);
plot(x(I_min),y_min, 'o');
y_mean=mean(y);
plot(x,y_mean*ones(1,length(x)), ': ');
legend('数据','最大值', '最小值', '平均值');
```

由此得到的结果如图 22-2 所示。

图 22-2　随机产生的样本数据

（2）样本的几何均值函数为 geomean()，其调用格式如下：

```
m=geomean(X)
```

其中，若 X 为向量，则返回 X 中元素的几何均值；若 X 为矩阵，则给出的结果是一个行向量，即每列的几何均值。

例如，计算随机产生的样本的几何均值，代码如下：

```
>> X=random('F',10,10,100,1);
>> m=geomean(X)
m=
    1.1203
```

（3）样本的调和均值函数为 harmmean()，其调用格式如下：

```
m=harmmean(X)
```

其中，若 X 为向量，则返回 X 中元素的几何均值；若 X 为矩阵，则给出的结果是一个行向量，即每列的几何均值。

例如，计算随机数的调和均值，代码如下：

```
>> X=random('F',10,10,100,1);
>> m=harmmean(X)
m=
    0.8680
```

（4）样本数据的平均绝对偏差函数为 mad()，其调用格式如下：

```
y=mad(X)
```

其中，该函数的参数设置与上述函数的参数设置相同。

例如，计算样本数据的绝对偏差，代码如下：

```
>> X=random('F',10,10,100,4);
>> y=mad(X)
y=
    0.5915    0.8290    0.7099    0.5433
```

MATLAB 中提供的基本描述性统计分析函数如表 22-3 所示。

表 22-3　MATLAB 中提供的基本描述性统计分析函数

函 数 名	功 能 描 述	基 本 调 用 格 式
max	求最大值	C=max(A)，如果 A 是向量，则返回向量中的最大值；如果 A 是矩阵，则返回一个包含各列最大值的行向量。 C=max(A,B)，返回矩阵 A 和矩阵 B 中较大的元素，矩阵 A 和矩阵 B 的大小必须相同。 C=max(A,[],dim)，返回 dim 维上的最大值[C,I]=max(...)，并返回最大值的下标
min	求最小值	与最大值函数 max() 的调用格式一致
mean	求平均值	M=mean(A)，如果 A 是向量，则返回向量 A 的平均值；如果 A 是矩阵，则返回含有各列平均值的行向量。 M=mean(A,dim)，返回 dim 维上的平均值
median	求中间值	与求平均值函数 mean() 的调用格式一致
std	求标准方差	s=std(A)，如果 A 是向量，则返回向量的标准方差；如果 A 是矩阵，则返回含有各列标准方差的行向量 s=std(A,flag)，用 flag 选择标准方差的定义式。 s=std(A,flag,dim)，返回 dim 维上的标准方差
var	方差（标准方差的平方）	var(X)，A 是向量时返回向量的方差，A 是矩阵时返回含有各列方差的行向量。 var(X,1)，返回第二种定义的方差。 var(X,w)，利用 w 作为权重计算方差。 var(X,w,dim)，返回 dim 维上的方差
sort	数据排序	B=sort(A)，A 是向量时升序排列向量，A 是矩阵时升序排列各列。 B=sort(A,dim)，升序排列矩阵 A 的 dim 维，B=sort(...,mode)，用 mode 选择排序方式，ascend 为升序，descend 为降序。 [B,IX]=sort(...)，返回数据 B 在原来矩阵中的下标 IX
sortrows	对矩阵的行进行排序	B=sortrows(A)，升序排列矩阵 A 的行。 B=sortrows(A,column)，以 column 列数据作为标准，升序排序矩阵 A 的行。 [B,index]=sortrows(A)，返回数据 B 在原来矩阵 A 中的下标 IX
sum	求元素之和	B=sum(A)，如果 A 是向量，则返回向量 A 的各元素之和；如果 A 是矩阵，则返回含有各列元素之和的行向量。 B=sum(A,dim)，求 dim 维上的矩阵元素之和。 B=sum(A,'double')，返回数据类型指定为双精度浮点数。 B=sum(A,'native')，返回数据类型指定为与矩阵 A 的数据类型相同
prod	求元素的连乘积	B=prod(A)，如果 A 是向量，则返回向量 A 的各元素连乘积；如果 A 是矩阵，则返回含有各列元素连乘积的行向量。 B=prod(A,dim)，返回 dim 维上的矩阵元素连乘积
hist	绘制直方图	n=hist(Y)，在 10 个等间距的区间统计矩阵 Y 属于该区间的元素个数。 n=hist(Y,x)，在 x 指定的区间统计矩阵 Y 属于该区间的元素个数。 n=hist(Y,nbins)，用 nbins 个等间距的区间统计矩阵 Y 属于该区间的元素个数，hist() 直接绘制直方图

续表

函 数 名	功 能 描 述	基本调用格式
histc	直方图统计	n=histc(x,edges)，计算在 edges 区间内向量 x 属于该区间的元素个数。 n=histc(x,edges,dim)，在 dim 维上统计 x 出现的次数
trapz	梯形数值积分 （等间距）	Z=trapz(Y)，返回 Y 的梯形数值积分 Z=trapz(X,Y)，计算以 X 为自变量时 Y 的梯形 数值积分 Z=trapz(...,dim)，在 dim 维上计算梯形数值积分
cumsum	矩阵的累加	B=cumsum(A)，A 是向量时计算向量 A 的累计和，A 是矩阵时计算矩阵 A 在列方向 上的累计和。 B=cumsum(A,dim)，在 dim 维上计算矩阵 A 的累计和
cumprod	矩阵的累积	该函数的调用格式与 cumsum()函数的调用格式相同
cumtrapz	梯形积分累计	该函数的调用格式与 trapz()函数的调用格式相同

前面已经介绍了如何利用 MATLAB 绘制直方图，表 22-3 给出了绘制各种统计图形的例子，下面结合实例介绍样本分布的频数直方图是如何描述的，供读者参考。

【例 22-4】 样本分布的频数直方图描述。要求利用两组随机数据生成正态分布和均匀分布的样本实验，分别绘制统计直方图，均匀分布要有正态拟合线。

将代码保存在 eg22_4.m 中，具体如下：

```
randn('state',1),
rand('state',23)                    %初始化
x=randn(35,1);
y=rand(35,1);                       %生成正态分布和均匀分布实验样本
%观察正态数据组的频数直方图在不同区间分段数时的变化
subplot(1,2,1),
hist(x,5)                           %5 区间情况
subplot(1,2,2),
histfit(x,10)                       %10 区间情况（带正态拟合线）
```

运行结果如图 22-3 所示。

图 22-3　统计直方图

上述均匀分布数据在不同分段下的频数直方图的代码如下：

```
n_y1=min(y):0.1:max(y);
n_y2=min(y):0.05:max(y);
%较大区间情况
subplot(1,2,1),hist(y,n_y1)
%较小区间情况
subplot(1,2,2),hist(y,n_y2)
```

运行结果如图 22-4 所示。

图 22-4　均匀分布数据在不同分段下的频数直方图

22.3　参数估计和假设检验

参数估计和假设检验是数理统计中两个重要的概念，MATLAB 中提供了两个概念的函数，下面展开介绍。

22.3.1　参数估计

参数估计是总体的分布形式已经知道，并且可以用有限个参数表示的估计问题。参数估计分为点估计、极大似然估计（Maximum Likelihood Estimation，MLE）和区间估计。

（1）求取各种分布的极大似然估计的估计量函数为 mle()，其调用格式如下：

```
phat = mle(data)
[phat,pci] = mle(data)
[...] = mle(data,'distribution',dist)
```

其中，data 为数据样本，以矢量形式给出；dist 给定特定分布的名称，如 beta、binomial 等，将置信区间设置为 95%。

例如，计算 F 分布的两个参数的似然估计，样本由随机数产生。

操作代码如下：

```
>> X=random('F',10,10,100,1);
>> [p,pci]=mle(X)
p=
    1.1321    0.8537
pci=
    0.9619    0.7533
    1.3024    0.9967
```

MATLAB 中的参数估计函数列表如表 22-4 所示。

表 22-4　MATLAB 中的参数估计函数列表

函 数 名	参数估计类型
betafit	β分布数据的参数估计和置信区间
betalike	β对数似然函数
binofit	二项分布数据的参数估计和置信区间
expfit	指数分布数据的参数估计和置信区间
gamfit	γ 分布数据的参数估计和置信区间
gamlike	γ 对数似然函数
mle	极大似然估计
normlike	正态分布对数似然函数
normfit	正态分布数据的参数估计和置信区间
poissfit	泊松分布数据的参数估计和置信区间
unifit	均匀分布数据的参数估计
weibfit	Weibull 数据的参数估计和置信区间

22.3.2　假设检验

在统计中，假设检验具有非常重要的作用，基本定义如下。

H0：零假设，即初始判断。

H1：备择假设，也称为对立假设。

Alpha：显著水平，在小样本的前提下，不能肯定自己的结论，所以事先约定，如果观测到的符合零假设的样本值的概率小于 alpha，则拒绝零假设。典型的显著水平取 alpha=0.05。如果想降低犯错误的可能性，可以取更小的值。

P-值：在零假设为真的条件下，观测给定样本结果的概率值。

（1）单一样本均值的 t 检验函数为 ttest()，其调用格式如下：

```
h = ttest(x)
h = ttest(x,m)
h = ttest(...,alpha)
```

其中，x 是矩阵或向量；m 是均值；alpha 是置信水平，默认为 0.05。如果 h=1，则说明接受假设；如果 h=0，则说明拒绝假设。

例如，利用 t 检验来检验样本数为 100 且均值为 0.1 的正态分布。

操作代码如下：

```
>> x=normrnd(0.1,1,1,100);
>> [h,p,ci] = ttest(x,0)
h=
    0
p=
    0.8409
ci=
   -0.2203    0.1797
```

这说明，接受假设，alpha 大于 p 值。

MATLAB 中还提供了 ttest2()函数和 ztest()函数等，感兴趣的读者可以参考 MATLAB 帮助文档，这里不再讨论。

MATLAB 中的假设检验函数列表如表 22-5 所示。

表 22-5   MATLAB 中的假设检验函数列表

函 数 名	假 设 检 验
ranksum	计算母体产生的两个独立样本的显著性概率和假设检验的结果
signrank	计算两个匹配样本中位数相等的显著性概率和假设检验的结果
signtest	计算两个匹配样本的显著性概率和假设检验的结果
ttest	对单个样本的均值进行 t 检验
ttest2	对两个样本的均值差进行 t 检验
ztest	对已知方差的单个样本的均值进行 z 检验

22.4   本章小结

在 MATLAB 中，统计分析大多是针对矩阵进行操作的，矩阵中不同的列代表不同的变量，每行则代表该变量不同的观测值。在默认情况下，MATLAB 中的统计函数都是对矩阵中的每列数据进行运算的，要想使它们沿着其他的方向进行运算，就需要在函数调用时增加一个输入参数，指定函数运算的方向。

本章只是概念性地介绍了有关的数理统计函数，其编排顺序也是根据数理统计理论发展而来的，目的是使学习完数理统计概念的读者不至于脱离统计的基本原理及概念，达到理论与现实相结合的效果。

第23章

多项式

多项式的计算在数学中非常常见，如一元一次多项式。MATLAB 处理多项式是一件非常简单的事情，借助 MATLAB 中提供的函数，用户很容易对多项式进行积分、微分及求根等操作。

本章将结合诸多实例来介绍 MATLAB 中的多项式函数，这些函数用于多项式求值、多项式乘法、多项式除法、多项式求导等。

学习目标

（1）了解多项式的运算。

（2）熟悉多项式的根。

（3）熟悉多项式的导数和微分。

（4）熟悉多项式曲线拟合。

23.1 多项式的运算

多项式可以进行四则运算。在计算机中，也可以进行同样的计算，下面先介绍多项式的表示。

23.1.1 多项式的表示

MATLAB 采用行向量来表示多项式，将多项式的系数按降幂次序存放在行向量中。多项式 $P(x) = a_0 x^n + a_1 x^{n-1} + \cdots + a_{n-1} x + a_n$ 的系数行向量为 $\boldsymbol{P} = [a_0\ a_1 \cdots a_n]$，需要注意的是，顺序必须是从高次幂到低次幂，多项式中缺少的幂次要用 0 补齐。

例如，描述一个 6 次幂多项式，代码如下：

```
>> poly2sym([1 -2 0 8 0 6 -8])
```

运行结果如下：

```
ans =
    x^6-2*x^5+8*x^3+6*x-8
```

若计算上述多项式在 x = 1 处的值，则输入：

```
>> val=polyval([1 -2 0 8 0 6 -8],1)
val=
    5
```

上面用到的函数 polyval(p,x)用于计算多项式 p(x)。如果 x 是一个标量，则计算多项式在 x 点的值；如果 x 是一个向量或矩阵，则计算多项式在 x 中所有元素上的值。

23.1.2 多项式的加法和减法

MATLAB 中没有提供专门的函数来执行多项式的加法。如果两个多项式向量的长度相等，则多项式加法就是将两个多项式向量直接相加。

例如，将多项式 $x^2 + 2x + 1$ 和 $3x^2 + x + 1$ 相加。

操作代码如下：

```
>> a=[1 2 1];
>> b=[3 1 1];
>> c=a+b
c=
    4    3    2
```

相加的结果为 $c(x) = 4x^2 + 3x + 2$。

当两个多项式的阶次不同时，其系数向量的长度也不同，这时需要先在低阶多项式的系数向量前边补上足够的 0，以便使它和高阶多项式具有相同的长度，然后执行加法运算。

例如，将多项式 x^2+2x+1 和 $3x^3+x+1$ 相加。

操作代码如下：

```
>> a=[0 1 2 1];
>> b=[3 0 1 1];
>> c=a+b
c=
    3    1    3    2
```

相加的结果为 $e(x)=3x^3+x^2+3x+2$。

注　意　　　执行加法前，之所以在向量的前面补 0 而不在后面补 0，是因为需要补足的是低阶多项式缺少的高阶次成分，而高阶系数位于系数向量的前面。

众所周知，减法是加法的逆运算。

例如，将多项式 x^2+2x+1 和 $3x^2+x+1$ 相减。

操作代码如下：

```
>> a=[1 2 1];
>> b=[3 1 1];
>> c=a-b
c=
   -2    1    0
```

相减的结果为 $c(x)=-2x^2+x$。

23.1.3　多项式的乘法

由于多项式的乘法实际上就是多项式系数向量之间的卷积运算，因此可以使用 MATLAB 中提供的卷积函数 conv() 来完成多项式的乘法，其调用格式如下：

```
w = conv(u,v)
```

这样就可以实现向量 u 和向量 v 的卷积，在代数上相当于将多项式 u 乘以多项式 v。

例如，将多项式 x^2+2x+1 和 $3x^2+x+1$ 相乘。

操作代码如下：

```
>> a=[1 2 1];
>> b=[3 1 1];
>> c=conv(a,b)
c=
    3    7    6    3    1
```

由此可知，两个多项式相乘的结果为 $c(x)=3x^4+7x^3+6x^2+3x+1$，这与数学运算的结果是一致的。

如果要执行多个多项式之间的乘法运算，则重复使用 conv() 函数即可。

23.1.4 多项式的除法

多项式的除法虽然没有乘法和加法常用，但在某些特殊情况下，也需要用一个多项式除以另一个多项式。在 MATLAB 中，多项式除法是由 deconv() 函数实现的，其调用格式如下：

```
[q,r] = deconv(v,u)
```

由此实现解卷积运算，它们之间的关系为 $v=\text{conv}(u,q)+r$。在代数上相当于实现多项式 u 除以多项式 v，得到商 q 和余多项式 r。

例如，将多项式 $3x^3+x+1$ 除以多项式 x^2+2x+1。

操作代码如下：

```
>> a=[3 0 1 1];
>> b=[1 2 1];
>> [q,r]=deconv(a,b)
q=
    3   -6
r=
    0    0   10    7
```

在上面的函数调用中，q 用来存储相除后的商，r 用来存储相除后的余数。

由此可以看出，将两个多项式相除得到商为 $q(x)=3x-6$，余数为 $r(x)=10x+7$。

23.2 多项式的根

求多项式的根（即使多项式等于 0 的解）是进行科学研究经常遇到的问题。在 MATLAB 中使用 roots() 函数来求多项式的根，其调用格式如下：

```
r = roots(c)
```

由此返回多项式 c 的所有根 r，r 是向量，其长度等于根的个数。

例如，求多项式 x^2+2x+1 的根。

操作代码如下：

```
>> p=[1 2 1];
>> r=roots(p)
```

```
r=
    -1
    -1
```

在 MATLAB 中，多项式和多项式的根都是用向量表示的，因此，为了对它们加以区分，MATLAB 通常将多项式表示为行向量，将多项式的根表示为列向量。

如果知道一个多项式的根，是否可以构建相应的多项式呢？MATLAB 中提供的 poly()函数可以根据一个根向量构建一个多项式向量。

与多项式求根相反的过程是由根创建多项式，其调用格式如下：

```
p = poly(r)
```

输入值 r 是多项式的所有根，返回值 p 为代表多项式的行向量形式。

```
p = poly(A)
```

输入值 A 是 N×N 的方阵，返回值 p 是长度为 N+1 的行向量多项式，它是矩阵 A 的特征多项式，也就是说，多项式 p 的根是矩阵 A 的特征值。

例如，可以利用下面的代码由向量 r 恢复原来的多项式：

```
>> pp=poly(r)
pp=
    1    2    1
```

23.3　多项式部分分式展开

residue()函数既可以将多项式之比用部分分式展开，也可以将一个部分分式表示为多项式之比。residue()函数的调用格式如下：

```
[r,p,k] = residue(b,a)
```

求多项式之比 b/a 的部分分式展开，返回值 r 是部分分式的留数，p 是部分分式的极点，k 是直接项（余数）。如果多项式 a 没有重根，则部分分式的形式如下：

$$\frac{b(x)}{a(x)} = \frac{r_1}{x-p_1} + \frac{r_2}{x-p_2} + \cdots + \frac{r_n}{x-p_n} + k_s$$

其中，向量 **r**、**p** 的长度和向量 **a**、**b** 的长度有如下关系：

```
length(a)-1=length(r)=length(p)
```

当向量 **b** 的长度小于 **a** 时，向量 **k** 中没有元素，否则应满足如下关系：

```
length(k)=length(b)-length(a)+1
[b,a]=residue(r,p,k)
```

从部分分式得到多项式向量。

例如，求多项式 $x^2 + 2x + 1$ 与多项式 $3x^3 + x + 1$ 之比的部分分式展开，然后把部分分式表示为多项式之比的形式。

操作代码如下：

```
>> a=[3 0 1 1];
>> b=[1 2 1];
>> [r,p,k]=residue(b,a)
r=
  0.1368 - 0.4219i
  0.1368 + 0.4219i
  0.0598 + 0.0000i
p=
  0.2683 + 0.7411i
  0.2683 - 0.7411i
 -0.5366 + 0.0000i
k=
    []
```

如上所示，residue()函数一般返回 3 个变量：部分分式展开系数 r、极点 p 和余数多项式 k。由于本例中分子的阶次小于分母，因此不存在余数多项式，即 k 为[ ]。根据上面的结果可知，$n(x)/d(x)$ 的部分分式展开为如下形式：

$$\frac{b(x)}{a(x)} = \frac{-0.4219i}{x - 0.2683 - 0.7411i} + \frac{0.4219i}{x - 0.2683 + 0.7411i} + \frac{0.0598}{x + 0.5366}$$

将上面的计算结果作为输入参数，再次使用 residue()函数即可求得原来的比例多项式。

23.4 多项式的导数和微分

在 MATLAB 中使用 polyder()函数来计算多项式的导数，其调用格式如下：

```
k=polyder(p)              %返回多项式 p 的导数
k=polyder(a,b)            %返回多项式 a 与多项式 b 乘积的导数
[q,d]=polyder(b,a)        %返回多项式 a 除以 b 的商的导数，并以 q/d 的形式表示
```

例如，对多项式 $3x^3 + x + 1$ 求导。

操作代码如下：

```
>> a=[3 0 1 1];
>> h=polyder(a)
h=
     9     0     1
```

在 MATLAB 中，使用 polyint()函数来计算多项式的积分，其调用格式如下：

```
polyint(p,k)              %返回多项式 p 的积分，设积分的常数项为 k
polyint(p)                %返回多项式 p 的积分，设积分的常数项为 0
```

求上述结果 h 的积分，代码如下：

```
>> polyint(h,1)
ans =
     3    0    1    1
```

23.5　多项式曲线拟合

曲线拟合是进行数据分析时经常遇到的问题，它是指根据一组或多组测量数据找出一条数学上可描述曲线的过程。这条曲线有时将穿过测量的数据点，而有时将会非常接近但不会穿过测量的数据点。

评价一条曲线是否准确描述了测量数据的最通用的方法，是看测量数据点与该曲线上对应点之间的平方误差是否达到最小，这种曲线拟合的方法称为最小二乘曲线拟合。

原则上，可以选择任何一组基本函数实现最小二乘曲线拟合，即找出使 $\sum_{i=1}^{n}\left\|f(x_i)-y_i\right\|^2$ 最小的 $f(x)$，使用多项式是最简单、最常用的方法。

polyfit()函数采用最小二乘法对给定数据进行多项式拟合，最后给出多项式的系数。该函数的调用方式如下：

```
p = polyfit(x,y,n)
```

采用 n 次多项式 p 来拟合数据 x 和 y，从而使 p(x)与 y 的最小均方差最小。

例如，下面说明 polyfit()函数的用法，并讨论采用不同多项式阶数对拟合结果的影响，代码如下：

```
>> x=(0: 0.1: 2.5)';
>> y=erf(x);
>> p=polyfit(x,y,6);
>> f=polyval(p,x);
>> x=(0: 0.1: 5)';
>> y=erf(x);
>> f=polyval(p,x);
>> plot(x,y,'o',x,f,'-')
>> axis([0 5 0 2])
```

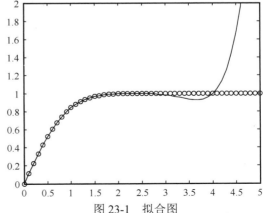

图 23-1　拟合图

运行结果如图 23-1 所示。

Note

【例 23-1】 　利用三阶多项式，模型阶数（结构参数）通过 χ^2 确定，多项式系数运用最小二乘法估计，拟合数据。

将代码保存在 eg23_1.m 中，具体如下：

```
%被拟合的原始数据
x=1.1:0.1:2.5;
y=[4.6,5.3,5.5,5.9,6.2,6.3,6.8,7.1,7.9,8.4,8.8,9.2,9.6,9.9,10.2];
dy=0.15;                              %原始数据 y 的标准差
for n=1:3                             %依次用一阶到三阶多项式进行拟合
[a,S]=polyfit(x,y,n);                %计算拟合多项式系数
A{n}=a;                              %用元胞数组记录不同阶次多项式的系数
da=dy*sqrt(diag(inv(S.R'*S.R)));     %计算各系数的误差
DA{n}=da';                          %用元胞数组记录不同阶次多项式系数的误差
freedom(n)=S.df;                     %记录自由度
[ye,delta]=polyval(a,x,S);           %计算拟合多项式值的范围
YE{n}=ye;
%用元胞数组记录不同阶次拟合多项式的均值
D{n}=delta;                          %用元胞数组记录不同阶次拟合多项式的离差
chi2(n)=sum((y-ye).^2)/dy/dy;        %计算不同阶次的量
end
Q=1-chi2cdf(chi2,freedom);           %用于判断拟合良好度
%适当度的图示
subplot(1,2,1),plot(1:3,abs(chi2-freedom),'b')
xlabel('阶次'),title('chi 2 与自由度')
subplot(1,2,2),plot(1:3,Q,'r',1:3,ones(1,3)*0.1)
xlabel('阶次'),title('Q 与 0.1 线')
```

运行结果如图 23-2 所示。

图 23-2　拟合多项式的阶次

```
clf,plot(x,y,'b+');
hold on
errorbar(x,YE{3},D{3},'r');hold off
title('较适当的三阶拟合')
```

拟合效果如图 23-3 所示。

图 23-3　三阶多项式的拟合

在 MATLAB 工具箱的 polyfun 子目录下保存着多项式函数，如表 23-1 所示。

表 23-1　多项式函数

函 数 名	功 能 描 述	函 数 名	功 能 描 述
conv	多项式乘法	polyint	求多项式的积分
deconv	多项式除法	polyvar	求多项式的值
poly	求多项式的系数	polyvarm	求矩阵多项式的值
polyfit	多项式曲线拟合	residue	部分分式展开
polyder	求多项式的一阶导数	roots	求多项式的根

23.6　本章小结

本章主要介绍了关于多项式的运算、多项式的根、多项式部分分式展开、多项式的导数和微分，以及多项式曲线拟合，这些在 MATLAB 中都能找到对应的函数。涉及的多项式函数请参考表 23-1，此表详细列举了多项式的函数名和功能。

需要注意的是，当利用 MATLAB 处理高阶（大于十阶）多项式时，会遇到不少计算上的麻烦，因此需要格外小心。

第**24**章

微积分

在高等数学中，微积分占有重要的地位，是分析数学问题的基本工具。从数学角度来看，微分用于描述一个函数的斜率或梯度，而积分则用于计算一个函数与自变量轴之间的面积。

MATLAB 中提供了一些微积分函数，使用这些函数就可以轻松解决看上去非常抽象难解的数学问题，本章主要介绍这些函数的使用方法。

学习目标

（1）熟悉 diff()函数的调用格式。
（2）熟悉 gradient()函数的调用格式。
（3）熟悉 quad()函数的调用格式。
（4）熟悉 quadl()函数的调用格式。
（5）熟悉 dblquad()函数的调用格式。

24.1　微分

微分描述的是一个函数在一个点处的斜率，从局部来看它反映的是一个函数的微观属性。因此，微分对一个函数形状上的微小变化是非常敏感的。

24.1.1　导数

高等数学中微分和导数的定义如下：

$$\frac{\mathrm{d}y}{\mathrm{d}x} = \lim_{\Delta x \to 0} \frac{f(x+\Delta x) - f(x)}{\Delta x}$$

求极限的过程在理论上是可以做到的，但使用计算机来实现却很难，于是在实际应用中，就将上述定义利用差分形式近似表示为如下形式：

$$\frac{\mathrm{d}y}{\mathrm{d}x} \approx \frac{\Delta y}{\Delta x} = \frac{f(x+\Delta x) - f(x)}{\Delta x}$$

MATLAB 中提供的 diff() 函数用来近似计算一个描述了某个函数的数据列表的近似导数。这个 diff() 函数实际上是通过计算数组中相邻元素之间的差值来估算导数的。

diff() 函数的调用格式如下：

```
Y = diff(X)
Y = diff(X,n)
Y = diff(X,n,dim)
```

其中，X 是矩阵或一维向量，n 是求导的次数，dim 是 X 的维数。

例如，对一个一维向量求微分，代码如下：

```
>> x=[0,1,2,3,4,5,6];
>> diff(x)
ans =
    1    1    1    1    1    1
```

如果连续求上面的 x 的导数，则代码如下：

```
>> diff(x,2)
ans =
    0    0    0    0    0
```

下面举例说明 diff() 函数是如何进行微分运算的。

【例 24-1】　求 $y=\cos(x)$ 的导数。

由高等数学知识可知，cos(x)的导数是-sin(x)。这里利用数值方法，在数轴[0,2*pi]上采样若干个点，然后进行微分计算。

将代码保存在 eg24_1.m 中，具体如下：

```
x=linspace(0,2*pi);
y=cos(x);
dydx=diff(y)/(x(2)-x(1));
xx=x(2:end);
plot(x,y,xx,dydx)
axis tight
xlabel('x'),ylabel('sin(x) and cos(x)')
```

运行结果如图 24-1 所示。

图 24-1　cos(x)及其导数的图像

数值微分在进行数值计算时比较困难，因此应该尽可能避免对数据直接使用数值微分。特别地，被微分的原始数据是通过实验获得的。

24.1.2　梯度

除了一维导数，MATLAB 中还提供了处理二维数据的导数函数 gradient()，该函数使用中心微差分来估计二维数据列表中的每个数据点在每个方向上的斜率。

由于在第一个数据点处和最后一个数据点处不存在两个相邻的数据点，因此该函数在第一个数据点处使用了前向差分，而在最后一个数据点处使用了后向差分，以保证求出正确的结果，这样就使输出的原始数据点的数量和输入的长度一样多。

gradient()函数的调用格式如下：

```
FX = gradient(F)
[FX,FY] = gradient(F)
```

其中，F 是一个一维向量，返回值 FX 是 F 的梯度。另外，F 也可以是一个矩阵，而

FX 和 FY 分别对应 F 对 X 和 Y 的偏导数。

gradient()函数的一个重要用途是用作图形数据可视化，下面举例说明。

【例 24-2】　求二元函数 $f(x,y) = e^{-x^2-y^2}$ 的梯度。

首先用函数 $f(x,y) = e^{-x^2-y^2}$ 生成一个简单的二维数组，然后利用 gradient()函数计算 $f(x,y) = e^{-x^2-y^2}$ 输出这些数据的 dz/dx 和 dz/dy。

最后将这些数据提供给 contour()函数和 quiver()函数，绘制出等值线和箭头梯度图。箭头梯度图以数组中每个点的表面法线为方向，绘制代表梯度的箭头图形，其中这个函数绘制的是以潜在的表面为法线的箭头，箭头的长度与每个点处梯度的斜率大小成正比。

将代码保存在 eg24_2.m 中，具体如下：

```
v=-2:0.2:2;
[x,y]=meshgrid(v);
z=exp(-x.^2 - y.^2);
[Fx,Fy]=gradient(z);
contour(v,v,z), hold on
quiver(v,v,Fx,Fy), hold off
```

运行结果如图 24-2 所示。

图 24-2　箭头梯度图

除了梯度，有时知道一个表面的曲率（即斜率的变化）也是非常有用的。在 MATLAB 中，每个点的曲率或斜率的变化是用 del2()函数计算出来的，该函数计算拉普拉斯变换的离散估计的公式如下：

$$\nabla^2 z(x,y) = \frac{d^2 z}{dx^2} + \frac{d^2 z}{dy^2}$$

由于篇幅有限，这里不再详细介绍，感兴趣的读者可以根据需要参考 MATLAB 的帮助文档。

24.2　积分

积分的思想是分割、求和、近似取极限，其定义如下：

$$\int_a^b f(x)\mathrm{d}x$$

MATLAB 中提供的 quad()函数、quadl()函数、dblquad()函数和 triplequad()函数用来求数值积分。

quad()函数的调用格式如下：

```
q = quad(fun,a,b)
```

其中，fun 是函数的句柄，a 和 b 是 x 的下限和上限。

【例 24-3】　计算积分：

$$\int_0^2 (x^2-2)\mathrm{d}x$$

先写一个函数，然后保存在 eg24_3.m 中，代码如下：

```
function y=eg24_3(x)
y=x.^2-2;
```

在"命令行窗口"中输入如下代码：

```
>> Q=quad(@eg24_3,0,2)
Q=
   -1.3333
```

quadl()函数的调用格式如下：

```
q = quadl(fun,a,b)
```

其中，fun 是函数的句柄，a 和 b 是 x 的下限和上限。quadl()函数的格式与 quad()函数的格式相同。例如，用 quadl()函数计算上一个积分：

```
>> Q=quadl(@eg24_3,0,2)
Q=
   -1.3333
```

前两个函数是用于计算一重定积分的，接下来介绍的 dblquad()函数用于计算多重定积分，主要是二重积分，其定义形式如下：

$$\int_{y_{\min}}^{y_{\max}} \int_{x_{\min}}^{x_{\max}} f(x,y)\mathrm{d}x\mathrm{d}y$$

dblquad()函数的调用格式如下：

```
q = dblquad(fun,xmin,xmax,ymin,ymax)
```

其中，fun 是函数的句柄，xmin 和 xmax 是 x 的下限和上限，ymin 和 ymax 是 y 的下限和上限。

【例 24-4】　计算积分：

$$\int_0^2 \int_0^4 (x^2 + y^2)\mathrm{d}x\mathrm{d}y$$

先写一个函数，然后保存在 eg24_4.m 中，代码如下：

```
function f=eg24_4(x,y)
f=x.^2+y.^2;
```

在"命令行窗口"中输入如下代码：

```
>> Q=dblquad(@eg24_4,0,4,0,2)
Q=
   53.3333
```

【例 24-5】　求二维曲面 cos(x)+sin(y) 与 xy 平面组成的体积，即计算积分：

$$\int_0^{2\pi} \int_0^{\pi} (\cos(x) + \sin(y))\mathrm{d}x\mathrm{d}y$$

先写一个函数，然后保存在 eg24_5.m 中，代码如下：

```
function f=eg24_5(x,y)
f=cos(x)+sin(y);
```

在"命令行窗口"中输入如下代码：

```
>> x=linspace(0,pi,20);              %xmin to xmax
>> y=linspace(0,2*pi,20);            %ymin to ymax
>> [xx,yy]=meshgrid(x,y);            %创建二维网络
>> zz=eg24_5(xx,yy);
>> mesh(xx,yy,zz)
>> xlabel('x'),ylabel('y')
>> area=dblquad(@eg24_5,0,pi,0,2*pi)
area=
    0
```

运行结果如图 24-3 所示。

用于计算三重积分的 MATLAB 函数为 triplequad()，其调用格式如下：

```
triplequad(fun,xmin,xmax,ymin,ymax,zmin, zmax)
```

其中，fun 是函数的句柄，xmin 和 xmax 是 x 的下限和上限，ymin 和 ymax 是 y 的下限和上限，zmin 和 zmax 是 z 的下限和上限。

图 24-3 eg24_5()函数图

triplequad()函数用于计算给定范围内函数 fun(x,y,z)的积分，有关该函数更详细的信息请参考 MATLAB 的帮助文档。

24.3 本章小结

本章主要是针对使用 MATLAB 来求解高等数学中常见的微积分问题编写而成的，其中包括求解导数、梯度、一重定积分和二重定积分等函数。每个函数都列举了实例，供读者模拟练习使用。对于多维函数的微积分，还配以图形演示，并说明其几何意义。

相信不同层次的读者在阅读完本章之后，不会再为工程计算中遇到微积分相关的问题而困扰。

第**25**章

微分方程

微分方程的数值解法是一些专业学科的基础。例如，在数字信号处理领域中，微分方程又称为差分方程。微分方程主要分为两种类型：一种是常微分方程，另一种是偏微分方程。微分方程往往又是几个方程构成的微分方程组，称为微分方程系统。

目前，MATLAB 可以解决涉及有关微分方程的各种问题，主要包括求解边界值问题、求解延迟微分方程、求解微分方程和部分偏微分方程的初值问题等。

学习目标

(1) 熟悉常微分方程组的边界问题。
(2) 熟悉解常微分方程组的初值问题。
(3) 熟悉延迟微分方程组数值解。
(4) 了解偏微分方程工具箱。

25.1 常微分方程组的边界问题

常微分方程组的边界问题的形式如下：

$$\frac{dy}{dx} = f(x, y)$$

另外，还要指定函数 $y(x)$ 在某些边界条件下的值，然后在边界条件下求函数 $y(x)$，其中 x 是独立变量。在 MATLAB 中使用 bvp4() 函数来处理常微分方程组的边界问题。bvp4() 函数用于解决第一类边界条件问题，即边界条件为

$$g(y(a), y(b)) = 0$$

其中，a 和 b 是求解区间的下界和上界，即求解 y 在区间 $[a, b]$ 上的值。常微分方程组的边界问题与常微分方程组的初值问题的不同之处在于：常微分方程组的初值问题总是有解的；常微分方程组的边界问题有时会出现无解的情况，有时会出现有限个解，有时会出现无穷多个解。

因此，在解常微分方程组的边界问题时，不可或缺的一部分工作是提供猜测解。猜测解决定了解边界问题的算法性能，甚至决定算法是否成功。

在边界问题中，还经常出现附加的未知参数，其方程形式如下：

$$\frac{dy}{dx} = f(x, y, p)$$

其边界条件为

$$g(y(a), y(b), p) = 0$$

在这种情况下，边界条件必须充分，从而能够决定未知参数 p。

bvp4c() 函数的调用格式如下：

```
sol = bvp4c(odefun,bcfun,solinit)
```

odefun 是描述常微分方程组的函数，其格式为 dydx=odefun(x,y)，或者包含未知参数 dydx = odefun(x,y,parameters)。

bcfun 是描述边界条件的函数，其格式为 res=bcfun(ya,yb)，或者包含未知参数 res=bcfun(ya,yb,parameters)。

solinit 是对方程解的猜测解，它是一个结构体，包含 x、y 和 parameters 这 3 种属性。solinit 必须满足 solinit.x(1)=a 和 solinit.x(end)=b，parameters 是对未知参数的一个猜测解。solinit 可以由函数 bvpinit() 得到。

```
sol = bvp4c(odefun,bcfun,solinit,options)
```

使用 options 结构体来设定解法器的参数。options 结构体可以由 bvpset()函数得到。边界问题的猜测解可以由 solinit()函数得到，其调用格式如下：

```
solinit = bvpinit(x,yinit)
```

x 是猜测解的自变量 x 的取值，yinit 是猜测解的因变量 y 的取值。如果需要在区间 [a, b]上求解方程，那么 x 取 linspace(a,b,10)就足够了，在解变化比较快时，需要用长的自变量 x。

```
solinit = bvpinit(x,yinit,parameters)
```

parameters 是未知参数的猜测解。

【例 25-1】　求二阶微分方程的特征值。该方程的形式如下：

$$y'' + (1 - 2q\sin(2x))\,y = 0$$

其中，q-1 是此方程的阶数，为已知参数，是未知参数方程的特征值。在本例中，$q=5$，即求四阶方程的特征值。先把方程改写成一阶常微分方程的形式，即

$$y_1' = y_2$$
$$y_2' = -(l - 2q\sin(2x))y_1$$

指定边界条件为

$$y'(0) = 0$$
$$y'(p) = 0$$
$$y(0) = 1$$

首先，创建微分方程函数，保存在 bvp_Mfun.m 中，代码如下：

```
%四阶方程
function dydx=bvp_Mfun(x,y,lambda)
q=5;
dydx=zeros(2,1);
dydx(1)=y(2);
dydx(2)=-(lambda-2*q*cos(2*x))*y(1);
```

然后，创建 M 文件用来描述方程的初值，保存在 M_initfun.m 中，代码如下：

```
%四阶方程的初始值
function yinit=M_initfun(x)
yinit(1)=cos(4*x);
yinit(2)=-4*sin(4*x);
```

还需要创建 M 文件用来描述方程的边界条件，保存在 M_fun.m 中，代码如下：

```
%四阶方程的边界条件
function res=M_fun(ya,yb,lambda)
res=zeros(3,1);
```

```
res(1)=ya(2);
res(2)=yb(2);
res(3)=ya(1)-1;
```

最后，用 bvp4c()函数来解方程，并绘制图形显示结果，保存在 eg25_1.m 中，代码如下：

```
%M 方程在边界条件下的解
lambda=15;                                          %未知参数猜测解
solinit=bvpinit(linspace(0,pi,10),@M_initfun,lambda);   %求初始值
sol=bvp4c(@bvp_Mfun,@M_fun,solinit);                 %求解方程
xint=linspace(0,pi);                                 %画图
Sxint=deval(sol,xint);
plot(xint,Sxint(1,:))
axis([0 pi -1 1.1])
title('方程在边界条件下的解');
xlabel('x')
ylabel('y')
text(1,1,['四阶方程的特征值= ' num2str(sol.parameters)]);
```

得到的结果如图 25-1 所示。

图 25-1　方程在边界条件下的解

边界问题函数及其描述如表 25-1 所示。

表 25-1　边界问题函数及其描述

函 数 名	描 述	函 数 名	描 述
bvp4c	BVP 解法程序	bvpset	设置 BVP 选项结构
bvpget	获得 BVP 选项结构	deval	验证用 bvp4c()函数得到的解，或者对这个解进行插值
bvpinit	形成假设初始解，该值可以通过 bvp4c() 函数进行修正		

Note

25.2 常微分方程组的初值问题

解常微分方程组初值问题的方法很多，本节将介绍 MATLAB 中常用的解初值问题的函数及参数设置。

25.2.1 解常微分方程组的初值问题

常微分方程组的初值问题的一般形式为

$$\begin{cases} \dfrac{\mathrm{d}y}{\mathrm{d}x} = f(x, y) & a \leqslant x \leqslant b \\ y(a) = y_0 \end{cases}$$

所谓数值解法，就是求上述问题的解 $y(x)$ 在若干点 $a = x_0, x_1, x_2, \cdots, x_N = b$ 处的近似值 $y_n (n = 1, 2, \cdots, N)$ 的方法，y_n 称为数值解，$h_n = x_{n+1} - x_n$ 为 x_n 到 x_{n+1} 的步长。建立数值解法需要将微分方程离散化。

解常微分方程一般采用以下几种方法：用差商近似导数、用数值积分方法、用 Taylor 多项式计算、欧拉（Euler）方法、改进的欧拉方法和龙格-库塔（Runge-Kutta）方法等。

微分方程数值求解的调用格式如下：

```
[X,Y]=odeN('odex',[t0,tf],y0,tol,trace)
```

odeN 可以是 ode23、ode45、ode113，或者 odel5s、ode23s、ode23t、ode23tb、ode15i 中的任意一个命令。

第 1 个输入参变量 odex 是定义 $f(x, y)$ 的函数文件名。该函数文件必须以 $y' = f(x, y)$ 为输出，以 x、y 为输入参变量，次序不能颠倒。

第 2 个和第 3 个输入参变量 t0 和 tf，分别是积分的初值和终值。

第 4 个输入参变量 y0 是初始状态列向量。

第 5 个输入参变量 tol 控制解的精度，默认值在 ode23 中为 tol=1E-3，在 ode45 中为 tol=1E-6。

第 6 个输入参变量 trace 决定求解的中间结果是否显示，默认值为 trace=0，表示不显示中间结果。

说明　前四个输入参变量经常用到，后两个在使用时可以省略。

常微分方程组解法对比如表 25-2 所示。

表 25-2　常微分方程组解法对比

函 数 名	算 法	精 度	适用系统	优 缺 点
ode45	四阶/五阶龙格-库塔法	中	非刚性方程	属于单步解法（只需要前一步的解即可计算出当前的解），不需要附加初始值，因此，在计算过程中随意改变步长也不会增加任何计算量。通常，ode45 对很多问题来说都是首选的最好方法
ode23	二阶/三阶龙格-库塔法	低	非刚性方程	属于单步解法，在误差允许范围较宽或存在轻微刚度时性能比 ode45 好
ode113	可变阶 AdamsPECE 算法	低～高	非刚性方程	属于多步解法（需要根据前几步的解来计算当前解），比 ode45 更适合解决误差允许范围比较严格的情况
ode15s	可变阶的数值微分公式算法（NDFS）	低～中	刚性方程	属于多步解法。如果 ode45 解法速度很慢，则系统很可能是刚性的，可以尝试采用该算法
ode23s	基于改进的 Rosenbrock 公式	低	刚性方程	属于单步解法，比 ode15s 更适用于误差允许范围较宽的情况，可以解决一些 ode15s 效果不好的刚性方程
ode23t	自由内插实现的梯形规则	低	轻微刚性方程	适用于轻微刚性系统，给出的解无数值衰减
ode23tb	TR-BDF2 方法，即龙格-库塔公式的第一级采用梯形规则、第二级采用 Gear 法	低	刚性方程	对于误差允许范围比较宽的情况，比 ode15s 效果好

【例 25-2】　非刚性方程 $y''-2(1-y^2)y'-y=0$，初值为 $y(0)=2$，$y'(0)=0$，求其在时间区间从 $t=0$ 到 $t=20$ 各节点上的数值解。

首先，把该二阶常微分方程改写为一阶常微分方程组：

$$y_1' = y_2$$
$$y_2' = 2(1-y_1^2)y_2 + y_1$$

然后，把该一阶常微分方程组用一个 M 文件形式的函数来表示，并保存在 ifun.m 中，代码如下：

```
%常微分方程组
function dydt=ifun(t,y)
dydt=zeros(2,1);
dydt(1)=y(2);
dydt(2)=2*(1-y(1)^2)*y(2)+y(1);
```

最后，用 ode45()函数来解这个常微分方程，绘制计算结果图，并保存在 eg25_2.m 中，代码如下：

```
%解常微分方程
[t,y]=ode45(@ifun,[0 20],[2; 0]);
```

```
plot(t,y(:,1),'-',t,y(:,2),'-.')
title('常微分方程的解');
xlabel('t');
ylabel('y');
legend('y','y的一阶导数');
```

得到的结果如图 25-2 所示。

图 25-2　常微分方程的解

25.2.2　设置常微分方程组解法器参数

在调用常微分方程组函数时可以输入一个 options 结构体，从而设置解法器参数。该 options 结构体可以用 odeset() 函数来设定，其调用格式如下：

```
options = odeset('name1',value1,'name2',value2,...)
```

用参数名和参数值对来设定解法器参数。

```
options = odeset(oldopts,'name1',value1,...)
```

修改原来的解法器 options 的 oldopts 结构体，只改变指定的某些参数值。

```
options = odeset(oldopts,newopts)
```

合并两个解法器 options 的结构体 oldopts 和 newopts，对于两个结构体中值不同的参数采用 newopts 结构体中的参数值。

odeset() 函数显示所有的参数值和它们的默认值。

常微分方程组解法器参数如表 25-3 所示。

表 25-3　常微分方程组解法器参数

参 数 名	可 取 值	默 认 值	用 途 描 述
RelTol	正标量	1e-3	用于所有分量的相对误差，解法器的积分估计误差必须小于相对误差与解的乘积，并且小于绝对误差
AbsTol	正标量或向量	1e-6	绝对误差允许范围，如果是标量，则该绝对误差应用于所有的分量；如果是向量，则单独指定每个分量的绝对误差
NormControl	on 或 off	off	如果该值为 on，那么解法器采用积分估计误差的模来控制计算精度；如果该值为 off，那么解法器采用更加严格的精度控制策略，即严格控制每个分量的计算精度
OutputFcn	函数句柄	@odeplot 或[]	每个时间步长计算完后，解法器调用该函数来输出。如果调用 ode 类函数时没有输出变量，则默认采用 odeplot 来输出数据；如果有输出变量，则默认值是[]，即不输出结果。可选的输出函数有以下几个。 odeplot(): 一维时域画图; odephas2(): 二维相位平面画图; odephas3(): 三维相位平面画图; odeprint(): 在命令行输出解
OutputSel	正整数向量	所有分量的下标	OutputSel 向量包含的下标所对应的分量被送给输出函数 OutputFcn()输出。在默认情况下，所有分量都输出
Refine	正整数	1 或 4（ode45）	如果 Refine 大于 1，则输出结果被插值，从而提供输出结果的精度
Stats	on 或 off	off	如果该值为 on，则输出计算耗费时间，否则不输出
Jacobian	函数或常数矩阵	无	指定常微分方程的 Jacobian 矩阵
JPattern	稀疏矩阵	无	给出微分方程的 Jacobian 矩阵稀疏样式，如果微分方程的 Jacobian 矩阵的元素不为 0 则 JPattern 相应元素为 1，否则为 0
Vectorized	on 或 off	off	ode()函数是否被向量化，如果该值等于 1，则 ode()函数形式为$[f(t,y1)\ f(t,y2) \cdots]$，否则返回格式为 $f(t, [y1\,y2 \cdots])$
Events	函数	无	定位事件
Mass	常数矩阵或函数	无	指定线性隐式常微分方程组的加权函数 $M(t,y)$
MStateDependence	none、weak 或 strong		weak 说明加权函数 $M(t,y)$是否依赖于 y
MvPattern	稀疏矩阵	无	$(M(t,y)v)/y$ 的稀疏矩阵样式，用于加权矩阵 M 与 y 强相关的情况
MassSingular	yes、no 或 maybe	maybe	加权函数 $M(t,y)$是否奇异
InitialSlope	向量	无	初始一阶导数值 $yp0$，满足 $M(t0,y0)*yp0 = f(t0,y0)$
MaxStep	正标量		自动选择最大步长值
InitialStep	正标量	自动选择	解法器自动选择初始步长
MaxOrder	1，2，3，4，5	5	ode15s 采用的最大阶数
BDF	on 或 off	off	在 ode15s 算法中是否采用 BDF 算法

25.3 延迟微分方程组的数值解

延迟微分方程组的形式如下：

$$y'(t) = f(t, y(t), y(t-t_1), \cdots, y(t-t_k))$$

在 MATLAB 中使用 dde23() 函数来解延迟微分方程，其调用格式如下：

```
sol = dde23(ddefun,lags,history,tspan)
```

其中，ddefun 代表延迟微分方程的 M 函数，ddefun 的格式为 dydt = ddefun(t,y,Z)，t 是当前时间值，y 是列向量，Z(:,j)代表 $y(t-t_k)$，而 t_k 值在第二个输入变量 lags(k)中存储。history 为 y 在时间 $t0$ 之前的值，可以用 3 种方法来指定 history。

第一种方法是用一个函数 $y(t)$ 来指定 y 在时间 $t0$ 之前的值。

第二种方法是用一个常数向量来指定 y 在时间 $t0$ 之前的值，这时 y 在时间 $t0$ 之前的值被认为是常量。

第三种方法以前一时刻的方程解 sol 来指定时间 $t0$ 之前的值。tspan 是两个元素的向量[$t0$ tf]，这时函数返回 $t0$～tf 时间范围内的延迟微分方程组的解。

```
sol = dde23(ddefun,lags,history,tspan,option)
```

option 结构体用于设置解法器参数，option 结构体可以由 ddeset() 函数来获得。dde23() 函数的返回值是一个结构体，它有 7 个属性，其中重要的属性有如下 5 个。

sol.x：dde23：选择计算的时间点。

sol.y：在时间点 x 上的解 $y(x)$。

sol.yp：在时间点 x 上的解的一阶导数 $y'(x)$。

sol.history：方程初始值。

sol.solver：解法器的名字 dde23。

其他两个属性为 sol.stat 和 sol. discont。

如果需要得到在[$t0,tf$]范围内 $t$int 时刻的解，则可以使用 deval() 函数，其用法为 $y$int= deval(sol,$t$int)，$y$int 是在 $t$int 时刻的解。

【例 25-3】 求解如下延迟微分方程组的解：

$$y_1' = y_1^2(t-2) + y_2(t-4)$$
$$y_2' = y_1(t) + y_2(t-1)$$

初值为

$$y_1 = 0$$
$$y_2(t) = t - 1$$

首先，确定延迟向量 lags，在本例中 lags=[2 4]。

其次，创建一个 M 文件形式的函数表示延迟微分方程组，代码如下：

```
%延迟微分方程组
function dydt=ddefun(t,y,Z)
dydt=zeros(2,1);
dydt(1)=Z(1,2).^2 + Z(2,1);
dydt(2)=y(1)+Z(2,1);
```

然后，创建一个 M 文件形式的函数表示延迟微分方程组的初始值，代码如下：

```
%延迟微分方程组的历史函数
function y=ddefun_history(t)
y=zeros(2,1);
y(1)=0;
y(2)=t-1;
```

最后，用 dde23()函数解延迟微分方程组，并用图形显示解，代码如下：

```
%解延迟微分方程组的例子
lags=[2 4];                                    %延迟向量
sol=dde23(@ddefun,lags,@ddefun_history,[0,1]); %解方程
hold on;
plot(sol.x,sol.y(1,:),'b-');                   %画出结果
plot(sol.x,sol.y(2,:),'r-.');
title('延迟微分方程组的解');
xlabel('t');
ylabel('y');
legend('y_1','y_2' ,'Location','northwest');
```

得到的结果如图 25-3 所示。

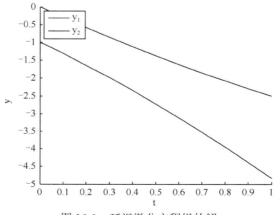

图 25-3 延迟微分方程组的解

延迟微分方程组的相关函数如表 25-4 所示。

表 25-4　延迟微分方程组的相关函数

函 数 名	描　　　述
dde23	用于求解具有固定延迟的 DDE 初值问题
deval	验证用 dde23 得到的解，或者对这个解进行插值
ddeget	从选项结构中获得 DDE 选项
ddeset	创建或改变 dde23 所使用的选项结构

25.4　设置选项

MATLAB 为微分方程组也提供了一个选项结构，允许用户在进行计算或显示时采用个性化的方式，如指定误差容限等。

在前面的函数调用中都使用了程序默认的误差容限和选项。当需要进行个性化操作，在这些默认设置不再满足需求时，就需要把选项结构作为输入传递给程序，作为这个程序的第 4 个输入参数。

通常用 odeset() 函数和 odeget() 函数来管理这个选项结构。odeset() 函数的工作方式与句柄图形的 set() 函数类似，其参数也是以名称/属性值对的形式声明的。

例如，options=odeset ('Name1',value1, 'Name2', value2,…)；odeset() 函数的帮助文档提供了所有的参数名称及其属性值的列表，描述了可以提供的参数名及其值，如下所示：

```
>> help odeset
```

部分显示如下：

```
odeset - 为 ODE 和 PDE 求解器创建或修改 options 结构体
    此 MATLAB 函数 创建 options 结构体，您可以将其作为参数传递给 ODE 和 PDE 求解
器。在结构体 options 中，指定选项具有指定的值。任何未指定的选项都使用默认值。例如，options =
odeset('RelTol',1e-3) 返回 RelTol 设置为 1e-3 的 options 结构体。

    options = odeset(Name,Value,...)
    options = odeset(oldopts,Name,Value,...)
    options = odeset(oldopts,newopts)
    odeset
    另请参阅 deval, odeget, odextend
    odeset 的文档
```

单击 odeset 的文档的超链接可以获取 odeset 详细的帮助信息：

```
>> odeset
        AbsTol: [ positive scalar or vector {1e-6} ]
        RelTol: [ positive scalar {1e-3} ]
    NormControl: [ on | {off} ]
```

```
        NonNegative: [ vector of integers ]
          OutputFcn: [ function_handle ]
          OutputSel: [ vector of integers ]
             Refine: [ positive integer ]
              Stats: [ on | {off} ]
        InitialStep: [ positive scalar ]
            MaxStep: [ positive scalar ]
                BDF: [ on | {off} ]
           MaxOrder: [ 1 | 2 | 3 | 4 | {5} ]
           Jacobian: [ matrix | function_handle ]
           JPattern: [ sparse matrix ]
         Vectorized: [ on | {off} ]
               Mass: [ matrix | function_handle ]
    MStateDependence: [ none | {weak} | strong ]
          MvPattern: [ sparse matrix ]
       MassSingular: [ yes | no | {maybe} ]
       InitialSlope: [ vector ]
             Events: [ function_handle ]
```

在上述参数列表中，方括号中给出的是各个参数可以取的值，花括号中给出的是激活 odeset()函数，不为它提供输入参数或输出参数即可为它返回一个选项列表、它们的可能值，以及在方括号中列出的参数的默认值。

25.5 偏微分方程工具箱

除了前面介绍的用来求解常见的常微分方程的 MATLAB 解法程序，MATLAB 中还提供了偏微分方程解法的程序。

众所周知，解偏微分方程不是一件轻松的事情，但是偏微分方程在自然科学和工程领域中应用很广，因此，研究解偏微分方程的方法，以及开发解偏微分方程的工具是数学和计算机领域中的一项重要工作。

MATLAB 中提供了专门用于解二维偏微分方程的工具箱，使用这个工具箱，一方面可以解偏微分方程，另一方面可以让我们学习如何把求解数学问题的过程与方法工程化。

使用 MATLAB 求解的偏微分方程都是数值解而非解析解，所以都带有一定的误差，至于误差范围的有关知识，读者可以阅读偏微分方程数值解法及数值分析方面的书籍，这已经超出了本书的范畴，下面针对常用的偏微分方程数值解法进行简单介绍。

在"命令行窗口"中输入 pdetool 并按 Enter 键，进入工作状态。MATLAB 中提供了两种解方程的方法：一种是通过函数，利用函数可以编程，也可以用命令行的方式解方程，详细内容请参考表 25-5；另一种是对窗口进行交互操作。

表 25-5　求解偏微分方程常用函数列表

函　数　名	功　　能
adaptmesh	生成自适应网络及偏微分方程的解
assemb	生成边界质量和刚度矩阵
assema	生成积分区域上质量和刚度矩阵
assempde	求解椭圆型偏微分方程
hyperbolic	求解双曲线型偏微分方程
parabolic	求解抛物线型偏微分方程
pdeeig	求解特征型偏微分方程
pdenonlin	求解非线性微分方程
poisolv	利用矩阵格式快速求解泊松方程
pdeellip	绘制椭圆
pdecirc	绘制圆
pdepoly	绘制多边形
pderect	绘制矩形
csgchk	检查几何矩阵的有效性
initmesh	产生最初的三角形网络
pdemesh	绘制偏微分方程的三角形网络

一般来说，用函数解方程比较烦琐，但是比较灵活；而通过窗口交互操作则比较简单。解方程的全部过程及结果都可以输出保存为文本文件。限于篇幅，下面主要介绍通过交互操作解偏微分方程。

1.　确定待解的偏微分方程

使用 assempde()函数可以对待解的偏微分方程加以描述。在交互操作中，为了方便用户，通常把常见问题归结为以下几个类型。

（1）通用问题。

（2）通用系统（二维的偏微分方程组）。

（3）平面应力。

（4）结构力学平面应变。

（5）静电学。

（6）静磁学。

（7）交流电产生的电磁问题。

（8）直流电导电介质。

（9）热传导。

（10）扩散。

确定问题类型之后，可以在 PDE Specification 对话框中输入 c、a、f、d 等系数（函数），这样就确定了待解的偏微分方程。

2．确定边界条件

使用 assemb()函数可以描述边界条件，用 pdetool 提供的边界条件对话框，输入 g、h、q、r 等边界条件。

3．确定偏微分方程所在域的几何图形

可以用表 25-5 中的函数绘制 Ω 域的几何图形，如使用 pdeellip（绘制椭圆）、pderect（绘制矩形）、pdepoly（绘制多边形）。也可以用鼠标在 pdetool 的绘图窗口中直接绘制 Ω 域的几何图形。pdetool 提供了类似于函数那样绘制圆、椭圆、矩形和多边形的工具。

无论采用哪种绘制方法，图形一旦完成绘制，pdetool 就为这个图形自动取名，并把代表图形的名字放入 Set formula 窗口，在这个窗口中，可以通过"+"和"−"图形的名字实现对图形的拓扑运算，以便创建复杂的 Ω 域几何图形。

4．划分有限元

对域进行有限元划分的函数有 initmesh（基本划分）、refinemesh（精细划分）等。

在 pdetool 窗口中直接单击划分有限元的按钮来划分有限元，划分的方法与上面的函数相对应。

5．解方程

经过上面 4 个步骤的操作后就可以解方程，解方程的函数有 adaptmesh（解方程的通用函数）、poisolv（矩形有限元解椭圆型方程）、parabolic（解抛物线型方程）、hyperbolic（解双曲线型方程）等。

在 pdetool 窗口中直接单击解方程的按钮即可解方程，解方程所耗费的时间取决于有限元划分的多少。

25.6　本章小结

本章主要介绍了微分方程计算方面的内容和 MATLAB 的实现功能，包括解边界问题、解延迟微分方程组、解常微分方程和部分偏微分方程的初值问题等。

无论是常微分方程的数值解法还是偏微分方程的数值解法，这些基础的数学理论和解法一直都是工程技术人员比较感兴趣的。

因为在众多工程实践领域中经常会遇到这些理论和模型的求解，并且迫使工程技术人员去找到这些数值方法。MATLAB 可以将这些计算过程融为一体，使用户可以轻松地解决这些数值计算方面的问题。

插值计算

插值是在已知数据之间寻找估计值的过程。在信号处理和图像处理过程中，插值是极其常用的方法。MATLAB 中提供了大量的插值函数，这些函数在获得数据的平滑度、时间复杂度和空间复杂度方面有不同的性能。

MATLAB 中还提供了对数组的任何一维进行插值的工具，这些工具大都需要运用高维数组的操作。本章主要介绍插值函数的使用。

学习目标

（1）掌握一维插值函数的调用。
（2）掌握二维插值函数的调用。
（3）了解特殊插值函数的调用。

26.1　一维插值

一维插值就是对一维函数 $y=f(x)$ 进行插值，在 MATLAB 中，一维插值有基于多项式插值和基于一维快速傅里叶插值这两种类型。

26.1.1　多项式插值

其实数据插值的概念并不难理解，在用 MATLAB 进行绘图时就用到了数据插值。由于 MATLAB 在默认情况下需要用连续的直线来连接各个数据点，因此这些数据点之间的各个数据就需要通过线性插值的方法获得。

线性插值是数据插值的一种形式，该方法假设两个数据点之间的中间值都落在这两个数据点连成的直线上。很明显，随着数据点数目的增加和数据点之间的距离缩短，线性插值会变得越来越精确，MATLAB 绘制的曲线也越来越精确。

例如，针对不同的数据点个数绘制 $\sin(x^2)$ 在区间[0,2]上 20 个函数值。

操作代码如下：

```
>> x=linspace(0,2,20);
>> y=sin(x.^2);
```

也可以用 interp1()函数来计算中间点的 $\sin(x^2)$ 函数值。

操作代码如下：

```
>> valuve=interp1(x,y,[0 1/2 2])
```

运行结果如下：

```
valuve=
        0    0.2492   -0.7568
```

上面用到的 interp1()就是插值函数，其调用格式如下：

```
interp1(x,y,x x, metstr)
```

上述代码返回一个长度和向量 x x 相同的向量 f(x x)。函数 f 由向量 x 和 y 定义，形式为 y=f(x)。为了得到正确的结果，向量 x 必须按升序或降序排列。进行一维插值，字符串 metstr 规定的插值方法有以下几种。

（1）linear：线性插值。

（2）nearest：最邻近插值。

（3）spline：三次样条插值，也叫外推法。

（4）cubic：三次插值，要求 x 的值等距离。

所有插值方法均要求 x 是单调的，默认为线性插值。

又如，将样条插值应用到上面的计算插值中可以获得更高精度的结果。假设向量 x 和 y 的定义如上，那么代码设置如下：

```
>> valuve=interp1(x,y,[0 1/2 2],'spline')
```

运行结果如下：

```
valuve=
      0    0.2474   -0.7568
>> plot(x,y)
>> hold on
>> plot([0 1/2 2],valuve)
```

运行结果如图 26-1 所示。

图 26-1　样条插值

三次插值和样条插值通常用于满足三阶多项式的数据之间的插值。那么，对于一个给定的问题，用户应该如何选择正确的插值方法呢？

在大多数情况下，使用线性插值即可满足数据处理的要求，因此，线性插值是 interp1() 函数默认的插值方法。最邻近插值虽然精确性最差，但在要求快速插值或数据集合很大的情况下经常用到。

三次插值和样条插值占用时间较长，但往往能得出最精确的结果。用户可以根据不同的需求灵活选用不同的插值方法。

26.1.2　一维快速傅里叶插值

一维快速傅里叶插值通过 interpft() 函数来实现，该函数用傅里叶变换把输入数据变换到频域，然后用更多点的傅里叶逆变换，变换回时域，其结果是对数据进行增采样。

interpft() 函数的调用格式如下：

```
y = interpft(x,n)
```

对 x 进行傅里叶变换，然后采用 n 点傅里叶逆变换变换回时域。如果 x 是一个向量，数据 x 的长度为 m，采样间隔为 dx，则数据 y 的采样间隔是 dx*m/n。

注意　　n 必须大于 m；如果 x 是矩阵，函数操作在 x 的列上，返回结果与 x 具有相同的列数，但其行数为 n；如 y = interpft(x,n,dim)，是在 dim 指定的维度上进行操作的。

下面举例说明 interpft() 函数的用法。

【例 26-1】　　利用一维快速傅里叶插值实现数据增采样。

将保存代码在 eg26_1.m 中，具体代码如下：

```
%利用一维快速傅里叶插值实现数据增采样
x=0:2:20;
y=cos(x);
n=2*length(x)-1;                        %增采样 1 倍
yi=interpft(y,n);                       %一维快速傅里叶插值
xi=0:1:20;
hold on;
plot(x,y,'r-*');                        %绘图
plot(xi,yi,'bo-.');
title('一维快速傅里叶插值');
legend('原始数据','插值结果');
```

由此得到如图 26-2 所示的示意图。

图 26-2　一维快速傅里叶插值

26.2　二维插值

二维插值主要应用于图像处理和数据的可视化，其基本思想与一维插值相同，它是

对包含两个变量的函数 $z=f(x,y)$ 进行插值。

MATLAB 中的二维插值函数为 interp2()，其调用格式如下：

```
zi = interp2(x,y,z,xi,yi)
```

原始数据 x、y、z 决定插值函数 $z=f(x,y)$，返回值 zi 是 (xi,yi) 在函数 $f(x,y)$ 上的值。

```
zi = interp2(z,xi,yi)
```

若 $z=n\times m$，则 $x=1:n$，$y=1:m$。

```
zi = interp2(z,ntimes)
```

在两点之间递归地插值 ntimes 次。

```
zi = interp2(x,y,z,xi,yi,method)
```

可以采用插值方法，在本节详细介绍。

```
zi = interp2(...,method, extrapval)
```

当数据超过原始数据的范围时，用输入 extrapval 指定一种外推方法。

二维插值可以采用的插值方法如下。

（1）最邻近插值（Nearest Neighbor Interpolation，method='nearest'），这种插值方法在已知数据的最邻近点设置插值点，对插值点的数进行四舍五入。对超出范围的点将返回一个 NaN（Not a Number）。

（2）双线性插值（Bilinear Interpolation，method='linear'），该方法是在未指定插值方法时 MATLAB 默认采用的方法。插值点的值只决定于最邻近的 4 个点的值。

（3）三次样条插值（Cubic Spline Interpolation，method='spline'），这种方法采用三次样条函数来获得插值数据。

（4）三次多项式插值（method='cubic'）。

下面通过举例来阐明二维插值的基本原理。

【例 26-2】　采用二维插值对三维高斯型分布函数进行插值。

将代码保存在 eg26_2.m 中，具体如下：

```
%采用二维插值对三维高斯型分布函数进行插值
[x,y]=meshgrid(-2:0.4:2);                      %原始数据
z=peaks(x,y);
[xi,yi]=meshgrid(-1:0.2:1);                    %插值点
zi_nearest=interp2(x,y,z,xi,yi,'nearset');     %最邻近插值
zi_linear=interp2(x,y,z,xi,yi);                %默认插值方法是线性插值
zi_spline=interp2(x,y,z,xi,yi,'spline ');      %三次样条插值
zi_cubic=interp2(x,y,z,xi,yi,'cubic');         %三次多项式插值
```

```
hold on;
subplot(2,3,1);
surf(x,y,z);
title('原始数据');
subplot(2,3,2);
surf(xi,yi,zi_nearest);
title('最邻近插值');
subplot(2,3,3);
surf(xi,yi,zi_linear);
title('线性插值');
subplot(2,3,4);
surf(xi,yi,zi_spline);
title('三次样条插值');
subplot(2,3,5);
surf(xi,yi,zi_cubic);
title('三次多项式插值');
figure;                            %新打开的绘图窗口
subplot(2,2,1);                    %绘制插值结果的等高线
contour(xi,yi,zi_nearest);
title('最邻近插值');
subplot(2,2,2);
contour(xi,yi,zi_linear);
title('线性插值');
subplot(2,2,3);
contour(xi,yi,zi_spline);
title('三次样条插值');
subplot(2,2,4);
contour(xi,yi,zi_cubic);
title('三次多项式插值');
```

运行结果如图 26-3 和图 26-4 所示。

图 26-3　不同的二维插值方法

图 26-4　不同二维插值图的等值线

根据前面介绍的一维插值和二维插值，可以很自然地将插值扩展到更高维。MATLAB 中也提供了 ndgrid()函数、interp3()函数和 interpn()函数来支持更高维的插值运算。其中，ngrid()是多维网格构造函数，是 meshgrid()函数在多维情况下的扩展；interp3()函数用于完成三维空间中的插值；interpn()函数用于完成更高维空间的插值。

和 interp1()函数、interp2()函数一样，interp3()函数和 interpn()函数也都提供了 linear、cubic 和 nearest 的插值方法。

【例 26-3】　根据连续时间函数 $w(t) = \mathrm{e}^{-|t|}$ 的采样数据，利用 spline()函数重构该连续函数，并检查重构误差。

将代码保存在 eg26_3.m 中，具体如下：

```
t=-3:0.2:3;
w=exp(-abs(t)+1);                       %产生采样数据
N0=length(t);
tt=linspace(t(1),t(end),10*N0);         %产生重构函数用的自变量数据
ww=spline(t,w,tt);                      %进行重构
error=max(abs(ww-exp(-abs(tt))))        %检查误差
plot(tt,ww,'k');
hold on                                 %重构函数曲线
stem(t,w,'filled','b');
hold off
```

运行结果如图 26-5 所示。

对于 MATLAB 而言，多维插值将使用高维数组来组织数据和进行插值操作，关于这些函数的更多详细信息请参考 MATLAB 的在线帮助文档。

图 26-5　样条插值重构

MATLAB 中相关的插值函数如表 26-1 所示。

表 26-1　MATLAB 中相关的插值函数

插值函数名	描　　述
interpl	一维数据插值
interplq	一维快速数据插值（不进行错误校验）
interp2	二维数据插值
interp3	三维数据插值
interpft	使用 FFT 方法进行一维插值
interpn	n 维数据插值
meshgrid	产生三维函数的 X 轴和 Y 轴的索引矩阵
ndgrid	产生多维函数的索引数组

26.3　特殊插值

上面介绍的插值都是基于有规律情况下的插值函数，下面介绍一类特殊的插值。例如，在几何分析中，待测量的数据点通常是分散分布的，具体如下：

```
>> x=randn(1,6);
>> y=randn(1,6);
>> plot(x,y,'*')
```

随机分散数据如图 26-6 所示。

在 MATLAB 中，delaunay()函数用于接收分散的数据点并返回一列数据索引，用于标明各个三角形的顶点。例如，对上面的分散数据使用 delaunay()函数，将返回如下结果：

```
>> t=delaunay(x,y)
t=
```

```
     4     3     6
     3     5     6
     5     1     6
     6     1     4
     1     2     4
     1     5     2
```

其中，每行由三角形的 3 个顶点的 x 和 y 的索引构成。下面使用 trimesh()函数将这些三角形绘制出来，代码如下：

```
>> z=zeros(1,6);
>> hold on
>> trimesh(t,x,y,z)
>> plot(x,y,'o')
>> hold off
>> hidden off
```

运行结果如图 26-7 所示。

图 26-6 随机分散数据 　　　　　　　　图 26-7 三角测量图

在对上述分散数据进行插值之前，通常先使用三角测量方法来分析数据，该方法用一组三角形将所有的数据点连接起来，并且没有任何一个数据点落在任何一个三角形之内。

在 MATLAB 中，delaunay()函数用于完成上述三角测量，该函数接收分散的数据点，并返回一列数据索引用于标明各个三角形的顶点。

在 MATLAB 中，有一些分隔区域是用 voronoi()函数绘制的。例如，下面的代码对上述分散数据进行了 voronoi()多边形分隔：

```
>> voronoi(x,y)
```

运行结果如图 26-8 所示。

MATLAB 中特殊的插值函数如表 26-2 所示。

图 26-8　voronoi()多边形分隔

表 26-2　MATLAB 中特殊的插值函数

特殊插值函数名	描　述
convhull	返回分散数据的凸面边界
convhulln	返回 n 维分散数据的凸面边界
delaunay	delaunay 三角分析
delaunay3	三维 delaunay 三角分析
delaunayn	n 维 delaunay 三角分析
dsearch	查找 delaunay 三角形中与某个分散点最邻近的点
griddata	二维方形栅格数据插值
griddata3	三维方形栅格数据插值
griddatan	n 维方形栅格数据插值
tetramesh	绘制四面体网格
trimesh	绘制三维三角形网格
triplot	绘制二维三角形网格
trisurf	绘制三维三角形表面
tsearch	在二维分散数据中寻找包含一个数据点的 delaunay 三角形
tsearchn	在 n 维分散数据中寻找包含一个数据点的 delaunay 三角形
voronoi	对二维分散数据进行 voronoi 多边形分隔
voronoin	对 n 维分散数据进行 voronoi 多边形分隔

26.4　本章小结

　　本章详细描述了 MATLAB 关于插值函数的使用方式和调用格式。在通常情况下，用户并不仅仅对给定数据点处的函数值感兴趣，还对这些数据点中间的某些点处的函数值感兴趣。当用户无法快速对这些中间点执行函数运算时，就需要用到数据插值的概念。

　　由于篇幅有限，本章只针对一维插值和二维插值进行详细说明，对高维数组的插值问题只进行了简单介绍。本章还介绍了特殊插值函数，希望读者在学习完本章以后能轻松地对数据进行插值。

第**27**章

信号处理中的数学方法

众所周知，数字信号处理的基础是一些复杂的数学变换方法，如傅里叶变换和 Z 变换等。MATLAB 中提供了一个用于解决信号处理问题的工具箱。为了方便广大工程开发人员设计与开发，MATLAB 中提供了解决这类问题的数学方法（函数）。基于此，本章详细介绍信号处理中的数学变换原理及所涉及的应用。

学习目标

（1）了解离散信号。
（2）掌握 Z 变换。
（3）掌握离散傅里叶变换。
（4）掌握快速傅里叶变换。

Note

27.1 离散信号

信号是信息的表现形式，是通信传输的客观对象，其特性可以从两个方面来描述，即时间特性和频率特性。

在 MATLAB 中，可以用一个向量来表示一个有限长度的序列，即离散信号，例如：

```
x(n)=[1,3,2,-3,6,7,0,-8,9]
```

MATLAB 对下标的约定从 1 开始递增，如果要包含采样时刻的信息，则需要用两个向量来表示。

在数字信号处理理论中定义了一些典型的序列，如单位取样序列、单位阶跃序列和随机序列，其定义和 MATLAB 表达式如下。

1．单位取样序列

$$\delta(n) = \begin{cases} 1 & n = 0 \\ 0 & n \neq 0 \end{cases}$$

该表达式可以利用 zeros()函数来实现，具体如下：

```
x=zeros(1,N);
x(1)=1;
```

2．单位阶跃序列

$$\delta(n) = \begin{cases} 1 & n \geq 0 \\ 0 & n < 0 \end{cases}$$

该表达式可以利用 ones()函数来实现，具体如下：

```
x=ones(1,N)
```

3．随机序列

MATLAB 中提供了两类随机信号，具体如下：

```
rand(1,N)
randn(1,N)
```

rand(1,N)产生[0,1]上均匀分布的随机矢量；randn(1,N)产生均值为 0、方差为 1 的高斯随机序列。其他分布的随机数可以通过上述随机数的变换而产生。

下面介绍比较常用的随机离散信号的 MATLAB 实现。

【例 27-1】　用 MATLAB 编写生成[0,1]上均匀分布的随机序列信号。

```
function y=eg27_1(N)
%产生均匀分布的随机序列
%N 为随机序列的长度
x=rand(1,N);
y=2+3*x;
plot(y);
grid;
```

例如，产生一个 10 个点的均匀分布随机信号。在 MATLAB 的"命令行窗口"中输入如下代码：

```
>> eg27_1(10)
ans =
4.8715    3.4561    4.4008    2.4257    3.2653    4.7472    4.3766
4.8785    3.9672    2.1071
```

图形显示如图 27-1 所示。

图 27-1　随机序列输出

上面是产生离散信号的例子，在实际操作中可以灵活运用 MATLAB 中提供的各种运算和工具箱函数来实现系统需要的信号形式。

27.2　Z 变换

Z 变换是离散系统和离散信号分析与综合的重要工具。

给定离散信号 $x(n)$，其 Z 变换的定义为

$$X(z) = \sum_n x(n) z^{-n}$$

其中，z 为复变量。如果 n 的取值范围为 $-\infty \sim +\infty$，则上式定义的 Z 变换称为双边 Z 变换，如果 n 的取值范围为 $0 \sim +\infty$，则上式称为单边 Z 变换。实际的物理系统抽样响应 $h(n)$ 在 $n<0$ 时恒为 0，因此对应的都是单边 Z 变换。

$X(z)$ 存在的 z 的集合称为收敛域（ROC），即满足下式：

$$X(z) = \sum_{n} x(n)z^{-n} < \infty$$

对于 Z 变换为 $X(z)$ 的序列，MATLAB 的表示是通过 $X(z)$ 的系数实现的，Z 变换经常用到 deconv() 函数、residuez() 函数和 freqz() 函数等。

residuez() 函数的调用格式如下：

```
[r,p,k]=residuez(b,a)
```

其中，b 和 a 分别是多项式的系数向量。

【例 27-2】 计算如下分数表达式的 Z 变换：

$$x(z) = \frac{1}{1 - 0.6z^{-1}} \quad |z| > 0.6$$

MATLAB 的程序代码如下：

```
>> b=1;
>> a=poly([1,-0.6]);
>> [R,P,C]=residuez(b,a)
```

运行结果如下：

```
r=
    0.6250
    0.3750
p=
    1.0000
   -0.6000
k=
    []
```

因此，得到上述分数表达式的 Z 变换为

$$x(z) = \frac{0.625}{1 - z^{-1}} + \frac{0.375}{1 + 0.6z^{-1}}$$

Z 变换提供了任意序列在频域的表示方法，但它是连续变量 z 的函数，因此无法直接利用计算机进行数值计算。

27.3　傅里叶变换

为了使用 MATLAB，必须截断序列，得到有限个点的表达式，这就产生了离散傅里叶级数、离散傅里叶变换和计算量小的快速傅里叶变换。

27.3.1　离散傅里叶级数

如果信号在频域上是离散的，则该信号在时域上就是周期性的函数；反之，在时域上离散的信号在频域上必然表现为周期性的频率函数。

可以得出一个一般规律：一个域的离散必然造成另一个域的周期延拓，这种离散变换从本质上来说都是周期性的。

对于周期为 N 的离散时间信号序列 $\tilde{x}(n) = \tilde{x}(n+kN)$，其中 k 为任意整数，由于在 Z 平面上没有任何收敛区域，因此不能进行 Z 变换，但是可以用傅里叶级数来表达，其基波频率为 $\dfrac{2\pi}{N}$，用复指数表示为 $e_1(n) = e^{j\frac{2\pi}{N}n}$，第 k 次谐波为 $e_k(n) = e^{j\frac{2\pi}{N}kn}$，所以有 $e_{k+N}(n) = e_k(n)$，得到的离散傅里叶级数公式为

$$\tilde{x}(n) = \frac{1}{N}\sum_{k=0}^{N-1}\tilde{X}(k)e^{j\frac{2\pi}{N}kn}$$

在上式中，求和符号前所乘的系数 $1/N$ 是习惯上采用的常数，$\tilde{X}(k)$ 是第 k 次谐波的系数：

$$\tilde{x}(k) = \sum_{n=0}^{N-1}\tilde{X}(n)e^{-j\frac{2\pi}{N}kn}$$

习惯上经常采用符号 $W_N = e^{-j\frac{2\pi}{N}}$，这样，离散傅里叶级数对可以表示为

$$\begin{cases}\tilde{x}(n) = \dfrac{1}{N}\displaystyle\sum_{k=0}^{N-1}\tilde{X}(k)W_N^{-kn} \\[2mm] \tilde{X}(k) = \displaystyle\sum_{n=0}^{N-1}\tilde{x}(n)W_N^{-kn}\end{cases}$$

27.3.2　离散傅里叶变换

周期序列实际上只有有限个序列值有意义，因此它的许多特性可以沿用到有限长序列上，对于一个长度为 N 的有限长序列 $x(n)$，以 $x(n)$ 为主值序列，并以 N 为周期进行延拓得到周期序列 $\tilde{x}(n)$，即

$$\tilde{x}(n) = \sum_{r=-\infty}^{\infty} x(n+rN)$$

当 $0 \leqslant n \leqslant N-1$ 时，$x(n) = \tilde{x}(n)$，n 为其余值时 $x(n)$ 为 0。

由离散傅里叶级数公式可以得到有限长序列 $x(n)$ 的离散傅里叶变换公式，即

$$\begin{cases} x(n) = \dfrac{1}{N}\sum_{k=0}^{N-1} X(k) W_N^{-kn} & 0 \leqslant n \leqslant N-1 \\[2mm] X(k) = \sum_{n=0}^{N-1} x(n) W_N^{-kn} & 0 \leqslant k \leqslant N-1 \end{cases}$$

下面介绍一个离散傅里叶变换的实例。

【例 27-3】 在 MATLAB 中，$x(n) = \sin(n\pi/4)$（N 为 16）离散傅里叶的实现。

将代码保存在 eg27_3.m 中，具体如下：

```
N=16;                              %序列长度
n=0:N-1;                           %时域取样
xn=sin(pi*n/4);                    %产生序列
k=0:N-1;                           %频域取样
wn=exp(-j*2*pi/N);
nk=n'*k;
wnnk=wn.^nk;
xk=xn*wnnk                         %计算 DFT
figure(1)                          %绘图
stem(n,xn)
figure(2)
stem(k,abs(xk))
```

运行结果如下：

```
xk=
 列 1 至 8
  -0.0000 + 0.0000i  -0.0000 + 0.0000i  -0.0000 - 8.0000i   0.0000 - 0.0000i
   0.0000 - 0.0000i  -0.0000 - 0.0000i   0.0000 - 0.0000i   0.0000 - 0.0000i
 列 9 至 16
   0.0000 - 0.0000i   0.0000 - 0.0000i   0.0000 - 0.0000i  -0.0000 - 0.0000i
   0.0000 - 0.0000i   0.0000 - 0.0000i   0.0000 + 8.0000i  -0.0000 + 0.0000i
```

在进行快速傅里叶变换操作时，可以调用内部函数 fft，速度比较快。离散傅里叶变换（见图 27-2）和快速傅里叶变换（见图 27-3）在信号处理方面有重要应用，可以进行卷积运算，实现线性不变系统等。

Note

图 27-2   有限序列的离散傅里叶变换

图 27-3   有限序列的快速傅里叶变换

27.3.3   快速傅里叶变换

快速傅里叶变换是离散傅里叶变换的快速算法,其应用极大地推动了 DSP 理论和技术的发展。下面介绍快速傅里叶变换的基本思想和实现。

快速傅里叶变换的基本思想在 N 点序列的离散傅里叶变换为

$$X(k) = \sum_{n=0}^{N-1} x(n) W_N^{-kn} \quad 0 \leqslant k \leqslant N-1$$

系数 W_N^{-kn} 是一个周期函数, $W_N^{n(N-k)} = W_N^{k(N-n)} = W_N^{-kn}$,并且是对称的:

$$W_N^{kn+N/2} = -W_N^{-kn}$$

快速傅里叶变换正是基于这样的基本思想发展起来的。

下面介绍一个快速傅里叶变换的实例。

【例 27-4】   计算正弦信号波的快速傅里叶变换,并绘制频率与相位图。

将代码保存在 eg27_4.m 中,具体如下:

```
t=(0:99)/100;                          %时间向量
x=sin(2*pi*15*t) + sin(2*pi*40*t);     %正弦信号波
y=fft(x);                              %调用快速傅里叶变换函数
p=unwrap(angle(y));                    %相位
f=(0:length(y)-1)'/length(y)*100;      %频率向量
plot(f,p)
```

运行结果如图 27-4 所示。

图 27-4　快速傅里叶变换相位图

【例 27-5】　运用快速傅里叶变换求取脉冲函数，即

$$w(t)=\begin{cases}1 & 0\leqslant t\leqslant 1\\ 0 & \text{else}\end{cases}$$

的谱，说明采样频率低引起的混叠现象。

将代码保存在 eg27_5.m 中，具体如下：

```
function [AW,f]=eg27_5(wt,t,flag)
%本程序采用快速傅里叶变换计算连续时间 Fourier 变换。输出幅频谱数据对(f,AW)
%输入量(wt,t)为已经窗口化了的时间函数 wt(t)，它们分别是长度为 N 的向量
%对于"非平凡"取值时段有限的情况，应使该时段与窗口长度相比足够小，以提高频率分辨率
%对于"非平凡"取值时段无限的情况，窗口长度的选取应使窗口外的函数值小到可以忽略，以提
高近似精度。
%输入增量 flag 控制输出 CFT 的频率范围
%flag 取非 0 值时（默认），频率范围为[0,fs]，取 0 值时，频率范围为[-fs/2,fs/2]
if nargin==2;flag=1;end
N=length(t);        %采样点数，应为 2 的幂次，以求快速
T=t(length(t))-t(1);%窗口长度
dt=T/N;             %时间分辨率
W0=fft(wt);         %实行快速傅里叶变换
W=dt*W0;            %计算[0,fs]上的 N 点 CFT 值
df=1/T;             %频率分辨率
n=0:1:(N-1);
%把上述计算结果改写到[-fs/2,fs/2]
if flag==0
    n=-N/2:(N/2-1);
    W=fftshift(W);
end
f=n*df;             %频率分度向量
AW=abs(W);          %幅频谱数据向量
```

```
if nargout==0
        plot(f,AW);grid,xlabel('频率 f');ylabel('|w(f)|')
end
```

运行以下指令，将代码保存在 eg27_5_1 中，绘制时域波形和幅频谱：

```
M=4;                    %做 2 的幂次用
tend=1;                 %波形取非 0 值的时间长度
T=8;                    %窗口化长度应足够大，以减小窗口化引起的泄露"旁瓣"效应
N=2^M;                  %采样点数，取 2 的幂是为了使快速傅里叶变换运算较快
dt=T/N;                 %以上 T、N 的取值应使 N/T=fs 采样频率大于两倍时间波形带宽，
                        %以克服采样引起的频谱混叠

n=0:N-1;                %采样序列
t=n*dt;                 %采样点时间序列
w=zeros(size(t,2),1);
Tow=find((tend-t)>0);            %产生非 0 波形时段的相应序列
w(Tow,1)=ones(length(Tow),1); %在窗口时段内定义的完整波形
plot(t,w,'b','LineWidth',2.5)
title('Time Waveform');
xlabel('t --- >')
```

运行结果如图 27-5 所示。

图 27-5　波形图

信号处理工具箱中包含用于对上述理论实现的函数功能，如表 27-1 所示。

表 27-1　常用变换函数归纳表

函 数 名	实 现 功 能	函 数 名	实 现 功 能
bitrevorder	将输入序列按比特反向变换	dct	离散余弦变换（DCT）
czt	线性调频 Z 变换	dftmtx	离散傅里叶变换矩阵
digitrevorder	将输入序列按数字反向变换	fft	一维快速傅里叶变换

函 数 名	实 现 功 能	函 数 名	实 现 功 能
residuez	Z变换部分分式展开或留数计算	fft2	二维快速傅里叶变换
hilbert	希尔伯特变换	fftshift	重新编排快速傅里叶变换函数的输出
idct	逆离散余弦变换	ifft	一维逆快速傅里叶变换
polyscale	多项式的根的数值范围	ifft2	二维逆快速傅里叶变换
polystab	稳定多项式	goertzel	用二阶 Goertzel 算法计算离散傅里叶变换
latc2tf	将格形滤波器参数转换为传输函数格式	sos2tf	将系统二阶分割形式变为传递函数形式

在 MATLAB 中，可以直接利用内部函数 fft()进行计算，速度比较快。

27.4 本章小结

  傅里叶分析是数字信号处理的基础，是频域分析的重要工具，包括傅里叶级数、连续傅里叶变换、离散时间的傅里叶级数和离散时间的傅里叶变换，这样的频域工具构成了信号处理的基础。本章根据实际用途选编了离散信号、Z 变换及傅里叶变换。

  MATLAB 中提供的 fft()函数、ifft()函数、fft2()函数、ifft2()函数、fftn()函数、ifftn()函数、fftshift()函数和 ifftshift()函数用于傅里叶分析，这些函数能够实现一维或多维的离散傅里叶变换及其逆反变换。MATLAB 信号处理工具箱中有诸多信号处理工具和函数，用户可以根据自己的需求选择性使用。

第28章

线性系统与最优化

最优化方法的发展很快，现在已经包含多个分支，如线性规划、整数规划、非线性规划等。MATLAB 的优化工具箱为优化方法在工程中的实际应用提供了更方便、更快捷的途径。同时，MATLAB 的控制系统工具箱提供了对线性系统分析、设计和建模的各种算法。

在实际生活和工作中，人们对于同一个问题往往会提出多个解决方案，并通过各方面的论证从中提取最佳方案。本章将详细介绍 MATLAB 的优化工具箱和线性系统工具箱是如何解决实际问题的。

学习目标

(1) 掌握求解最小化问题。
(2) 掌握求解线性规划问题。
(3) 掌握线性系统的描述方法。
(4) 掌握线性系统模型之间的转换。
(5) 掌握线性系统的时域分析和频域分析。
(6) 掌握线性系统的状态空间设计。

28.1　最优化

在解决实际问题时，人们通常会对函数的极值［最大值（波峰值）和最小值（波谷值）］感兴趣。

28.1.1　最小化

从数学角度来说，极值是函数在其导数（斜率）为 0 的位置的值。MATLAB 中提供了两个函数来完成这项任务，即 fminbnd() 和 fminsearch()。

这两个函数分别求取一维函数和 n 维函数的最小值。其中，fminbnd() 函数使用黄金分割和抛物线插值的结合算法来求最小值。由于 $f(x)$ 的最大值就是 $-f(x)$ 的最小值，因此 fminbnd() 函数和 fminsearch() 函数也可以用来求解一个函数的最大值。

本节主要介绍 fminbnd() 函数，其调用格式如下：

```
x=fminbnd(fun,x1,x2)
```

其中，返回区间 {x1,x2} 上 fun 参数描述的标量函数的最小值 x。

```
x=fminbnd(fun,x1,x2,options)
```

用 options 参数指定的优化参数进行最小化。

```
x=fminbnd(fun,x1,x2,options,P1,P2,...)
```

提供另外的参数 P1、P2 等，传输给目标函数 fun。如果没有设置 options 选项，则令 options=[]。

```
[x,fval]=fminbnd(...)
```

返回解 x 处目标函数的值。

```
[x,fval,exitflag]=fminbnd(...)
```

返回 exitflag 值描述 fminbnd() 函数的退出条件。

```
[x,fval,exitflag,output]=fminbnd(...)
```

返回包含优化信息的结构输出。

与 fminbnd() 函数相关的细节内容包含在 fun、options、exitflag 和 output 等参数中，如表 28-1 所示。

表 28-1　参数描述表

参　　数	描　　　述
fun	需要最小化的目标函数。fun()函数需要输入标量参数 x，返回 x 处的目标函数标量值 f。可以将 fun() 函数指定为命令行，如 x=fminbnd(inline('sin(x*x)'),x0)。 同样，fun 参数可以是一个包含函数名的字符串。对应的函数可以是 M 文件、内部函数或 MEX 文件。若 fun='myfun'，则 M 函数 myfun.m 必须用下面的形式： functionf=myfun(x) f=...%计算 x 处的函数值
options	优化参数选项。可以用 optimset()函数设置或改变这些参数的值。options 参数有以下几个选项。 display: 显示的方式。如果选择 off，则不显示输出；如果选择 iter，则显示每步迭代过程的输出；如果选择 final，则显示最终结果。 MaxFunEvals: 函数评价的最大允许次数。 MaxIter: 最大允许迭代次数。 TolX: X 处的终止容限
exitflag	描述退出条件： 如果大于 0，则表示目标函数收敛于解 x 处。 如果等于 0，则表示已经达到函数评价或迭代的最大次数。 如果小于 0，则表示目标函数不收敛
output	该参数包含下列优化信息： utput.iterations: 迭代次数。 output.algorithm: 所采用的算法。 output.funcCount: 函数评价次数

fminbnd()函数只用于实数变量。

下面介绍有关 fminbnd()函数的应用。

例如，在区间（0,4π）上求函数 sin(x)的最小值。

操作代码如下：

```
>> x=fminbnd(@sin,0,4*pi)
x=
    4.7124
```

由此可知，区间（0,4π）上函数 sin(x)的最小值点位于 x= 4.7124 处。最小值处的函数值如下：

```
>> y=sin(x)
y=
  -1.0000
```

由于篇幅所限，如果读者对 fminsearch()函数感兴趣，可以参考 MATLAB 中的帮助文档。

表 28-2 详细列举了求解最小化函数的其他函数。

表 28-2　最小化函数表

函 数 名	描　述	函 数 名	描　述
fgoalattain	多目标达到问题	fminsearch 和 fminunc	无约束非线性最小化
fminbnd	有边界的标量非线性最小化	fseminf	半无限问题
fmincon	有约束的非线性最小化	linprog	线性问题
fminimax	最大最小化	quadprog	二次问题

28.1.2　线性规划

线性规划是处理线性目标函数和线性约束的一种比较成熟的方法。线性规划的标准形式要求目标函数最小化、约束条件取等式、变量非负。不符合条件的线性模型要首先转化成标准形式。MATLAB 优化工具箱中采用的是投影法。

下面介绍有关线性规划函数 linprog()的调用格式：

```
x=linprog(f,A,b)
```

上述代码用于求解问题 minf*x，约束条件为 A*x<=b。

```
x=linprog(f,A,b,Aeq,beq)
```

上述代码用于求解上面的问题，但增加等式约束，即 Aeq*x=beq。若不存在不等式，则令 A=[]、b=[]。

```
x=linprog(f,A,b,Aeq,beq,lb,ub)
```

上述代码定义设计变量 x 的下界 lb 和上界 ub，使 x 始终在该范围内。若没有等式约束，则令 Aeq=[]、beq=[]。

```
x=linprog(f,A,b,Aeq,beq,lb,ub,x0)
```

上述代码设置初值为 x0。该选项只适用于中型问题，默认时大型算法将忽略初值。

```
x=linprog(f,A,b,Aeq,beq,lb,ub,x0,options)
```

上述代码用 options 指定的优化参数进行最小化。

```
[x,fval]=linprog(...)
```

上述代码返回解 x 处的目标函数值 fval。

```
[x,lambda,exitflag]=linprog(...)
```

上述代码返回 exitflag 值，描述函数计算的退出条件。

```
[x,lambda,exitflag,output]=linprog(...)
```

上述代码返回包含优化信息的输出变量 output。

```
[x,fval,exitflag,output,lambda]=linprog(...)
```

上述代码将解 x 处的拉格朗日乘子返回到 lambda 参数中。

下面列举一个求线性规划问题的实例。

【例 28-1】 寻找满足函数 $f(x)=-5x_1-4x_2-6x_3$ 的有关 x 的最小值，并且使以下不等式成立：

$$x_1-x_2+x_3 \leqslant 20$$

$$3x_1+2x_2+4x_3 \leqslant 42$$

$$3x_1+2x_2 \leqslant 30$$

$$x_1 \geqslant 0, \quad x_2 \geqslant 0, \quad x_3 \geqslant 0$$

先在 MATLAB 的"命令行窗口"中输入以下参数：

```
>> f=[-5; -4; -6];
>> A=[1 -1 1
   3  2  4
   3  2  0];
>> b=[20; 42; 30];
>> lb=zeros(3,1);
```

然后调用 linprog()函数：

```
>> [x,fval,exitflag,output,lambda]=linprog(f,A,b,[],[],lb);
Optimal solution found.
```

运行结果如下：

```
>> x,lambda.ineqlin,lambda.lower
x=
    0.0000
   15.0000
    3.0000
ans =
    0.0000
    1.5000
    0.5000
ans =
    1.0000
    0.0000
    0.0000
```

也就是说，当 $x_1=0$，$x_2=15$，$x_3=3$ 时，满足上述不等式条件，此时函数值最小。

28.2　线性系统的描述方法

线性系统的描述方法有 3 种，分别是状态空间描述法、传递函数描述法和零极点描述法。

28.2.1　状态空间描述法

状态空间描述法使用状态方程模型来描述控制系统，在 MATLAB 中，建立状态方程模型需要使用 ss()函数和 dss()函数，其调用格式如下：

```
G=ss(a,b,c,d)
G=dss(a,b,c,d,e)
```

其中，a、b、c、d、e 是获得状态方程模型的参数。

【例 28-2】 写出二阶系统 $\dfrac{\mathrm{d}^2 y(t)}{\mathrm{d}t^2} + 2\zeta\omega_n\dfrac{\mathrm{d}y(t)}{\mathrm{d}t} + \omega_n^2 y(t) = \omega_n^2 u(t)$ 在 $\zeta=0.5$ 和 $\omega_n=2$ 时的状态方程。

将代码保存在 eg28_2.m 中，具体如下：

```
zeta=0.5;
wn=2;
A=[0 1;-wn^2 -2*zeta*wn];
B=[0;wn^2];
C=[1 0];
D=0;
G=ss(A,B,C,D)                          %建立状态方程模型
```

运行结果如下：

```
G=
  A=
      x1  x2
   x1   0   1
   x2  -4  -2
  B=
      u1
   x1   0
   x2   4
  C=
      x1  x2
   y1   1   0
  D=
```

```
      u1
  y1   0
Continuous-time state-space model.
```

28.2.2　传递函数描述法

在 MATLAB 中使用 tf() 函数来建立传递函数，其调用格式如下：

```
G=tf(num,den)
```

其中，num 为分子向量，num=$[b_1,b_2,\cdots,b_m,b_{m+1}]$；den 为分母向量，den=$[a_1,a_2,\cdots,a_{n-1},a_n]$。

 由传递函数的分子和分母得出结果。

【例 28-3】　将【例 28-2】中的二阶系统方程描述为传递函数的形式。

将代码保存在 eg28_3.m 中，具体如下：

```
num=1;
den=[1 1.414 1];
G=tf(num,den)                          %得出传递函数
```

运行结果如下：

```
G=
          1
  ------------------
  s^2 + 1.414 s + 1
Continuous-time transfer function.
```

28.2.3　零极点描述法

在 MATLAB 中使用 zpk() 函数可以实现由零极点得到传递函数模型，其调用格式如下：

```
G=zpk(z,p,k)
```

其中，z 为零点列向量，p 为极点列向量，k 为增益。

【例 28-4】　得出【例 28-2】的二阶系统零极点，并得出传递函数。

将代码保存在 eg28_4.m 中，具体如下：

```
z=roots(num)
p=roots(den)
zpk(z,p,1)
```

运行结果如下：

```
z=
  空的 0×1 double 列向量
```

```
p=
  -0.7070 + 0.7072i
  -0.7070 - 0.7072i
ans =
          1
  ------------------
  (s^2 + 1.414s + 1)
Continuous-time zero/pole/gain model.
```

使用 roots() 函数可以得出多项式的根，零极点形式是以实数形式表示的。部分分式法是将传递函数表示成部分分式或余数形式：

$$G(s) = \frac{r_1}{s - p_1} + \frac{r_2}{s - p_2} + \cdots + \frac{r_n}{s - p_n} + k(s)$$

上述几种描述法的离散系统也可以使用相应的命令。

28.3 线性系统模型之间的转换

本节着重介绍线性系统模型之间的转换，包括连续系统模型之间的转换、连续系统与离散系统之间的转换。

28.3.1 连续系统模型之间的转换

控制系统工具箱中有各种不同的模型转换函数，表 28-3 列举了线性系统模型转换函数。

表 28-3　线性系统模型转换函数

函　数　名	调　用　格　式	功　　　　能
tf2ss	[a,b,c,d]=tf2ss(num,den)	传递函数转换为状态空间
tf2zp	[z,p,k]=tf2zp(num,den)	传递函数转换为零极点描述
ss2tf	[num,den]=ss2tf(a,b,c,d,iu)	状态空间转换为传递函数
ss2zp	[z,p,k]=ss2zp(a,b,c,d,iu)	状态空间转换为零极点描述
zp2ss	[a,b,c,d]=zp2ss(z,p,k)	零极点描述转换为状态空间
zp2tf	[num,den]=zp2tf(z,p,k)	零极点描述转换为传递函数

1. 系统模型的转换

（1）状态空间模型的获得。由 ss 命令和 dss 命令实现将传递函数和零极点增益转换为状态空间模型，其调用格式如下：

```
G=ss(传递函数)
```

由传递函数转换获得。

```
G=ss(零极点模型)
```

由零极点模型转换获得。

【例 28-5】　将单输入双输出的系统传递函数 $G_1(s) = \dfrac{\begin{bmatrix} 5s+2 \\ 3s^2+2s+1 \end{bmatrix}}{s^3+2s^2+3s+4}$ 转换为状态空间描述。

将代码保存在 eg28_5.m 中，具体如下：

```
num=[0 5 2;
    3 2 1];
den=[1 2 3 4];
G11=tf(num(1,:),den)
G12=tf(num(2,:),den)
G=ss([G11;G12])
```

运行结果如下：

```
G11=

      5 s + 2
 ---------------------
 s^3 + 2 s^2 + 3 s + 4
Continuous-time transfer function.
G12=

   3 s^2 + 2 s + 1
 ---------------------
 s^3 + 2 s^2 + 3 s + 4
Continuous-time transfer function.
G=
 A=
        x1    x2    x3
  x1   -2   -1.5   -2
  x2    2     0     0
  x3    0     1     0
 B=
      u1
  x1   2
  x2   0
  x3   0
 C=
        x1    x2    x3
  y1    0   1.25   0.5
  y2   1.5   0.5   0.25
```

Note

```
    D=
        u1
    y1    0
    y2    0
Continuous-time state-space model.
```

（2）传递函数的获得。由 tf 命令实现系统的状态空间转换和零极点增益模型转换为传递函数，其调用格式如下：

```
G=tf(状态方程模型)                              %由状态空间转换
G=tf(零极点模型)                                %由零极点模型转换
```

【例 28-6】 将由状态空间描述的【例 28-5】的结果转换为传递函数。

```
>> G1=tf(G)
G1=
    From input to output...
             5 s + 2
    1:  ---------------------
        s^3 + 2 s^2 + 3 s + 4

        3 s^2 + 2 s + 1
    2:  ---------------------
        s^3 + 2 s^2 + 3 s + 4
Continuous-time transfer function.
```

2．模型类型的检验

【例 28-7】 检验【例 28-5】的结果，检验模型的类型。

```
>> class(G)                                    %得出系统模型类型
ans =
    'ss'
>> isa(G,'tf')                                 %检验系统模型类型
ans =
  logical
    0
```

模型类型检验函数如表 28-4 所示。

表 28-4　模型类型检验函数

函 数 名	调 用 格 式	功　　能
class	class(G)	得出系统模型的类型
isa	isa(G, '类型名')	判断 G 是否是对应类型名，若是则为 1(true)
isct	isct(G)	判断 G 是否是连续系统，若是则为 1(true)
isdt	isdt(G)	判断 G 是否是离散系统，若是则为 1(true)
issiso	issiso(G)	判断 G 是否是 SISO 系统，若是则为 1(true)

28.3.2　连续系统与离散系统之间的转换

1．c2d 命令

c2d 命令用于将连续系统转换为离散系统，其调用格式如下：

```
Gd=c2d(G,Ts,method)
```

其中，G 为连续系统模型；Gd 为离散系统模型；Ts 为采样周期；method 为转换方法，可以省略，包括 zoh（默认零阶保持器）、foh（一阶保持器）、tustin（双线性变换法）、prewarp（频率预修正双线性变换法）和 mached（根匹配法）这 5 种。

【例 28-8】　将二阶连续系统转换为离散系统。

将代码保存在 eg28_8.m 中，具体如下：

```
a=[0 1;-1 -1.414];
b=[0;1];
c=[1 0];
d=0;
G=ss(a,b,c,d);
Gd=c2d(G,0.1)
```

运行结果如下：

```
Gd=
  A=
           x1        x2
  x1   0.9952    0.0931
  x2  -0.0931    0.8636
  B=
            u1
  x1  0.004768
  x2    0.0931
  C=
      x1  x2
  y1   1   0
  D=
      u1
  y1   0
Sample time: 0.1 seconds
Discrete-time state-space model.
```

2．d2d 命令

d2d 命令用于将离散系统改变采样频率，其调用格式如下：

```
Gd2=d2d(Gd1,Ts2)
```

其中，其实际转换过程是先把 Gd1 按零阶保持器转换为原连续系统，然后用 Ts2 和零阶保持器转换为 Gd2。

【例 28-9】 将二阶离散系统改变采样频率。

```
>> Gd2=d2d(Gd,0.3)
```

运行结果如下：

```
Gd2=
  A=
            x1         x2
   x1    0.961    0.2408
   x2   -0.2408   0.6205
  B=
            u1
   x1 0.03897
   x2  0.2408
  C=
       x1  x2
   y1   1   0
  D=
       u1
   y1   0
Sample time: 0.3 seconds
Discrete-time state-space model.
```

28.3.3 模型对象的属性

ss、tf 和 zpk 这 3 种对象除了具有线性时不变系统共有的属性，还具有其各自的属性，共有的属性如表 28-5 所示，其特有的属性如表 28-6 所示。

表 28-5 3 种对象共有的属性

属 性 名	属性值的数据类型	意 义
Ts	标量	采样周期，如果为 0 则表示连续系统，如果为-1 则表示采样周期未定
Td	数组	输入延时，仅对连续系统有效，省略表示无延时
InputName	字符串数组	输入变量名
OutputName	字符串数组	输出变量名
Notes	字符串	描述模型的文本说明
Userdata	任意数据类型	用户需要的其他数据

表 28-6 3 种对象特有的属性

对 象 名	属 性 名	属性值的数据类型	意 义
tf	den	行数组组成的单元阵列	传递函数分母系数
	num	行数组组成的单元阵列	传递函数分子系数
	variable	s、p、z、q 和 z^{-1} 之一	传递函数变量
ss	a	矩阵	系数
	b	矩阵	系数
	c	矩阵	系数
	d	矩阵	系数
	e	矩阵	系数
	StateName	字符串向量	用于定义每个状态变量的名称
zpk	z	矩阵	零点
	p	矩阵	极点
	k	矩阵	增益
	variable	s、p、z、q 和 z^{-1} 之一	零极点增益模型变量

表 28-5 和表 28-6 中的 3 种对象的属性在前面都已经使用过，MATLAB 中提供的 get 命令和 set 命令用于对属性进行获取与修改。

【例 28-10】 已知二阶系统的传递函数 $G(s) = \dfrac{1}{s^2 + 1.414s + 1}$，获取其传递函数模型的属性，并将传递函数修改为 $\dfrac{1}{z^2 + z + 1}$。

将代码保存在 eg28_10.m 中，具体如下：

```
num=1;
den=[1 1.414 1];
G=tf(num,den);
get(G)                              %获取所有属性
set(G,'den',[1 1 1],'Variable','s') %设置属性
G
```

运行结果如下：

```
    Numerator: {[0 0 1]}
  Denominator: {[1 1.4140 1]}
     Variable: 's'
      IODelay: 0
    InputDelay: 0
   OutputDelay: 0
           Ts: 0
     TimeUnit: 'seconds'
    InputName: {''}
    InputUnit: {''}
```

```
         InputGroup: [1×1 struct]
         OutputName: {''}
         OutputUnit: {''}
        OutputGroup: [1×1 struct]
              Notes: [0×1 string]
           UserData: []
               Name: ''
       SamplingGrid: [1×1 struct]
G=
        1
   -----------
   s^2 + s + 1
Continuous-time transfer function.
```

28.4 线性系统的时域分析

本节主要介绍线性系统的时域分析，包括零输入响应分析、脉冲响应分析、阶跃响应分析和任意输入响应。

28.4.1 零输入响应分析

在 MATLAB 中使用 initial 命令来计算和显示连续系统的零输入响应，其调用格式如下：

```
initial(G,x0, Ts)              %绘制系统的零输入响应曲线
initial(G1,G2,…,x0, Ts)        %绘制多个系统的零输入响应曲线
[y,t,x]=initial(G,x0, Ts)      %得出零输入响应、时间和状态变量响应
```

其中，G 为系统模型，必须是状态空间模型；x0 是初始条件；Ts 为时间点，如果是标量则为终止时间，如果是数组则为计算的时刻，可以省略；y 为输出响应；t 为时间向量，可以省略；x 为状态变量响应，可以省略。

【例 28-11】 某反馈系统的前向通道的传递函数为 $G1 = \dfrac{12}{s+4}$，反馈通道的传递函数为 $H = \dfrac{1}{s+3}$，求出其初始条件为[1 2]时的零输入响应。

将代码保存在 eg28_11.m 中，具体如下：

```
G1=tf(8,[2 6]);
H=tf(2,[4 5]);
GG=feedback(G1,H)
```

```
G=ss(GG);
initial(G,[1 2])                        %绘制零输入响应
```

运行结果如下：

```
GG=
      32 s + 40
    ------------------
    8 s^2 + 34 s + 46
Continuous-time transfer function.
```

输入响应如图 28-1 所示。

图 28-1　输入响应

28.4.2　脉冲响应分析

1．连续系统的脉冲响应

连续系统的脉冲响应由 impulse 命令得出，其调用格式如下：

```
impulse(G, Ts)                          %绘制系统的脉冲响应曲线
[y,t,x]=impulse(G, Ts)                  %得出脉冲响应
```

其中，G 为系统模型，可以是传递函数、状态方程、零极点增益的形式；y 为时间响应；t 为时间向量，可以省略；x 为状态变量响应，可以省略；Ts 为时间点，可以省略。

【例 28-12】　求出初始条件为零时系统的单位脉冲响应，并绘制曲线。

将代码保存在 eg28_12.m 中，具体如下：

```
impulse(G)                              %绘制脉冲响应曲线
t=0:0.2:8;
y=impulse(G,t);                         %根据时间 t 得出脉冲响应
```

运行结果如图 28-2 所示，显示了脉冲响应。

2．离散系统的脉冲响应

离散系统的脉冲响应使用 dimpulse 命令实现，其调用格式如下：

```
dimpulse(a,b,c,d,iu)                    %绘制离散系统脉冲响应曲线
[y,x]=dimpulse(a,b,c,d,iu,n)            %得出 n 点离散系统的脉冲响应
[y,x]=dimpulse(num,den,iu,n)            %由传递函数得出 n 点离散系统的脉冲响应
```

 说　明　　iu 为第几个输入信号；n 为要计算脉冲响应的点数；y 的列数与 n 对应；x 为状态变量，可以省略。

【例 28-13】　根据系统数学模型得出离散系统的脉冲响应。

将代码保存在 eg28_13.m 中，具体如下：

```
a=[-1 1;1 -4];
b=[2;3];
c=[2 -2];
d=2;
dimpulse(a,b,c,d,1,10)            %绘制离散系统脉冲响应的10个点
```

运行结果如图 28-3 所示，显示了离散脉冲响应。

图 28-2 脉冲响应

图 28-3 离散脉冲响应

28.4.3 阶跃响应分析

阶跃响应可以用 step 命令来实现，其调用格式如下：

```
step(G, Ts)                       %绘制系统的阶跃响应曲线
[y,t,x]=step(G, Ts)               %得出阶跃响应
```

其中，step 命令的参数设置与 impulse 命令的参数设置相同。

【例 28-14】　求出整个系统的传递函数，其中 $G_1(s) = \dfrac{1}{s^2+2s+1}$，$G_2(s) = \dfrac{1}{s+1}$，

$G_3(s) = \dfrac{1}{2s+1}$，$G_4(s) = \dfrac{1}{s}$。

请根据系统模型得出阶跃响应曲线。

将代码保存在 eg28_14.m 中，具体如下：

```
G1=tf(12,[1 4]);
H=tf(1,[1 3]);
G=feedback(G1,H)
step(G)                           %绘制阶跃响应曲线
```

运行结果如下：

```
G=

    12 s + 36
   ---------------
   s^2 + 7 s + 24
Continuous-time transfer function.
```

图 28-4 阶跃响应

阶跃响应如图 28-4 所示。

可以使用 step 命令根据时间 t 的步长不同，得出不同的阶跃响应波形，代码如下：

```
t1=0:0.1:5;
y1=step(G,t1);
plot(t1,y1)
t2=0:0.5:5;
y2=step(G,t2);
plot(t2,y2)
hold off
```

得到的变步长阶跃响应如图 28-5 所示。

（a）阶跃响应　　　　　　　　　　　（b）步长增大

图 28-5 变步长阶跃响应

28.4.4 任意输入响应

1. 连续系统的任意输入响应

连续系统对任意输入的响应用 lsim 命令来实现，其调用格式如下：

```
lsim(G,U,Ts)              %绘制系统的任意响应曲线
lsim(G1,G2,…U,Ts)         %绘制多个系统的任意响应曲线
[y,t,x]=lsim(G,U,Ts)      %得出任意响应
```

说 明　　U 为输入序列，每列对应一个输入；Ts 为时间点，U 的行数和 Ts 相对应；参数 t 和 x 可以省略。

【例 28-15】　根据输入信号和系统的数学模型得出任意输入的输出响应，输入信号为正弦信号，系统为阻尼系数变化的二阶系统。

将代码保存在 eg28_15.m 中，具体如下：

```
t=0:0.2:6;
u=sin(t);
G1=tf(1,[1 1.41 1])
G2=tf(2,[1 0.3 1])
lsim(G1,'r',G2,'bo',u,t)              %绘制两个系统的正弦输出响应
```

输出响应如图 28-6 所示。

图 28-6　输出响应

运行结果如下：

```
G1=
        1
    ----------------
  s^2 + 1.41 s + 1
Continuous-time transfer function.
G2=
        2
    ---------------
  s^2 + 0.3 s + 1
Continuous-time transfer function.
```

2. 离散系统的任意输入响应

离散系统的任意输入响应用 dlsim 命令来实现，其调用格式如下：

```
dlsim(a,b,c,d,U)                  %绘制离散系统的任意响应曲线
[y,x]=dlsim(num,den,U)            %得出离散系统的任意响应和状态变量响应
[y,x]=dlsim(a,b,c,d,U)            %得出离散系统响应和状态变量响应
```

其中，U 为任意序列输入信号。

【例 28-16】　根据离散系统的 Z 变换表达式 $G(z) = \dfrac{2 + 5z^{-1} + z^{-2}}{1 + 2z^{-1} + 3z^{-2}}$，得出正弦序列输

入响应。

将代码保存在 eg28_16.m 中，具体如下：

```
num=[3 2 1];
den=[1 2 3];
t=0:0.2:6;
u=sin(t);
y=dlsim(num,den,u)
```

输入响应的运行结果如下：

```
y=
  1.0e+06 *
        0
   0.0000
   0.0000
   0.0000
   0.0000
  -0.0000
  -0.0000
   0.0000
  -0.0000
  -0.0000
   0.0000
  -0.0001
   0.0000
   0.0001
  -0.0004
   0.0003
   0.0005
  -0.0019
   0.0021
   0.0014
  -0.0091
   0.0139
  -0.0006
  -0.0404
   0.0828
  -0.0443
  -0.1599
   0.4526
  -0.4256
  -0.5066
   2.2898
```

28.5 线性系统的频域分析

28.4 节介绍了线性系统的时域分析，本节重点介绍线性系统的频域分析。

28.5.1 频域特性

频域特性如下所示：

```
Gw=polyval(num,j*w)./polyval(den,j*w)
mag=abs(Gw)                              %幅频特性
pha=angle(Gw)                            %相频特性
```

其中，j 为虚部变量。

【例 28-17】 根据二阶系统传递函数 $G(s) = \dfrac{1}{s^2 + 2s + 3}$ 得出频域特性。

将代码保存在 eg28_17.m 中，具体如下：

```
num=1;
  den=[1 2 3];
  w=1 ;
  Gw=polyval(num,j*w)./polyval(den,j*w)    %得出系统频率特性
  Aw=abs(Gw)                               %得出幅频特性
  Fw=angle(Gw)                             %得出相频特性
```

运行结果如下：

```
Gw=
   0.2500 - 0.2500i
Aw=
    0.3536
Fw=
   -0.7854
```

28.5.2 连续系统频域特性

1. bode 曲线

bode 曲线描述的是对数幅频和对数相频特性，其调用格式如下：

```
bode(G,w)                                %绘制 bode 曲线
[mag,pha]=bode(G,w)                      %得出 w 对应的幅值和相角
[mag,pha,w]=bode(G)                      %得出幅值、相角和频率
```

其中，G 为系统模型，w 为频率向量，mag 为系统的幅值，pha 为系统的相角。

【例 28-18】　根据系统传递函数绘制 bode 曲线。

将代码保存在 eg28_18.m 中，具体如下：

```
num=1;
den=conv([1 1],[1 ,2])
G=tf(num,[den 0])
bode(G)                        %绘制 bode 曲线
```

运行结果如下：

```
den=
    1    3    2
G=

         1
    -----------------
    s^3 + 3 s^2 + 2 s
Continuous-time transfer function.
```

绘制的 bode 曲线如图 28-7 所示。

图 28-7　绘制的 bode 曲线

2．nyquist 曲线

nyquist 曲线描述的是幅相频率特性，可以使用 nyquist 命令进行绘制和计算，其调用格式如下：

```
nyquist (G,w)                        %绘制 nyquist 曲线
nyquist (G1,G2,…w)                   %绘制多条 nyquist 曲线
[Re,Im]= nyquist (G,w)               %由 w 得出对应的实部和虚部
[Re,Im,w]= nyquist (G)               %得出实部、虚部和频率
```

其中，G 为系统模型；w 为频率向量，也可以用{wmin,wmax}表示频率的范围；Re

为频率特性的实部，Im 为频率特性的虚部。

【例 28-19】 根据传递函数 $G_1(s) = \dfrac{1}{s(s+2)(s+3)}$ 、 $G_2(s) = \dfrac{1}{(s+2)(s+3)}$ 和 $G_3(s) = \dfrac{1}{s(s+2)}$ ，绘制各系统的 nyquist 曲线。

将代码保存在 eg28_19.m 中，具体如下：

```
num=1;
den1=[conv([1 2],[1 3]),0];
G1=tf(num,den1)
den2=[conv([1 2],[1 3])];
G2=tf(num,den2)
den3=[1 2 0];
G3=tf(num,den3)
nyquist(G1,'r',G2,'b:',G3,'g-.',{0.1,180/57.3})     %频率范围
%获得频率特性的实部和虚部
w=1:2;
[re,im]=nyquist(G1,w)
```

运行结果如下：

```
G1=
        1
  ----------------
  s^3 + 5 s^2 + 6 s
Continuous-time transfer function.
G2=
        1
  -------------
  s^2 + 5 s + 6
Continuous-time transfer function.
G3=
      1
  ---------
  s^2 + 2 s
Continuous-time transfer function.
re(:,:,1)=
   -0.1000
re(:,:,2)=
   -0.0481
im(:,:,1)=
   -0.1000
im(:,:,2)=
   -0.0096
```

绘制的 nyquist 曲线如图 28-8 所示。

图 28-8　绘制的 nyquist 曲线

　　re 和 im 是三维数组，组成 (Ny, Nu, Length(w))，其中，Ny 为输出，Nu 为输入。

3. nichols 曲线

nichols 曲线描述的是对数幅相频率特性，使用 nichols 命令进行绘制和计算，其调用格式如下：

```
nichols(G,w)                      %绘制 nichols 曲线
nichols(G1,G2,…w)                 %绘制多条 nichols 曲线
[Mag,Pha]= nichols(G,w)           %由 w 得出对应的幅值和相角
[Mag,Pha,w]= nichols(G)           %得出幅值、相角和频率
```

在单位反馈系统中，闭环系统的传递函数可以写成 $G(s)/(1+G(s))$，因此，nicholsF 图的等 M 圆和等 N 圆就映射成等 M 线和等 α 线，MATLAB 中提供了绘制 nichols 框架下的等 M 线和等 α 线的 ngrid 命令，其调用格式如下：

```
ngrid('new')
```

这样可以清除图形窗口并绘制等 M 线和等 α 线。

其中，new 为创建的图形窗口，清除该图形窗口并绘制等 M 线和等 α 线，如果绘制了 nichols 曲线则可以省略 new，直接添加等 M 线和等 α 线；产生-40db～40db 的幅值和–360°～0°的范围，并保持图形。

【例 28-20】　根据传递函数 $G_1(s) = \dfrac{1}{s(s+2)(s+3)}$（【例 28-19】中的 G_1），绘制等 M 线、等 α 线和 nichols 曲线。

将代码保存在 eg28_20.m 中，具体如下：

```
num=1;
den1=[conv([1 2],[1 3]),0];
G1=tf(num,den1)
ngrid('nichols1')                    %绘制等 M 线和等α线
nichols(G1)                          %绘制 nichols 曲线
w=1:2;
[Mag,Pha]=nichols(G1,w)              %获得幅值和相角数值
```

运行结果如下：

```
Mag(:,:,1)=
    0.1414
Mag(:,:,2)=
    0.0490
Pha(:,:,1)=
  -135
Pha(:,:,2)=
 -168.6901
```

绘制的等 M 线、等α 线和 nichols 曲线如图 28-9 所示。

图 28-9　绘制的等 M 线、等α 线和 nichols 曲线

28.6　线性系统的状态空间设计

本节着重介绍线性系统的状态空间是如何设计的，包括单输入系统的极点配置和最优二次型设计。

28.6.1　单输入系统的极点配置

MATLAB 使用 acker 命令来对单输入单输出系统做极点配置，其调用格式如下：

```
k=acker(A,B,p)                          %SISO 系统极点配置
```

其中，A、B 为系统矩阵；p 为期望特征值数组。

【例 28-21】　已知系统状态方程为 $\dot{x} = Ax(t) + Bu(t)$，$A = \begin{bmatrix} 1 & 0 & 1 \\ 1 & 1 & 1 \\ -2 & -3 & -4 \end{bmatrix}$，$B = \begin{bmatrix} 1 \\ 1 \\ 0 \end{bmatrix}$，

期望特征值为 $p=[-1+1j,-1-1j,-2]$，求状态增益矩阵 k。

将代码保存在 eg28_21.m 中，具体如下：

```
A=[1 0 1;1 1 1;-2 -3 -4];
B=[1;1;0];
p=[-1+1j -1-1j -2];
k=acker(A,B,p)
```

运行结果如下：

```
k=
  -0.4545   2.4545   0.0909
```

28.6.2　最优二次型设计

1. 连续系统最优二次型设计

MATLAB 使用 lqr 命令来求解最优问题，其调用格式如下：

```
[K,P,E]=lqr(A,B,Q,R)                    %连续系统最优二次型调节器设计
```

其中，A、B 为系统矩阵，Q、R 为性能指标函数对应的非负定对称矩阵，P 为 Riccati 方程的解，K 为最优增益反馈矩阵，E 为闭环特征值。

【例 28-22】　已知系统状态方程为 $\dot{x} = Ax(t) + Bu(t)$，$A = \begin{bmatrix} 1 & 0 & 1 \\ 1 & 1 & 1 \\ -2 & -3 & -4 \end{bmatrix}$，$B = \begin{bmatrix} 1 \\ 1 \\ 0 \end{bmatrix}$，

$Q = \begin{bmatrix} 1 & 0 & 0 \\ 0 & 1 & 0 \\ 0 & 0 & 1 \end{bmatrix}$，$R=1$，求最优二次型解。

将代码保存在 eg28_22.m 中，具体如下：

```
A=[1 0 1;1 1 1;-2 -3 -4];
B=[1;1;0];
```

```
Q=eye(3);
R=1;
[k,p,e]=lqr(A,B,Q,R)
```

运行结果如下：

```
k=
   -0.4956    4.0474    0.4583
p=
    4.7003   -5.1959   -0.0592
   -5.1959    9.2433    0.5175
   -0.0592    0.5175    0.2133
e=
  -0.6972 + 0.0000i
  -2.4273 + 1.0653i
  -2.4273 - 1.0653i
```

由此得出最优反馈增益矩阵 k，以及系统闭环特征值 e 和 Riccati 方程的正定矩阵解。

2. 对输出加权的最优二次型设计

在很多情况下，需要对输出量加权而不是对状态量加权，其代价函数如下：

$$J = \frac{1}{2}\int_0^\infty [\boldsymbol{y}(t)^{\mathrm{T}}\boldsymbol{Q}\boldsymbol{y}(t) + \boldsymbol{u}(t)^{\mathrm{T}}\boldsymbol{R}\boldsymbol{u}(t)]\mathrm{d}t$$

MATLAB 使用 lqry 命令解相应的 Riccati 方程和最优反馈增益，其调用格式如下：

```
[K,P,E]=lqry(A,B,Q,R)                          %系统加权最优二次型调节器设计
```

其中，A、B 为系统矩阵，Q、R 为性能指标函数对应的非负定对称矩阵，P 为 Riccati 方程的解，K 为最优增益反馈矩阵，E 为闭环特征值。

由于篇幅限制，本节不再详细讨论，感兴趣的读者可以参考 MATLAB 帮助文档中的相关内容。

28.7 本章小结

本章主要介绍了 MATLAB 中优化工具箱的最小化问题和线性规划问题，以及控制系统工具箱中的线性系统分析、设计和建模。最优化问题和线性系统在 MATLAB 中都可以找到相应的函数。

线性系统的描述及相应的时频分析在工业设计与控制理论中应用广泛，同样，最优化问题也是线性规划中经常遇到的问题。希望通过本章的介绍对初学者能够有所帮助。

第 4 部分
MATLAB 的高级应用

图像影音

对多媒体数据的处理是 MATLAB 越来越趋于时尚的又一表现。MATLAB 中不仅提供了创建和播放视频动画的命令，还提供了一些声音函数用于对声音文件进行处理。MATLAB 能够读/写多种格式的图像文件，也可以将图像数据保存在 MAT 文件中。

MATLAB 中提供了一系列命令和函数用于显示与处理图像。本章将在系统讲解各种图像处理方法理论的基础上，详细介绍 MATLAB 图像与影音函数的使用方法，并给出相应的实例。

学习目标

(1) 了解图像格式和图像文件。
(2) 熟悉影音制作。
(3) 熟悉图像处理。

29.1　图像

MATLAB 能够读/写多种格式的图像文件，也可以将图像数据保存在 MAT 文件中，本节着重介绍图像格式及图像文件。

29.1.1　图像格式

在 MATLAB 中，一幅图像通常由一个图像数据矩阵构成，有时可能还需要一个与之相对应的颜色表矩阵。MATLAB 的图像数据矩阵共有 3 种类型，即索引图像数据矩阵、亮度图像数据矩阵和真彩图像数据矩阵（也称为 RGB 图像数据矩阵）。

索引图像是带有颜色表矩阵的，图像数据矩阵中的数据通常被解释成指向颜色表矩阵的索引号。图像颜色表矩阵可以是任何有效的颜色表，即任何包含有效 RGB 数据的 $m \times 3$ 的数组。如果索引图像的图像数据数组为 $X(i,j)$，颜色表数组为 cmap，则每个图像像素 $P_{i,j}$ 的颜色就是 cmap($X(i,j)$,:)。

　　这就要求 X 中的数据值必须是位于[1 length(cmap)]范围之内的整数。

在 MATLAB 中，默认的数值型数据类型为 double，指的是双精度、64 位浮点数。MATLAB 对其他数据格式，如图像的 16 位字符数据类型（unit16）和 8 位无符号整型（unit8），提供了有限的支持。

image 命令和 imagesc 命令可以显示 8 位和 16 位图像，而不用预先把它们转换成 double 型。但是，unit8 的数据值的范围是[0,255]，这是在标准图形文件格式中支持的数据格式，unit16 的数据值的范围是[0,65535]。

JPEG（Joint Photographic Experts Group）是对精致灰度或彩色图像的一种国际压缩标准，其全称为"连续色调静态图像的数字压缩和编码"，已在数字照相机上得到了广泛应用，当选用有损压缩方式时可以节省相当大的空间。

JPEG 标准只是定义了一个规范的编码数据流，并没有规定图像数据文件的格式。JFIF 图像是一种使用灰度标识，或者使用 Y、Cb、Cr 分量彩色表示的 JPEG 图像，它包含一个与 JPEG 兼容的头。一个 JFIF 文件通常包含单个图像，图像可以是灰度的（其中的数据为单个分量），也可以是彩色的。

29.1.2　图像文件

1．BMP 图像文件

BMP 是 Microsoft Windows 所定义的图像文件格式，最早应用在 Microsoft 公司的

Windows 窗口系统中。BMP 图像文件只存放一幅图像，能存储单色、16 色、256 色和真彩色这 4 种图像数据，图像数据有压缩和非压缩这两种处理方式，与调色板的数据存储关系较为特殊，存储格式不固定，而是与文件头的某些具体参数（如像素位 bbp、压缩算法等）密切相关。

BMP 图像文件的头数据结构含有 BMP 图像文件的类型、大小和打印格式等信息。在 Windows 中对其进行了定义，其定义如下：

```
Typedef struct tag BITMAPFILEHEADER{
WORD bftype;                    /*位图文件的类型，必须为BMP
DWORD bfSize;                   /*位图文件的大小，以字节为单位
WORD bfReserved1;              /*位图文件保留字，必须为0
WORD bfReserved2;              /*位图文件保留字，必须为0
DWORD bfoffBits;               /*位图阵列的起始位置，以相对于位图文件头的偏移量表示
}BITMAPFILEHEADER;
```

2．GIF 图像文件

GIF（Graphics Interchange Format）图像文件格式由 CompuServe 公司最先在网络中用于在线传输图像数据。GIF 图像文件经常用于网页的动画、透明等特技制作。该文件具有以下特点。

（1）文件具有多元化结构，能够存储多张图像，并且具有多图像的定序或覆盖、交错屏幕绘图及文本覆盖等功能。

（2）调色板数据有通用调色板和局部调色板之分。

（3）采用了 LZW 压缩法。

（4）图像数据的一个字节存储一个像素点。

（5）文件内的各种图像数据区和补充区多数没有固定的数据长度与存储位置，为了方便程序寻找数据区，就以数据区的第一个字节作为标识符，以使程序能够判断读到哪种数据区。

（6）图像数据有顺序排列和交叉排列这两种方式。

（7）图像最多只能存储 256 色图像。

GIF 图像文件一般由表头、通用调色板、图像数据区及 4 个补充区组成。其中，表头和图像数据区是不可缺少的单元，通用调色板和 4 个补充区是可选择的内容。

3．TIF 图像文件

TIF（Tag Image File Format）图像文件格式是现有图像文件格式中最复杂的一种，它是由 Aldus 公司与 Microsoft 公司开发设计的，提供了各种信息存储的完备手段。其主要特点如下。

（1）应用指针功能，实现多幅图像存储。

（2）文件内的数据没有固定的排列顺序，但规定表头必须在文件前端，标识信息区和图像数据区在文件中可以任意存放。

（3）可以定制私人用的标识信息。

（4）能够接收除一般图像处理 RGB 模式之外的 CMYK、YcbCr 等多种不同的图像模式。

（5）可以存储多份调色板数据，其调色板的数据类型和排列顺序比较特殊。

（6）能够提供多种不同的压缩数据的方法。

（7）图像数据可以分割成几个部分分别存档。

TIF 图像文件主要由表头、标识信息区和图像数据区这 3 个部分组成。其中，文件内固定只有一个位于文件前端的表头，表头由一个标志参数指出标识信息区在文件中的存储地址，标识信息区有多组用于存储图像数据区的地址。每组标识信息区的长度固定为 12 字节，前 8 个字节分别代表信息的代号（2 字节）、数据类型（2 字节）、数据量（4字节），最后 4 个字节用于存储数据值或标识参数。

MATLAB 还可以利用 imread() 函数和 imwrite() 函数支持多种工业标准的图像文件格式。可以用 imfinfo() 函数获得关于图形文件内容的信息。imread() 函数的帮助文档给出了关于图像读取格式和特性的广泛信息：

```
>> help imread
imread - 从图形文件读取图像
    此 MATLAB 函数从 filename 指定的文件读取图像，并从文件内容推断出其格式。如果
filename 为多图像文件，则 imread 读取该文件中的第一个图像。
    A = imread(filename)
    A = imread(filename,fmt)
    A = imread(___,idx)
    A = imread(___,Name,Value)
    [A,map] = imread(___)
    [A,map,transparency] = imread(___)
```

29.2　影音

视觉动画和感官声音使 MATLAB 与人类行为集于一体，函数库为开发人员提供了众多处理影音所需的工具。

29.2.1 影片

MATLAB 中的动画采用了两种形式：第 1 种形式是，如果生成一个图像序列所需要的计算足够快，那么就可以设置 figure 属性和 axes 属性，使屏幕绘制以足够快的速度进行，这样动画从视觉上看起来就是平稳的；第 2 种形式是，如果计算需要大量的时间，或者结果得到的图像过于复杂，用户就必须生成一个影片。

在 MATLAB 中，getframe()函数和 movie()函数提供了捕获与演示影片所需要的工具。getframe()函数对当前的图像进行一次快照，movie()函数在这些快照都被捕获之后，回头重新播放这些帧序列。

下面列举一个 movie()函数的例子：

```
figure('Renderer','zbuffer')
Z=peaks;
surf(Z);
axis tight
set(gca,'NextPlot','replaceChildren');
%Preallocate the struct array for the struct returned by getframe
F(20)=struct('cdata',[],'colormap',[]);
%Record the movie
for j=1:20
    surf(.01+sin(2*pi*j/20)*Z,Z)
    F(j)=getframe;
end
```

原始图片如图 29-1 所示，经过 movie()函数处理后的动画图如图 29-2 所示。

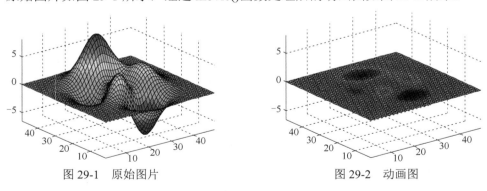

图 29-1 原始图片   图 29-2 动画图

29.2.2 声音

多通道 8 位或 16 位 WAVE 声音存储格式的声音文件可以用 wavwrite()函数来生成。wavwrite()函数最常用的调用格式如下：

```
wavwrite(y,Fs,N,filename)
```

Note

其中，y 是采样数据，Fs 是以赫兹为单位的采样频率，N 声明了在编码器中的位数，filename 是一个声明了输出文件的字符串。

y 的每列都代表一个单独的通道。y 中任何超出了[-1,1]范围的值在写入文件之前都被忽略了。参数 Fs 和 N 是可选的。如果这些参数被省略了，MATLAB 就使用其默认值 Fs=8000 赫兹和 N=16 位。如果文件名字符串没有后缀名，那么 MATLAB 就会自动给它加上.wav 的后缀。

如果 y 是整数类型，则其数据范围和 N 值如表 29-1 所示。

表 29-1　y 是整数类型时对应的数据范围和 N 值

N 值	y 的数据类型	y 的数据范围	输 出 格 式
8	uint8	0≤y≤255	uint8
16	int16	-32768≤y+32767	int16
24	int24	-2^23≤y≤2^23-1	int24

如果 y 是浮点类型，则其数据范围和 N 值如表 29-2 所示。

表 29-2　y 是浮点类型时对应的数据范围和 N 值

N 值	y 的数据类型	y 的数据范围	输 出 格 式
8	single 或 double	-1.0≤y < +1.0	uint8
16	single 或 double	-1.0≤y < +1.0	int16
24	single 或 double	-1.0≤y < +1.0	int24
32	single 或 double	-1.0≤y < +1.0	single

MATLAB 中除了提供高层处理函数 audiorecorder()和 audioplayer()，还提供了许多低层函数来处理声音。例如，sound(y,f,b)函数将向量 y 中的信号以采样频率 f 发送到计算机的扬声器中。变量 y 中超出[-1,1]范围的值被省略。如果 f 被省略，就使用默认的采样频率 8192 赫兹。如果有可能，MATLAB 用 b 位/秒播放这个声音。大多数的平台都支持 b=8 位或 b=16 位。如果 b 被省略，就使用 b=16 位。

soundsc()函数和 sound()函数基本相同，只是其向量 y 中的值都被标定在范围[-1,1]之内，而不是把超出这个范围的值省略。

μ律压缩和线性格式之间的转换可以利用 mu2lin()函数和 lin2mu()函数来进行，这两个函数所涉及的确切转换过程的信息请参考 MATLAB 的帮助文档。

auread()函数和 wavread()函数都有相同的调用语法与选项。auread()函数最常用的调用格式如下：

```
[y,Fs,nbits] = auread(aufile)
```

这条语句载入由字符串 aufile 声明的声音文件，并将采样数据返回给 y。如果这个 aufile 字符串没有给出后缀（.au 或.wav），那么 MATLAB 就将相应的后缀名添加到文件名后边。y 中的数据值都在[-1,1]之内。如果需要输出如上所示的 3 个参数，那么就在 Fs 和 nbits 中分别返回以赫兹为单位的采样频率和每个采样的位数。

这种调用格式对于预先分配存储空间或估计资源使用量来说是很有用的。

　　MATLAB 中图像和影音的函数如表 29-3 所示。

表 29-3　MATLAB 中图像和影音的函数

函　数　名	描　　述
image	创建索引或真彩色（RGB）图像对象
imagesc	创建亮度图像对象
colormap	将颜色表应用到图像
axis image	调整坐标轴刻度使其适应图像
unit8	将变量类型转换为无符号 8 位整数
uint16	将变量类型转换为无符号 16 位整数
double	将变量类型转换为双精度数
imread	读取图像文件
imwrite	写图像文件
imfinfo	获取图像文件信息
getframe	将影片帧放在结构体中
movie	从影片结构体中播放影片
frame2im	将影片帧转换成图像
im2frame	将图像转换成影片帧
avifile	生成 AVI 影片文件
addframe	将影片帧添加到 AVI 影片文件中
close	关闭 AVI 影片文件
aviread	读取 AVI 影片文件
aviinfo	获取 AVI 影片文件的信息
movie2avi	将 MATLAB 格式的影片转换为 AVI 格式
audiorecorder	声音录制对象
audioplayer	声音播放对象
audiodevinfo	获取声音设备信息
sound	将向量以声音的形式播放
soundsc	将向量进行归一化处理，并以声音的形式播放
wavplay	播放 WAVE 格式的声音文件
wavrecord	利用 Windows 的音频输入设备记录声音
wavread	读取 WAVE 格式的声音文件
wavwrite	写 WAVE 格式的声音文件
auread	读取 NeXT/SUN 格式的声音文件
auwrite	写 NeXT/SUN 格式的声音文件
lin2mu	将线性音频转换为 μ 律压缩音频
mu2lin	将 μ 律压缩音频转换为线性音频

29.3　图像处理

MATLAB 图像处理工具箱是为从事图像处理工作的工程师和研究员精心开发的模块，它支持多种标准的图像处理操作，以方便用户对图像进行分析和调整。

图像处理操作主要包括获取像素值及其统计数据、分析图像、抽取其主要结构信息、调整图像并突出其某些特征或抑制噪声等。

例如，在 MATLAB 的"命令行窗口"中输入如下代码：

```
>> imshow canoe.tif
>> vals=impixel
```

上面的代码运行后，会得到如图 29-3 所示的运行界面。选中 3 个点后按 Enter 键，得到的结果如下：

```
vals=
    0.7098    0.5490    0.3216
    0.5176         0         0
    0.1922    0.2235    0.1922
```

图 29-3　impixel()函数的运行界面

在所得的结果中，对应于第 2 个像素（该像素位于小船上）的值为纯红色，其绿色和蓝色成分均为 0。

impixel()函数可以返回选中像素或像素集的数据值。用户可以直接将像素坐标作为该函数的输入参数，或者用鼠标选中像素。

下面列举一个关于图像处理的实例。

【例 29-1】　彩图与黑白图的转换。

将 MATLAB 代码保存在 eg29_1.m 中，具体如下：

Note

```
%调入与显示 RGB 图像
RGB=imread('peppers.png');
M=[0.30, 0.59, 0.11];
gray=imapplymatrix(M, RGB);
figure
subplot(1,2,1), imshow(RGB),
title('Original RGB')
subplot(1,2,2), imshow(gray),
 title('Grayscale Conversion')
```

运行结果如图 29-4 所示。

Original RGB

Grayscale Conversion

（a）   （b）

图 29-4   灰度边缘检测

29.4   本章小结

　　本章主要针对 MATLAB 图像影音等多媒体方面进行详细介绍，其中包括图像格式和图像文件、影片的制作、声音和图像处理等。本章不仅介绍了函数的应用，还列举了相应的实例。

　　MATLAB 的开发人员不断挖掘其人性化特点，所以吸引了众多学习 MATLAB 的爱好者。把静态软件变成一件栩栩如生的作品，不仅体现了 MATLAB 的强大功能，还增强了其科技之美。科技与人文交相呼应，充分体现了其时代特征。

第30章

句柄图形

句柄图形是低层图形函数集合的总称，它实际上用于完成生成图形的工作。这些函数一般隐藏在 M 文件内部，但是它们非常重要，因为编程人员可以利用它们对图像或图片的外观进行控制。例如，可以利用句柄图形只对 x 轴产生网格线，或者将曲线的颜色设置为红色。

句柄图形还可以帮助编程人员为他们的程序创建用户图形界面，用户图形界面将在第 31 章介绍，本章主要介绍句柄图形的使用。

学习目标

（1）熟练掌握 get( )函数和 set( )函数。
（2）了解位置和单位。
（3）熟悉默认属性和通用属性。
（4）熟练掌握句柄的使用方法。

Note

30.1 句柄

MATLAB 中用于数据可视和界面制作的基本绘图要素被称为句柄图形对象（Handlegraphics Object）。

30.1.1 对象句柄

构成 MATLAB 句柄图形体系的图形对象如图 30-1 所示，可以独立操作每个图形对象。

图 30-1　构成 MATLAB 句柄图形体系的图形对象

在 MATLAB 中，生成的每个具体图形是由若干不同对象构成的，每个具体图形不必包含全部对象，但每个图形必须具备根屏幕和图形窗（简称图）。

每个图像对象都有一个独一无二的名字，这个名字叫作句柄。句柄是 MATLAB 中一个独一无二的整数或实数，用于指定对象的身份。用于创建一个图像对象的任意命令都会自动返回一个句柄，如下所示：

```
>> Hnd1=figure;
```

创建一个新的图像，并将这个图像的句柄返回到变量 Hnd1。根对象的句柄一般为 0，图像（图）对象的句柄一般是一个小的正整数，如 1,2,3,…，而其他的图形（Graphic）对象为任意的浮点数。

我们可以利用 MATLAB 中的函数得到图像、坐标系和其他对象的句柄。例如，gcf()函数返回当前图像窗口的句柄，而 gca()函数则返回在当前图像窗口中当前坐标系对象的句柄，gco()函数返回当前选择对象的句柄。这些函数会在后面具体讨论。

为了方便，存储句柄的变量名要在小写字母后面加一个 H，这样就可以与普通变量（所有的小写变量、大写变量、全局变量）进行区分。

30.1.2　对象属性

Note

所有的对象都有一组定义其特征的属性。通过设置这些属性，用户可以调整图形显示的方式。尽管有的属性名在所有的对象中都能见到，但与每个对象类型（如坐标轴系、线条、表面）相关的属性都是唯一的。

对象属性是一些特殊值，它可以控制对象行为的某些方面。每个属性都有一个属性名和属性值。属性名是用大小写字母混合格式写成的字符串，属性名中每个单词的第 1 个字母为大写，但是 MATLAB 中的变量名是不区分大小写的。

当一个对象被创建时，所有的属性都会自动初始化为默认值。使用包含"propertyname（属性名）"的创建函数创建对象时，默认值会被跳过，而跳过的值在创建函数中是存在的。例如，线宽属性可以通过下面的 plot 命令改变：

```
plot(x, y, 'LineWidth', 2);
```

一条曲线被创建时，函数用值 2 来替代它的默认值。

通过修改图形对象的属性可以控制对象的外观、行为等许多特征。属性不但包括对象的一般信息，而且包括特殊类型对象独一无二的信息。

例如，用户可以从任意给出的 figure 对象中获得以下信息：窗口中最后一次输入的标识符、指针的位置及最近一次选择的菜单项。MATLAB 将所有图形信息组织在一个层次表中，并将这些信息存储在相应的属性中。

例如，root 属性表包括当前图形窗口的句柄和当前的指针位置；figure 属性包括其子对象的类型列表，同时实时跟踪窗口中发生的事件；axes 属性包含有关其子对象对图形窗口映射表的使用方式，以及 plot()函数所使用的颜色命令。

有些属性是所有图形对象都具备的，如类型（Type）、被选状态（Selected）、是否可见（Visible）、创建回调函数（CreateFcn）和销毁回调函数（DeleteFcn）。而有些属性则是某种对象独有的，如线条对象的线性属性等。这些独有的属性将在介绍属性设置方法时具体介绍。

30.1.3　检测和修改

可以用 get()函数检测任意一个对象的属性，并用 set()函数对其进行修改。

get()函数最常见的形式如下：

```
a=get(h)
a=get(h,'PropertyName')
```

a 是句柄指定对象的属性值。如果在调用函数时只有一个句柄，那么函数会返回一个结构，域名为这个对象的属性名，域值为属性值。下面列举一个 get()函数应用的例子。

【例 30-1】 绘制函数 $y(x)=(x+1)^3$ 在[−1,1]上的图像，并对比前后设置。

将代码保存在 eg30_1.m 中，具体如下：

```
x=-1:0.1:1;
y=(x+1).^3;
Hnd1=plot(x, y);
```

绘制的图像如图 30-2 所示。

图 30-2 $y(x)=(x+1)^3$ 的图像

该曲线的句柄被存储在变量 Hnd1 中，我们可以利用它检测这条曲线的属性。get(Hnd1)函数在一个结构中返回这条曲线所有的属性，每个属性名都是结构的一个元素：

```
>> result=get(Hnd1)
result=
  包含以下字段的 struct:
            Color: [0 0.4470 0.7410]
        ColorMode: 'auto'
        LineStyle: '-'
    LineStyleMode: 'auto'
        LineWidth: 0.5000
           Marker: 'none'
       MarkerMode: 'auto'
       MarkerSize: 6
  MarkerEdgeColor: 'auto'
  MarkerFaceColor: 'none'
         Clipping: on
    MarkerIndices: [1 2 3 4 5 6 7 8 9 10 11 12 13 14 15 16 17 18 19 20 21]
 AlignVertexCenters: off
         LineJoin: 'round'
```

```
           Children: [0×0 GraphicsPlaceholder]
             Parent: [1×1 Axes]
            Visible: on
   HandleVisibility: 'on'
      ButtonDownFcn: ''
        ContextMenu: [0×0 GraphicsPlaceholder]
         BusyAction: 'queue'
       BeingDeleted: off
      Interruptible: on
          CreateFcn: ''
          DeleteFcn: ''
               Type: 'line'
                Tag: ''
           UserData: []
           Selected: off
 SelectionHighlight: on
            HitTest: on
       PickableParts: 'visible'
        DisplayName: ''
         Annotation: [1×1 matlab.graphics.eventdata.Annotation]
        SeriesIndex: 1
     DataTipTemplate: [1×1 matlab.graphics.datatip.DataTipTemplate]
              XData: [1×21 double]
          XDataMode: 'manual'
        XDataSource: ''
              YData: [1×21 double]
        YDataSource: ''
              ZData: [1×0 double]
        ZDataSource: ''
```

set()函数最常用的形式如下：

```
set(H,'PropertyName',PropertyValue,...)
```

注意　在一个单个的函数中可能有多个 PropertyName 和 Value。

例如，对 $y(x)=(x+1)^3$ 的图像的属性进行修改：

```
>> set(findobj('Type','line'),'LineStyle','--')
```

绘制的图像如图 30-3 所示。

图 30-3　将属性设置为虚线

如果要对比前后图形状态的变化，则可以在 MATLAB 的"命令行窗口"中输入下面的代码：

```
>> plot(peaks)
>> set(findobj('Type','line'),'Color','k')
```

运行结果如图 30-4 所示。

（a）设置前　　　　　　　　　　　　　　（b）设置后

图 30-4　图形状态的变化对比

30.2 位置和单位

许多 MATLAB 对象都包括位置（Position）属性，用来指定对象在计算机屏幕上的位置和大小，但这个属性在不同类型的对象中有细节上的差别。

30.2.1　图像对象的位置

可以用一个四元素行向量指定一个图像（图）在计算机屏幕上的位置，这个向量的值为[left bottom width height]，其中，left 是指图像的左边界，bottom 是指图像的底边界，width 是指图像的宽度，height 是指图像的高度。

这些位置值的单位可以用对象的 Units 属性指定。例如，当前图像的位置和单位可以用下面的语句得到：

```
>> get(gcf,'Position')
ans =
   440   378   560   420
>> get(gcf,'Units')
ans =
    'pixels'
```

单位（units）属性的默认值为像素（pixels），但是它的属性值还可以为英尺（inches）、公分（centimeters）、点（points）或归一化坐标（normalixed coordinates）。像素代表的是屏幕像素，即在屏幕上可以表示出来的最小的对象。典型的计算机屏幕最小分辨率为 640 像素×480 像素，在屏幕的每个位置都有超过 1000 的像素。因为像素数因计算机屏幕的不同而不同，所以指定对象的大小也会随之改变。

归一化坐标在 0 到 1 范围内。在归一化坐标中，屏幕的左下角为[0,0]，右上角为[1.0, 1.0]。如果对象的位置用归一化坐标系的形式描述，那么在不同分辨率显示器上对象的相对位置是固定的。例如，下面的语句创建了一个图像，把图像放置在屏幕的上部，而不用考虑显示器的大小：

```
>> H=figure(1)
>> set(H,'units', 'normalized','position',[0 .5 .5 .45])
```

　　如果想把对象放置在窗口的特定位置，最好的方法是用归一化坐标，因为不用考虑显示器的大小。

30.2.2　坐标系对象和 uicontrol 对象的位置

坐标系对象和 uicontrol 对象的位置同样可以用一个四元素向量表示，但它是相对于 figure 对象的位置。一般来说，所有子对象的 position 属性都与它的父对象相关。

坐标系对象在图像内的位置是由归一化单位指定的，默认情况为(0,0)代表图像的左下角，(1,1)代表图像的右上角。

Note

30.2.3　文本对象的位置

与其他对象不同，文本（text）对象有一个位置属性，包含 2 个或 3 个元素，这些元素为坐标系对象中文本对象的 x、y 和 z 坐标。

> **注意**　坐标系对象中的文本对象都显示在坐标轴上。

放置在某个特定点的文本对象的位置可以由这个对象的 HorizontalAlignment 属性和 VerticalAlignment 属性控制。HorizontalAlignment 属性的值可以是 Left、Center 或 Right。VerticalAlignment 属性的值可以是 Top、cap、Middle、Baseline 或 Bottom。文本对象的大小由字体大小和字符数决定，所以没有高度值和宽度值与之相关连。

例如，设置一个图像内对象的位置，文本对象的位置与坐标系的位置相关。为了说明如何在一个图像窗口中设置图形对象的位置，请参考【例 30-2】的程序，用此程序在单个图像窗口中创建两个交叠的坐标系。第 1 个坐标系用来显示 $\sin(x)$ 函数的图像，并带有相关文本说明。第 2 个坐标系用来显示 $\cos(x)$ 函数的图像，并在坐标系的左下角显示相关的文本说明。

【例 30-2】　编写一个程序。要求说明图形对象的位置，创建两幅图形，一幅是关于 $\sin(x/2)$ 的，另一幅是关于 $\cos(2x)$ 的。

将代码保存在 eg30_2.m 中，具体如下：

```
%定义变量
%H1 为 sin 句柄；%H2 为 cos 句柄；%Ha1 为第一轴句柄；%Ha2 为第二轴句柄；%x 为变量
%y1=sin(x/2)；%y2=cos(2x)
%计算 sin(x/2)、cos(2x)
x=-2*pi:pi/10:2*pi;
y1=sin(x/2);
y2=cos(2*x);
%创建新图
figure;
%绘图 sin(x/2)
Ha1=axes('Position',[.1 .1 .45 .45]);
H1=plot(x, y1);
set(H1,'LineWidth',2);
title('\bfPlot of sin (\itx/2)');
xlabel('\bf\itx');
ylabel('\bfsin (\itx/2)');
axis([-8 8 -1 1]);
%绘图 cos(2x)
Ha2=axes('Position',[.45 .45 .5 .5]);
H2=plot(x, y1);
```

```
set(H2,'LineWidth',2,'Color','r','LineStyle','--');
title('\bfPlot of cos (\it2x)');
xlabel('\bf\itx');
ylabel('\bfcos (\it2x)');
axis([-8 8 -1 1]);
axes(Ha1);
text(-4,-.8,'min(x)\rightarrow','HorizontalAlignment','right');
axes(Ha2);
text(0,0,'对称点');
```

运行结果如图 30-5 所示。

图 30-5 图形程序结果

30.3 默认属性和通用属性

MATLAB 中每个对象内置的默认属性均是出厂时的默认属性。通用属性是所有句柄图形对象都具有的一组属性。

30.3.1 默认属性

为了改变这些默认属性，用户必须使用 set()函数和 get()函数来设置和获取相应的属性值。如果用户不想用内置的默认属性创建对象，MATLAB 也允许用户设置自己的默认属性。

用户既可以改变单个对象的默认属性，也可以改变对象分级图中某类对象的默认属性。在创建一个对象时，MATLAB 首先在父对象这一层寻找默认属性值，如果没有找到，就沿着对象层次结构向上查找，直到找到一个默认属性值或内嵌的出厂默认值。

用户可以通过使用一种特殊的属性名字符串来设置任何一个层次的对象的默认属性值。该字符串由 Default 开始，后边紧跟对象的类型名和属性名。用户在 set() 函数中所使用的句柄决定了设置的默认值应用的对象范围。

例如，如果希望在当前的图形窗口中指定 line 对象的 LineWidth（线的宽度）属性为 1.5 个点宽，则可以使用以下语句：

```
>> set(gcf,'DefaultLineLineWidth',1.5)
```

如果要设置其他的默认属性值，请参考如下所示的设置命令。

设置较大的轴：

```
set(0,'DefaultAxesFontSize',14)
```

设置粗轴线：

```
set(gcf,'DefaultAxesLineWidth',2)
```

设置黄色的 X 轴线：

```
set(gcf,'DefaultAxesXColor','y')
```

设置 Y 轴为格线：

```
set(gcf,'DefaultAxesYGrid','on')
```

取消坐标轴：

```
set(0,'DefaultAxesBox','on')
```

当用户改变默认属性时，只有那些在设置语句之后生成的对象才会使用新的默认属性，而已经存在的对象则保持原来的默认属性不变。

当用户需要对一个已经存在的对象进行操作处理时，最好在处理完后将这些对象恢复到原来的状态。例如，如果用户在一个 M 文件中改变了已存在对象的默认属性，那么最好先将该对象原来的默认属性保存起来，在处理完毕要退出程序时，再将这些对象的默认属性恢复到最初的设置，如下面的代码所示：

```
oldunits = get(0,'DefaultFigureUnits');
set(0,'DefaultFigureUnits','normalized');
    <MATLAB statements>
set(0,'DefaultFigureUnits',oldunits);
```

要想使 MATLAB 在任何时候都使用用户定义的默认值，在 startup.m 文件中包含相应的 set 命令或命令组即可，例如：

```
set(0,'DefaultAxesXGrid','on')
set(0,'DefaultAxesYGrid','on')
set(0,'DefaultAxesZGrid','on')
set(0,'DefaultAxesBox','on')
set(0,'DefaultFigurePaperType','A4')
```

这些命令表明无论何时创建图形对象，都显示坐标栅格线，并显示封闭的坐标轴边框，另外，将默认的纸张大小设置为 A4 纸。由于这些设置都是在根一级的对象进行的，因此这些设置将影响图形窗口中的每个对象。

MATLAB 中提供了 3 个特殊的属性值字符串（remove、factory 和 default），用于取消、覆盖或查询用户自定义的默认属性。例如，如果用户改变了一个对象的默认属性，就可以使用特殊属性值 remove 来取消这次改动，从而将该对象的属性重新设置为它原来的默认值，具体如下：

```
>> set(0,'DefaultFigureColor',[.5 .5 .5])    %set a new default
>> set(0,'DefaultFigureColor','remove')      %return to MATLAB defaults
```

为了临时覆盖用户设置的默认属性，或者临时在某个特定对象上使用 MATLAB 出厂默认属性值，可以使用特殊属性值 factory，例如：

```
>> set(0,'DefaultFigureColor',[.5 .5 .5])    %set a new user default
>> figure('Color','factory')                 %figure using default color
```

第 3 个特殊的属性值字符串 default 强迫 MATLAB 沿着对象层次结构向上搜索，直到找到所需要的属性默认值。

如果能够找到这个默认值，则使用这个默认值；如果已经到达了根对象还没有找到所需的默认值，则使用 MATLAB 出厂默认值。该特殊属性值在用户已经使用非默认属性值生成了对象，但希望将属性值重新设为默认属性时非常有效，例如：

```
>> set(0,'DefaultLineColor','r')     %set default at the root level
>> set(gcf,'DefaultLineColor','g')   %current figure level default
>> Hl_rand = plot(rand(1,10));       %plot a line using 'ColorOrder' color
>> set(Hl_rand,'Color','default')    %the line becomes green
>> close(gcf)                        %close the window
>> Hl_rand = plot(rand(1,10));%plot a line using 'ColorOrder' color again
>> set(Hl_rand,'Color','default')    %the line becomes red
```

在正常情况下，plot()函数不会使用线条对象的默认值作为其绘制的线条颜色。如果用户没有在 plot()函数的参数中指定颜色，那么就用坐标轴的 ColorOrder 属性值来设置它绘制的每条线条的颜色。

要想获得所有的出厂默认属性值列表，可以使用下面的命令：

```
>> get(0,'factory')
```

要想获得对象层次结构中任何一层所设置的默认属性，可以使用下面的命令：

```
>> get(handle,'default')
```

根对象包含大量颜色属性的默认值及图形初始创建位置属性的默认值，如下所示：

```
>> get(0,'default')
ans =
        defaultFigurePosition: [440 378 560 420]
            defaultTextColor: [0 0 0]
           defaultAxesXColor: [0 0 0]
           defaultAxesYColor: [0 0 0]
           defaultAxesZColor: [0 0 0]
        defaultPatchFaceColor: [0 0 0]
        defaultPatchEdgeColor: [0 0 0]
            defaultLineColor: [0 0 0]
  defaultFigureInvertHardcopy: 'on'
            defaultAxesColor: [1 1 1]
        defaultAxesColorOrder: [7x3 double]
        defaultFigureColormap: [64x3 double]
      defaultSurfaceEdgeColor: [0 0 0]
          defaultFigureColor: [0.1000 0.5000 0.5000]
```

先对坐标轴设置默认属性，用如下命令：

```
>> whitebg('w') %create a figure with a white color scheme
set(0,'DefaultAxesColorOrder',[0 0 0],...
    'DefaultAxesLineStyleOrder','-|--|:|-.')
```

然后调用 plot()函数，用如下命令：

```
>> Z=peaks;
plot(1:49,Z(4:7,:))
```

运行结果如图 30-6 所示。

图 30-6　坐标轴默认属性的设置

30.3.2 通用属性

ButtonDownFcn、CreateFcn 和 DeleteFcn 都表示回调过程。回调就是当对象属性所描述的动作发生时需要执行的 MATLAB 代码。在大多数情况下，这些代码都是以函数的形式出现的。

Parent 属性和 Children 属性均包含对象层次结构中其他对象的句柄。

Clipping 属性用来设置在坐标轴的子对象显示时，是否进行范围限制。除了文本对象，当 Clipping 属性为 on（on 为 Clipping 属性的默认值）时，坐标轴的其他子对象在显示时都可能会被削减，以便使它们显示在有效的坐标轴范围之内。

Interruptible 属性和 BusyAction 属性用于控制当前一个回调正在执行时如何执行下一个回调。

Type 是一个标识对象类型的字符串。当一个对象是图形的 CurrentObject 时，则该对象的 Selected 属性值就为 on，SelectionHightlight 属性决定了在该对象被选中时是否改变外观。HandleVisibility 属性用于指定对象句柄是可见、不可见或只在回调时可见。

如果有必要，根对象的 ShowHiddenHandles 属性将覆盖所有子对象的 HandleVisibility 属性。如果将对象的 Visible 属性设置为 off，那么该对象将不会显示出来（但该对象仍存在于原来的位置，并且它的对象句柄仍有效），并且它不会被重新绘制。将 Visible 属性设置为 on 会使该对象在屏幕上显示出来。

Tag 属性和 UserData 属性是为用户保留的，Tag 属性通常用来给一个对象加上标示性的标签，例如：

```
>> set(gca,'Tag','My Axes')
```

这样就可以为图形中的当前坐标轴添加一个标签 My Axes。

 My Axes 并不显示在坐标轴或当前图形中，但用户可以通过查询 Tag 属性来标识这个对象。

UserData 属性可以包含用户想要放置的任何变量。字符串、数字、结构体和多维单元数组都可以保存在对象的 UserData 属性中。MATLAB 中没有提供函数用来改变或预设该属性中所包含的值，这些值只能靠用户来设定和改变。

前面用 get()函数和 set()函数所列出的各个对象的属性都是存档属性，也有一些 MATLAB 开发人员使用无存档或隐藏属性，这些属性中的一部分可以进行修改，而另一部分则是只读属性。

无存档属性虽然不能在 get()函数或 set()函数的显示列表中显示，但这些属性的确是存在的，并且可以进行修改。用户可以使用根对象的 HideUndocumented 属性（该属性本身也是一个非正式属性）控制 get()函数是返回所有的属性还是只返回正式属性。

由于无存档属性是有意不存档的，因此用户在使用它们时务必要小心。无存档属性有时不如存档属性那样具有很强的鲁棒性，并且经常发生变化。随着 MATLAB 版本的不断升级，无存档属性在以后也可能会继续存在、消失、发生功能改变，甚至变成存档属性。

通用属性的属性名及其描述如表 30-1 所示。

表 30-1　通用属性的属性名及其描述

属 性 名	描 述
BeingDeleted	该属性标示对象是否能被删除，只有将该属性设置为 on 时，用户才可以删除对象
BusyAction	该属性用于控制 MATLAB 句柄如何回调中断
ButtonDownFcn	该属性指定了当鼠标在一个对象上按下时需要执行的回调代码
Children	该属性返回所有可见的子对象句柄
Clipping	该属性用于激活或禁用对坐标轴子对象的范围限制（即是否能超出坐标轴范围）
CreateFcn	该属性指定了在一个对象被创建之后需要立即执行的回调代码
DeleteFcn	该属性指定了在一个对象被删除之前需要执行的回调代码
BusyAction	决定该对象的回调过程如何被其他回调过程中断
HandleVisibility	决定对象的句柄是否在命令行窗口中或执行回调时可见
HitTest	决定该对象是否能够用鼠标选定并成为当前对象
Interruptible	决定该对象的回调是否可以被中断
Parent	该属性返回所有可见的父对象句柄
Selected	确定该对象是否已经被选为当前对象
SelectionHighlight	确定该对象在选定时是否显示可见的选择句柄
Tag	该属性是一个用户自定义的字符串，用来标识对象或为对象添加一个标签。该属性通常用于 findobj()函数，如 findobj(0, 'tag', 'mytagstring')
Type	该属性是一个标识对象类型的字符串
UIContextMenu	返回与该对象有关的上下文菜单的句柄
UserData	存储与该对象有关的所有用户自定义的变量
Visible	该属性标示对象是否可见

30.4　使用句柄

如果读者希望访问对象的属性，那么最好在创建对象时将对象的句柄赋给一个变量，方便以后对句柄进行重复搜索。

30.4.1　获取对象句柄

root 对象的句柄总是为 0；figure 对象的句柄既可以是显示在窗口标题栏中的整数（在默认情况下），也可以是一个完全符合 MATLAB 内部浮点数精度的数值。

除了 root 对象和 figure 对象，所有图形对象的句柄都是一个浮点数。用户在使用这些句柄数据时必须保证这些数据的全部精度。

虽然 gcf 命令和 gca 命令提供了获取当前窗口和坐标轴句柄的方法，但是很少在 M 文件中使用这两个命令，因为在设计 MATLAB 程序的 M 文件时，一般不会根据用户行为来获得当前对象。

MATLAB 中还提供了一种通过属性搜索对象的方法，即 findobj() 函数。findobj() 函数能够快速形成一个继承表的横截面，并获得具有指定属性值的对象句柄。

如果用户没有指定一个开始搜索的对象，那么 findobj() 函数将从 root 对象开始，始终搜索与读者指定属性名和属性值相符的所有事件，具体如下：

```
>> h=findobj(gca,'Type','line')
h=
   Empty matrix: 0-by-1
```

30.4.2　句柄控制

使用 copyobj() 函数可以将一个对象从一个父对象复制到另一个父对象中。新对象与旧对象不同的是其 Parent 属性和句柄。可以同时将多个对象复制到一个新的父对象中，也可以将一个对象复制到多个父对象中而不改变当前的父子关系。

当复制一个有子对象的对象时，同时复制其所有的子对象。

例如，正在绘制多个数据并且希望标注每个图形点，text() 函数将使用字符串和一个左箭头来标注数据点，代码如下：

```
>> h=plot(-2*pi:pi/10:2*pi,cos(-2*pi:pi/10:2*pi));
text(pi,0,'\leftarrowcos(\pi)','FontSize',18)
```

运行结果如图 30-7 所示。

图 30-7　待复制的图形

使用 copyobj()函数复制文本对象的代码如下：

```
>> figure          %Create a new figure
Axes               %Create an axes object in the figure
new_handle=copyobj(h,gca);
```

运行结果如图 30-8 所示。

图 30-8　复制的图形

30.4.3　图形控制

　　MATLAB 允许在同一次运行过程中打开多个图形窗口，所以当一个 MATLAB 程序将创建图形窗口来显示图形并绘制数据时，有必要对某些图形窗口进行保护，以免成为图形输出的目标，而相应的输出窗口要做好接收新图形的准备。

　　在默认情况下，MATLAB 图形创建函数在当前的图形窗口和坐标轴中显示图形。用户可以通过在图形创建函数中使用明确的 Parent 属性直接指定图形的输出位置。

　　下面给出一个类似于 plot()的绘图函数 my_plot()，该函数在绘制多个图形时将循环使用不同的线型，而不是使用不同的颜色，具体代码如下：

```
function myplot(x,y)
cax=newplot;
LSO=['- ';'--';': ';'-.'];
set(cax,'FontName','Times','FontAngle','italic')
set(get(cax,'Parent'),'MenuBar','none')
line_handles=line(x,y,'Color','b');
style=1;
for i=1:length(line_handles)
if style>length(LSO),style=1;
end
set(line_handles(i),'LineStyle',LSO(style,:))
style=style+1;
end
grid on
```

my_plot()函数使用低级函数 line()的语法来绘制数据，虽然 line()函数并不检查图形窗口和坐标轴的 NextPlot 属性值,但是 newplot 的调用使 my_plot()函数与高级函数 plot()执行相同的操作，即每次调用该函数时，函数都对坐标轴进行清除和重置。

　　my_plot()函数使用 newplot()函数返回的句柄来访问图形窗口和坐标轴。该函数还设置了坐标轴的字体属性，并禁止使用图形窗口的菜单。调用 my_plot()函数的绘图结果如图 30-9 所示。

```
>> myplot(1:2*pi,sin(1:2*pi))
```

图 30-9　my_plot()函数的绘图结果

30.4.4　保存句柄

　　图形 M 文件经常使用句柄来访问属性值，并通过句柄直接定义图形输出的目标。MATLAB 中提供了一些有用的函数用来获得图形关键对象（如当前窗口和坐标轴）的句柄。

　　为了保存句柄信息，通常在 M 文件的开始处保存与 MATLAB 相关的状态信息。

　　具体的代码如下：

```
>> cax=newplot;
>> cfig=get(cax,'Parent');
>> hold_state=ishold;
```

　　有些内置函数可以通过修改坐标轴的属性实现某种特定的效果，这些函数可能会对 M 文件产生一定的影响。

　　MATLAB 中的内置函数修改的属性如表 30-2 所示，需要注意的是，这些属性仅在 hold 设置为 off 时才会发生变化。

Note

表 30-2　MATLAB 中的内置函数修改的属性

函　数　名	坐标轴属性（改变后）	函　数　名	坐标轴属性（改变后）
fill	Box:on CameraPosition:2-Dview CameraTarget:2-Dview CameraUpVector:2-Dview CameraViewAngle:2-Dview CameraPosition:3-Dview CameraTarget:3-Dview CameraUpVector:3-Dview	plot	Box:on CameraPosition 2-Dview CameraTarget 2-Dview CameraUpVector:2-Dview CameraViewAngle:2-Dview CameraPosition:3-Dview CameraTarget:3-Dview CameraUpVector:3-Dview
Fill3	CameraViewAngle:3-Dview XScale:linear YScale:linear ZScale:Linear Box:on Layer:top CameraPosition:2-Dview CameraTarget:2-Dview CameraUpVector:2-Dview	plot3	CameraViewAngle:3-Dview XScale:linear YScale:linear ZScale:linear
Image (high-level)	CameraViewAngle:2-Dview XDir:normalXLim:[0size(CData,1)]+0.5 XLimMode:manual YDir:reverseYLim:[0size(CData,2)]+0.5 YLimMode:manual Box:on CameraPosition:2-Dview CameraTarget:2-Dview	semilogx	Box:on CameraPosition:2-Dview CameraTarget:2-Dview CameraUpVector:2-Dview CameraViewAngle:2-Dview XScale:log YScale:linear
loglog	CameraUpVector:2-Dview CameraViewAngle:2-Dview XScale:log	Semilogy	Box:on CameraPosition:2-Dview CameraTarget:2-Dview CameraUpVector:2-Dview CameraViewAngle:2-Dview XScale:linear YScale:log

30.4.5　句柄操作实例

【例 30-3】　在树形图下截取一段图像，并在其上对句柄进行操作来彩绘图像。

将代码保存在 eg30_3.m 中，具体如下：

```
clf reset,t=(0:40)/20;
r=2-tan(pi*t);
```

```
[x,y,z]=cylinder(r,40);
[C,CMAP]=imread('trees.tif');%读 trees 图
CC=double(C)+1;
%彩绘
surface(x,y,z,'Cdata',flipud(CC),'FaceColor','texturemap','EdgeColor'
,'none','CDataMapping','direct','Ambient',0.6,'diffuse',0.8,'specular
s',0.9)
colormap(CMAP)
view(3),axis off
```

运行结果如图 30-10 所示。

图 30-10　彩绘图

30.5　本章小结

　　本章着重介绍了 MATLAB 的句柄图形，包括句柄、位置和单位、默认属性、通用属性、句柄的使用方法等。如果要修改所创建对象的属性，就要保存对象的句柄，为以后调用 get()函数和 set()函数做准备。如果有可能的话，限定 findobj()函数的搜索范围能加快函数的运行速度。

　　图形对象属性的函数、属性名不胜枚举，感兴趣的读者可以通过 MATLAB 的帮助文档得到所有属性的相关介绍。

图形用户界面

MATLAB 本身提供了很多图形用户界面。一些 MATLAB 工具的出现，不仅提高了设计和分析效率，还改变了原先的设计模式，引发出新的设计思想，这些正在改变着人们的设计理念和分析理念。

如果向其他人提供某种新的设计分析工具，想体现某种新的设计理念和分析理念，想进行某种技术、方法的演示，那么图形用户界面也许是最好的选择。本章继第 30 章之后，着重介绍图形用户界面的设计。

学习目标

（1）熟悉 GUI 设计。
（2）熟悉回调函数。

31.1　图形用户界面入门

图形用户界面接口整合了诸如窗口、图标、按钮、菜单和文本这些图形对象。

31.1.1　图形用户界面实例

图形用户界面是指用户和计算机之间或用户和计算机程序之间进行通信的场所与实现交互的地方。

以某种方式选中或激活这些对象通常会导致某个动作或变化的发生。最常用的激活方法就是用鼠标或其他方式单击定点设备来控制屏幕上指针或光标的移动，并通过按下鼠标键选中应用程序，以发出一个或选中对象或执行其他动作的信号。

下面引入一个图形用户界面的实例，介绍什么是图形用户界面，以及如何设计一个自己所需的图形界面。

【例 31-1】　设计一个如图 31-1 所示的界面，要求在编辑框中输入一个数字，在坐标图上显示相应的函数图像。

（1）在 MATLAB 的"命令行窗口"中输入 guide 命令，按 Enter 键后即可打开如图 31-2 所示的"GUIDE 快速入门"窗口。

图 31-1　图形界面实例　　　　图 31-2　"GUIDE 快速入门"窗口

（2）单击如图 31-2 所示的"确定"按钮，弹出如图 31-3 所示的 GUI 设计界面。

（3）在图 31-3 中选择预先设计的界面，如图 31-4 所示。

（4）双击如图 31-4 所示的 axes1 和"可编辑文本"，分别弹出如图 31-5 和图 31-6 所示的参数设置界面，根据需要设置相关参数。

图 31-3　GUI 设计界面

图 31-4　选择预先设计的界面

图 31-5　axes1 参数设置界面

图 31-6　"可编辑文本"参数设置界面

（5）双击如图 31-4 所示的"静态文本"，输入的标题为"图形界面"，双击"可编辑文本"，输入的标题为"输入数值"，字体大小均修改为 12，结果如图 31-7 所示，将图形窗口保存为 c31 文件。

图 31-7　标题设置

然后新建一个 M 文件，代码如下：

```
function f=myfun(x,a)
f=(a*x.^2+1);
```

单击如图 31-7 所示的工具栏中的"运行"按钮，弹出一个 M 文件，如图 31-8 所示。

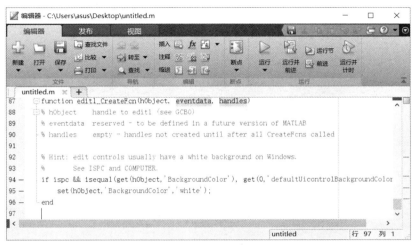

图 31-8　GUI 设置代码

在 MATLAB 已经生成的编辑器上编写如下代码：

```
function varargout = c31(varargin)
%C31 MATLAB code file for c31.fig
%C31, by itself, creates a new C31 or raises the existing
%singleton*.
%
%H = C31 returns the handle to a new C31 or the handle to
%the existing singleton*.
%
%C31('Property','Value',...) creates a new C31 using the
%given property value pairs. Unrecognized properties are passed via
%varargin to c31_OpeningFcn.  This calling syntax produces a
%warning when there is an existing singleton*.
%
%C31('CALLBACK') and C31('CALLBACK',hObject,...) call the
%local function named CALLBACK in C31.M with the given input
%arguments.
%
%*See GUI Options on GUIDE's Tools menu.  Choose "GUI allows only one
%instance to run (singleton)".
%
%See also: GUIDE, GUIDATA, GUIHANDLES
```

```
%Edit the above text to modify the response to help c31

%Last Modified by GUIDE v2.5 26-Sep-2020 13:18:30

%Begin initialization code - DO NOT EDIT
gui_Singleton = 1;
gui_State = struct('gui_Name',       mfilename, ...
                   'gui_Singleton',  gui_Singleton, ...
                   'gui_OpeningFcn', @c31_OpeningFcn, ...
                   'gui_OutputFcn',  @c31_OutputFcn, ...
                   'gui_LayoutFcn',  [], ...
                   'gui_Callback',   []);
if nargin && ischar(varargin{1})
  gui_State.gui_Callback = str2func(varargin{1});
end

if nargout
   [varargout{1:nargout}] = gui_mainfcn(gui_State, varargin{:});
else
   gui_mainfcn(gui_State, varargin{:});
end
%End initialization code - DO NOT EDIT

%--- Executes just before c31 is made visible.
function c31_OpeningFcn(hObject, eventdata, handles, varargin)
%This function has no output args, see OutputFcn.
%hObject    handle to figure
%eventdata  reserved - to be defined in a future version of MATLAB
%handles    structure with handles and user data (see GUIDATA)
%varargin   unrecognized PropertyName/PropertyValue pairs from the
%command line (see VARARGIN)

%Choose default command line output for c31
handles.output = hObject;

%Update handles structure
guidata(hObject, handles);

%UIWAIT makes c31 wait for user response (see UIRESUME)
%uiwait(handles.figure1);
```

```
%--- Outputs from this function are returned to the command line.
function varargout = c31_OutputFcn(hObject, eventdata, handles)
%varargout  cell array for returning output args (see VARARGOUT);
%hObject    handle to figure
%eventdata  reserved - to be defined in a future version of MATLAB
%handles    structure with handles and user data (see GUIDATA)


%Get default command line output from handles structure
varargout{1} = handles.output;


%--- Executes during object creation, after setting all properties.
function axes1_CreateFcn(hObject, eventdata, handles)
%hObject    handle to axes1 (see GCBO)
%eventdata  reserved - to be defined in a future version of MATLAB
%handles    empty - handles not created until after all CreateFcns called


%Hint: place code in OpeningFcn to populate axes1


%--- Executes on mouse press over axes background.
function axes1_ButtonDownFcn(hObject, eventdata, handles)
%hObject    handle to axes1 (see GCBO)
%eventdata  reserved - to be defined in a future version of MATLAB
%handles    structure with handles and user data (see GUIDATA)


function edit1_Callback(hObject, eventdata, handles)
%hObject    handle to edit1 (see GCBO)
%eventdata  reserved - to be defined in a future version of MATLAB
%handles    structure with handles and user data (see GUIDATA)


%Hints: get(hObject,'String') returns contents of edit1 as text
%str2double(get(hObject,'String')) returns contents of edit1 as a double
 get(hObject,'String');                       %从编辑框读取输入字符
 a=str2double(get(hObject,'String'))          %把字符转成双精度
 handles.x=0:.05:1;                           %定义横坐标采样点
 handles.f=myfun(handles.x,a);                %连接定义函数
 cla                                          %清空坐标轴
 line(handles.x,handles.f)                    %在已有轴上绘制曲线


%--- Executes during object creation, after setting all properties.
function edit1_CreateFcn(hObject, eventdata, handles)
%hObject    handle to edit1 (see GCBO)
%eventdata  reserved - to be defined in a future version of MATLAB
%handles    empty - handles not created until after all CreateFcns called
```

```
%Hint: edit controls usually have a white background on Windows.
%See ISPC and COMPUTER.
if ispc && isequal(get(hObject,'BackgroundColor'),
get(0,'defaultUicontrolBackgroundColor'))
    set(hObject,'BackgroundColor','white');
end

%--- Executes on key press with focus on edit1 and none of its controls.
function edit1_KeyPressFcn(hObject, eventdata, handles)
%hObject    handle to edit1 (see GCBO)
%eventdata  structure with the following fields (see MATLAB.UI.CONTROL.
UICONTROL)
%Key: name of the key that was pressed, in lower case
%Character: character interpretation of the key(s) that was pressed
%Modifier: name(s) of the modifier key(s) (i.e., control, shift) pressed
%handles    structure with handles and user data (see GUIDATA)
```

设置完代码后，单击图 31-8 中的"运行"下拉按钮（三角形键），弹出如图 31-1 所示的界面，并在编辑框中输入-3，观察图形变化，如图 31-9 所示。

图 31-9　GUI 设计效果

总的来说，GUI 是计算机和用户之间用来交换信息的方法。例如，计算机不仅可以通过在屏幕上显示文本和图形，还能利用扬声器发出声响向用户提供信息。用户可以利用诸如键盘、鼠标、跟踪球、绘图板或麦克风等输入设备向计算机提供信息和计算机进行通信。

对于一台计算机、一个操作系统或应用程序而言，用户界面接口是一个十分重要的因素，它定义了计算机、操作系统，或者应用这些系统或程序提供给人的视觉外观和使用感觉。

31.1.2　GUI 组件

在空白模板中，GUI 组件提供的用户界面控件及界面设计工具集用来实现用户界面的创建工作。GUI 组件分布在界面设计编辑器的左侧，如图 31-10 所示。

图 31-10　GUI 组件

下面简单介绍主要控件的概念和特点。

- 按钮：通过鼠标单击按钮可以实现某种行为（按钮下陷和弹起等），并调用相应的回调子函数。

- 滚动条：用户能够通过移动滚动条来改变指定范围内的数值输入，滚动条的位置代表用户输入的数值。

- 单选按钮：单选按钮与按钮的执行方式没有本质上的区别，但是单选按钮通常以组为单位，一组单选按钮之间是一种互相排斥的关系，也就是说，任何时候一组单选按钮中只能有一个有效。

- 复选框：复选框与单选按钮类似，只是多个复选框可以同时有效。复选框为用户提供一些可以独立选择的选项，以设置程序模式，如显示工具条与否及生成回调函数原型与否等。

- 编辑框：编辑框是控制用户编辑或修改字符串的文本域，其 String 属性包含用户输入的文本信息。如果一个编辑框有输入焦点，在 UNIX 操作系统中，单击图形窗口的菜单栏，编辑框回调函数就会被调用，而在 Windows 操作系统中，单击图形窗口不会导致编辑框回调函数的执行。这个区别是因考虑操作平台方便性而设定的。

- 静态文本：静态文本通常作为其他控件的标签使用，用户不能采用交互方式修改静态文本或调用响应的回调函数。

- 弹出式菜单：弹出式菜单将打开并显示一个由其 String 属性定义的选项列表。当用户希望提供一些相互排斥的选项，但不希望使用一系列占用有限空间的单选按钮时，弹出式菜单将非常有用。

- 列表框：列表框显示由其 String 属性定义的一系列列表项，并使用户能够选择其中的一项或多项。

- 拴牢按钮：拴牢按钮能够产生一个二进制状态的行动（on 或 off）。单击该按钮将使按钮的外观保持下陷状态，同时调用响应的回调函数。再次单击该按钮将使按钮弹起，同时调用回调函数。拴牢按钮的回调函数首先要对按钮的状态进行查询，

Note

然后才能决定相应的行为。

- 坐标轴：坐标轴使用户的 GUI 可以显示图片，像所有的图像对象一样，坐标轴可以设置许多关于外观和行为的参数。
- 组合框：组合框是图形窗口中的一个封闭区域，它把相关联的控件（如一组单选按钮）组合在一起，使用户界面更容易理解；组合框可以有自己的标题及各种边框。
- 按钮组：按钮组类似于组合框，但是它可以响应关于单选按钮和拴牢按钮的高级属性，如单选按钮之间的互斥属性。

GUI 基本组件如表 31-1 所示。

表 31-1   GUI 基本组件

元　　素	创建元素的函数名	描　　述
图形控件按钮（pushbutton）	uicontrol	单击它将会产生一个响应
开关按钮（togglebutton）	uicontrol	开关按钮有两种状态，即 on 和 off，每单击一次改变一次状态，每单击一次产生一个响应
单选按钮（radiobutton）	uicontrol	当单选按钮处于 on 状态时，则圆圈中有一个点
复选按钮（checkbox）	uicontrol	当复选按钮处于 on 状态时，复选按钮中有一个对钩
文本编辑框（editbox）	uicontrol	编辑框用于显示文本字符串，并允许用户修改所要显示的信息。当按下 Enter 键后将产生响应
列表框（listbox）	uicontrol	列表框可以显示一系列文本字符串，可以用单击或双击选择其中的一个字符串。当用户选择了其中一个字符串后，它将会有一个响应
下拉菜单（popup Menus）	uicontrol	下拉菜单用于显示一系列的文本字符串，当单击时会产生响应。当没有单击下拉菜单时，只有当前选择的字符串可见
滑动条（slider）	uicontrol	每改变一次滑动条都会有一次响应
静态元素框架（frame）	uicontrol	框架是一个长方形，用于联合其他控件，而它自身不会产生任何响应
文本域（textfield）	uicontrol	标签是图像窗口内某一点上的字符串
菜单和坐标系菜单项（menuitems）	Uimenu	创建一个菜单项。当鼠标在它们上单击时，它会产生一个响应
右键菜单（contextmenus）	Uicontextmenu	创建一个右键菜单
坐标系（axes）	Axes	用来创建一个新的坐标系

如果读者对 GUI 设计感兴趣，可以参照表 31-1 设计自己的界面格式。

31.1.3   对象层次结构

实际上，MATLAB 是利用一系列函数来创建图形用户接口的，这些函数主要用来创建用户接口（UI）类型的句柄图形对象。

用图形命令生成的都是图形对象，这些对象包括 uimenu、uicontrol 和 uicontextmenu

及图形，还有坐标轴及其子对象。

　　对象层次结构图如图 31-11 所示，表明计算机屏幕本身就是根对象，并且图形是这个根对象的子对象，坐标轴、uimenu、uicontrol 和 uicontextmenu 都是图形的子对象。

图 31-11　对象层次结构图

图 31-11 中的 UI 对象包含众多类型的 GUI 对象。UI 对象如表 31-2 所示。

表 31-2　UI 对象

UI 对象	描述
uicontrol	通用用户接口控制对象，有以下几种类型：checkbox（复选框）、edit（文本编辑框）、frame（复选框）、listbox（列表框）、popupmenu（下拉式菜单）、pushbutton（按钮）、radiobutton（单选按钮）、slider（滑动框）、text（静态文本框）、togglebutton（切换按钮）。以上所有的 uicontrol 对象都是图形对象的子对象
uimenu	用户接口菜单对象。当用来创建图形窗口顶部的菜单时，就是图形对象的子对象；当用来创建菜单项或子菜单时，就是其他 uimenu 对象的子对象
uicontextmenu	用户接口上下文菜单对象，是图形对象的子对象。该对象的句柄通常出现在包含上下文菜单的句柄图形对象的 UIContextMenu 属性中。所有的 uicontextmenu 对象都包含一个或多个 uimenu 子对象，用于创建其菜单项
uitoolbar	用户接口工具条对象，是图形对象的子对象。工具条对象通常包含一系列切换按钮（uitoggletool 对象）和按钮（uipushtool 对象）
uitoggletool	用户接口双向切换按钮，通常位于工具条上，是 uitoolbar 对象的子对象
uipushtool	用户接口瞬时下压按钮，通常位于工具条上，是 uitoolbar 对象的子对象

Note

续表

UI 对象	描 述
uitable	用户接口制表对象，是图形对象的子对象。一个制表对象就像一个电子表格一样具有多个行和列
uitree	用户接口树结构对象，是图形对象的子对象。树结构对象通常用于创建可视化的分级信息。例如，MATLAB 的 Help 窗口中的 Help Navigator 区域内的 Content 表项，给出的就是一个 MATLAB 帮助信息的可视化分级树状图。另外，用户在 Windows 的资源管理器中看到的文件夹及其子文件夹的树状结构也是 uitree 对象的一个实例
uitreenode	用户接口树节点对象，通常用来定义一个 uitree 对象中的节点
uibuttongroup	用户接口容器对象，是图形对象的子对象。通常以 uicontrol 对象及其他句柄图形对象为其子对象。uibuttongroup 对象的主要作用是管理其所包含的排他性选择按钮（包括单选按钮和切换按钮）的行为
uicontainer	用户接口容器对象，通常包含一些其他的用户接口对象，并成为这些对象的父对象。uicontainer 对象中的子对象的位置和移动属性都是相对于该容器对象而言的

Note

由此可以看出，uicontrol 对象包含 10 种不同的类型，每种类型都用于创建特定的 GUI 对象，并且是创建图形用户接口的基础构件。

31.2　GUI 设计

本节主要介绍 GUI 的深层次编程设计方法。

31.2.1　GUI 与 M 文件

31.1 节列举了一个关于 GUI 调用 M 文件的实例。实际上，GUI 包含许多可以使软件与用户中断进行交互的用户界面组件，GUI 的实现任务之一就是控制这些组件如何响应用户的行为。

对应用程序 M 文件代码进行详细分析的目的就是通过了解 GUIDE 创建应用程序 M 文件的功能，从而实现 GUI 的规划。

MATLAB 通过创建应用程序 M 文件为 GUI 控制程序提供一个框架。这个框架孕育了一种高效而坚固的编程方法，即所有代码（包括回调函数）都包含在应用程序 M 文件中，这就使 M 文件仅有一个入口可以初始化 GUI 或调用相应的回调函数，以及 GUI 中希望使用的任意帮助子程序。无论用户是否使用 GUIDE 来创建应用程序 M 文件，这里所说的编程技术对用户进行 GUI 编程都是有用的。

GUIDE 为添加到应用程序 M 文件中的回调子函数自动命名。GUIDE 还将 Callback 属性值设置为一个字符串，使用户激活控件时该子函数能够被调用。下面先介绍 GUIDE 如何为回调子函数命名。

当用户在 GUI 界面中添加一个组件时，GUIDE 为该组件的 Tag 属性指定一个用来生成回调函数名称的值。例如，假设用户添加到界面中的第 1 个按钮被称为 pushbutton1，当用户保存或激活图形窗口时，GUIDE 在应用程序 M 文件中添加一个名为 pushbutton1_Callback 的回调子函数。

应用程序 M 文件根据 GUI 调用文件时所传递的参数类型来决定有待执行的行为。例如，如果不向 M 文件传递任何参数，则调用 M 文件将会发布该 GUI（如果此时用户指定了一个 M 文件的输出参数，那么 M 文件将返回 GUI 图形窗口的句柄）。

如果使用一个子函数名作为传递给 M 文件的第 1 个参数，那么调用 M 文件将会执行指定的子函数（通常是回调子函数）。应用程序 M 文件包含一个调度函数，该函数可以使 GUI 能够根据调用方式决定执行路径。应用程序 M 文件调度函数的功能是通过在 if 语句中使用 gui_mainfcn()函数实现的。

在调用 M 文件时，gui_mainfcn()函数将执行字符串参数所指定的子函数。gui_mainfcn()函数在一个调试语句块中执行，这是因为当 GUI 视图调用不存在的子函数（找不到与传递参数名称相同的子函数）或调用发生错误时能够得到正确的处理。

GUIDE 生成的调度函数功能代码如下所示（用户无法修改）：

```
if nargin && ischar(varargin{1})
    gui_State.gui_Callback = str2func(varargin{1});
end
if nargout
    [varargout{1:nargout}] = gui_mainfcn(gui_State,
varargin{:});
else
    gui_mainfcn(gui_State, varargin{:});
end
```

任何由子函数返回的输出参数都将通过 gui_mainfcn()函数返回 GUI。虽然 GUIDE 生成的回调子函数的参数是明确的，但是参数列表的长度是变化的，这是由于输入参数 varargin 其实可以是多个参数，用户可以在调用 M 文件时通过该参数给被调用的子函数赋予任意多个用户所需的参数。用户可以通过编辑 Callback 属性字符串来传递额外的参数。

31.2.2　GUI 初始化

应用程序 M 文件使用 OpeningFcn 命令来装载 GUI 图形窗口，格式如下：

```
Function OpeningFcn(hObject, eventdata, handles, varargin)
```

这条语句打开的 FIG 文件名是源于应用程序 M 文件的，如果用户使用由 GUIDE 创建的应用程序 M 文件，那么用户必须保证 FIG 文件与 M 文件同名。

应用程序 M 文件自动包含如下管理 GUI 的有效技术。

- 单个/多个实例控制。当设计 GUI 时，用户必须明确选择是否允许 GUI 图形窗口的多个实例窗口存在。
- GUI 图形窗口在屏幕中的位置不受目标计算机屏幕和分辨率的影响。
- 自动创建 GUI 组件句柄结构体。
- 自动命名 Tag 属性，生成子函数原型并指定回调属性字符串。
- 单个 M 文件同时包含 GUI 初始化和回调函数执行代码。

用户可以使用相同的方法访问隐藏的图形窗口句柄。例如，假设窗口的 Tag 属性为 figure1，则 handles.figure1 就是图形窗口的句柄。应用程序 M 文件使用 handles 和 guidata 来创建并存储句柄结构体。

提 示

只有那些 Tag 属性值为有效字符串的对象的句柄才能够保存在句柄结构体中。可以使用 isvarname 来确定字符串是否有效。句柄结构体是传递给所有回调函数的参数之一，因此用户可以使用这个结构体来保存数据，并在子函数之间传递。

31.3 回调函数

句柄图形和 GUI 函数都充分利用回调来扩展用户选择的任务，因此，回调函数是 GUI 设计时非常关心的事件之一。

31.3.1 回调函数类型

在 MATLAB 早前的版本中，回调都是可以在命令行窗口中执行的字符串。此时，激活这些回调需要将回调字符串传递给 eval()函数。例如，下面的代码将按钮对象的回调函数设置为字符串 myguifcn push1：

```
H_p1 = uicontrol('Style','PushButton', 'Callback','myguifcn push1');
```

当该 GUI 中的按钮被按下时，上述语句中的回调语法将解释为一个可以在命令行窗口中执行的函数调用，其形式为 myguifcn('push1')。

在大部分情况下，myguifcn()是一个包含上述 uicontrol 语句的函数。也就是说，回调函数通常直接调用定义它的函数，这样就可以使用一个 M 文件创建 GUI，并定义当 GUI 运行时的回调执行代码。

实现一个 GUI 的首要机制就是对构成用户界面的控件的回调函数进行编程。除了用户控件的 Callback 属性，还可以使用其他的属性来定义回调函数。

所有图形对象都有以下 3 个能够定义回调函数的属性。

- ButtonDownFcn：当用户将鼠标放置在某个对象或对象相邻的 5 个像素范围内时，

Note

如果单击鼠标左键，将会执行回调函数。

- CreatFcn：在创建对象时调用回调函数。
- DeleteFcn：在删除对象之前调用回调函数。

图形窗口中有如下几种额外用来执行相应用户行为的属性。

- CloseRequestFcn：当请求关闭图形窗口时，将执行这个回调函数。
- KeyPressFcn：当用户在图形窗口内按下鼠标键时，将执行这个回调函数。
- ResizeFcn：当用户重画图形窗口时，将执行这个回调函数。
- WindowButtonDownFcn：一旦用户在图形窗口内无控件的地方按下鼠标键时，就会执行这个回调函数。
- WindowButtonMotionFcn：当用户在图形窗口中移动鼠标光标时，将执行这个回调函数。
- WindowButtonUpFcn：当用户在图形窗口中释放鼠标键时，将执行这个回调函数。

MATLAB 将根据用户的行为来判断究竟执行哪个回调函数。单击一个有效的用户控件将会阻碍任何 ButtonDownFcn 属性和 WindowButtonDownFcn 属性的执行。

如果用户单击一个无效控件、图形窗口或其他定义了回调函数的图形对象时，MATLAB 将首先执行图形窗口的 WindowButtonDownFcn 属性，然后执行鼠标单击对象的 ButtonDownFcn 属性。

31.3.2　回调函数执行中断

在默认情况下，MATLAB 允许正在执行的回调函数被后来调用的回调函数中断。例如，假设用户创建了一个在装载数据时能够显示一个进展条的对话框，这个对话框包含一个取消按钮的组织数据装载操作，那么取消按钮的回调函数将会中断正在执行的数据装载子函数。

在某些情况下，用户可能不希望正在执行的回调函数被用户的行为中断。例如，在重新显示一幅图形之前，可能需要使用一个数据分析工具进行数据流长度计算。

假设用户行为可以中断回调函数的执行，此时如果用户在无意中单击鼠标使回调函数执行中断，那么就可能导致 MATLAB 在返回原来的回调函数之前发生状态改变，引起执行错误。

所有图形对象都有一个控制其回调函数能否被中断的 Interruptible 属性，该属性的默认值为 on，表示回调函数可以中断。然而，MATLAB 只有在遇到一些特定的命令（drawnow、figure、getframe、pause 和 waitfor）时才会执行中断，转而查询事件序列，否则继续执行正在执行的回调函数。

在回调函数中出现的计算或指定属性值的 MATLAB 命令将会被立即执行，而改变图形窗口状态的命令将被放置在事件序列中。事件可以由被任何导致图形窗口重画的命令或用户行为引发，如定义了回调函数的鼠标移动行为。

仅仅当回调函数执行完毕或回调函数包含 drawnow 命令、figure 命令、getframe 命令、pause 命令和 waitfor 命令时，MATLAB 才进行事件序列的处理。

如果在回调函数的执行过程中遇到上述某个命令，MATLAB 将先执行程序挂起，然后处理事件序列中的事件。MATLAB 控制事件的方式依赖于事件类型和回调函数对 Interruptible 属性的设置。

只有在当前回调对象的 Interrupotible 属性值为 on 的情况下，导致其他回调函数执行的事件才可以真正执行回调函数；导致图形窗口重画的事件将无视回调函数的 Interruptible 属性值而无条件地执行重画任务；对象的 DeleteFcn 属性和 CreatFcn 属性或图形窗口的 CloseRequestFcn 属性及 ResizeFcn 属性定义的回调函数将无视对象的 Interruptible 属性而中断正在执行的回调函数。

所有对象都有一个 BusyAction 属性，该属性决定了在不允许中断的回调函数执行期间发生的事件的处理方式，BusyAction 属性有以下两种可能的取值。

- queue：将事件保存在事件序列中，并等待不可中断回调函数执行完毕后处理。
- cancel：放弃该事件，并将事件从序列中删除。

以下几种情况描述了 MATLAB 在一个回调函数的执行期间是如何处理事件的。

- 如果遇到了 drawnow 命令、figure 命令、getframe 命令、pause 命令和 waitfor 命令中的一个，那么 MATLAB 将该回调函数挂起，并开始处理事件序列。
- 如果事件序列的顶端事件要求重画图形窗口，那么 MATLAB 将执行重画并继续处理事件序列中的下一个事件。
- 如果事件序列的顶端事件会导致一个回调函数的执行，那么 MATLAB 将判断回调函数被挂起的对象是否可以中断。如果回调函数可以中断，那么 MATLAB 执行与中断事件相关的回调函数；如果该回调函数包含 drawnow 命令、figure 命令、getframe 命令、pause 命令、waitfor 命令之一，那么 MATLAB 将重复以上步骤；如果回调函数不可中断，那么 MATLAB 将检查事件生成对象的 BusyAction 属性。如果 BusyAction 属性的值为 queue，那么 MATLAB 将事件保留在事件序列中；如果 BusyAction 属性的值 cancel，则放弃该事件。
- 当所有事件都被处理后，MATLAB 恢复被中断函数的执行。

这些步骤一直持续到回调函数执行完毕为止。当 MATLAB 返回命令行窗口时，所有残余的事件都将被处理。当然，由于序列中事件的类型不同，因此上述步骤有可能不一一执行。

31.4 GUI 设计总结

由 GUI 设计实例可知，GUI 创建的基本步骤如下。

（1）弄清楚希望 GUI 进行什么样的操作。

在很多情况下，在用户创建 GUI 的过程中还会涌现出一些新的想法或发现一些新的问题，用户需要重新回到这一步进行思考。

（2）在纸上画出 GUI 对象的大致布局。

多数用户可能会跳过这一步。但从长远角度来看，这一步可以节省用户的时间，因为在纸上反复勾画可能的 GUI 布局比直接在 MATLAB 中创建和修改来得更快（尤其是比较复杂的布局）。

（3）根据最终勾画的布局，使用适当的 UI 对象创建 GUI。

这一步既可以直接在一个 M 文件中输入相应的代码来实现，也可以使用 MATLAB 提供的图形用户接口开发环境（GUIDE）来实现。

（4）创建需要与用户进行交互的回调代码。

回调代码通常与创建 GUI 的代码存在于同一个文件中。

（5）验证和调试 GUI。

尤其当该 GUI 可能会被其他的用户使用时，就需要从一个不熟悉该 GUI 的用户的角度出发（而不是从开发者的角度出发），反复与该 GUI 进行各种方式的交互。

GUIDE 是 MATLAB 中提供的一个 GUI 工具，用于快速、便捷、可靠地创建用户自己的 GUI。guide()函数针对用户创建、定位、对齐和重置用户接口对象提供了强大的支持。

首先，该函数提供了属性编辑器和查看器，用于列出对象的属性，使用户可以交互地修改这些属性的值。

其次，该函数还提供了一个菜单编辑器，用于交互地编辑和重新布置用户定义的下拉菜单和上下文菜单。

除此之外，GUIDE 还提供了一个开发 GUI 的交互式方法，该方法可以显示 GUI 的几何布局，能够大大降低开发和执行 GUI 的难度，另外，还能使 GUI 的结构在不同 GUI 之间保持稳定。

当使用 MATLAB 的 GUI 时，应该遵循下面的指导原则。

（1）用 guide 对一个新的用户图形界面进行布局，并用属性编辑器对每个组件的初始属性进行设置，如显示在组件上的文本、组件的颜色，还有回调函数的名字。

（2）用 guide 创建完一个用户图形界面后，人工编辑产生的函数，并增加注释，描述这个函数的目的和组件，执行回调函数的代码。

（3）把 GUI 应用数据存储到 handles 结构中，以便任意的一个回调函数都可以使用。

（4）如果修改了 handles 结构中的任何 GUI 应用数据，确保在函数退出之前保存了调用 guidata 的结构。

（5）在基于 GUI 的编程中，使用对话框来提供信息或要求输入数据，如果信息紧迫且不可忽略，则把对话框设为模式对话框。

（6）对 GUI 组件设置工具提示，为用户提供关于该组件功能的有用线索。

（7）一旦程序工作正常，就用 pcode 命令预编译 M 文件，以便提高程序运行速度。

表 31-3 列举了 MATLAB 中 GUI 所涉及的函数，读者可以对照查阅。

表 31-3　MATLAB 中 GUI 所涉及的函数

函 数 名	描　　述
uibuttongroup	用于管理 radiobutton 类型和 togglebutton 类型控件对象的用户接口容器对象
uicontainer	创建用户接口容器对象
uicontrol	创建用户接口控件对象
uimenu	创建用户接口菜单对象
uicontextmenu	创建用户接口上下文菜单对象
uipanel	创建用户接口面板对象
uitoolbar	创建用户接口工具栏对象
uipushtool	创建瞬间接触按压按钮控件对象
uitoggletool	创建开关按钮控件对象
uitable	创建用户接口表格对象
uitree	创建用户接口树对象
uitreenode	创建用户接口树节点对象
drawnow	处理所有未完成的图形事件，并立即更新屏幕
gcbf	获取回调图形句柄
gcbo	获取回调对象句柄
dragrect	用鼠标拖动时所显示的矩形
rbbox	捕获橡皮圈框的位置
selectmoveresize	交互式地对坐标轴和控件进行选择、移动与重置大小操作
waitforbuttonpress	等待在一个图形上按下键盘上的按键或按下鼠标键
waitfor	停止程序执行，等待一个事件发生
uiwait	停止程序执行，等待恢复信号
uiresume	恢复执行一个被停止的 M 文件
uistack	控制对象的层叠顺序
uisuspend	暂停一个图形的交互状态
uirestore	恢复一个图形的交互状态
uiclearmode	清除当前的交互模式
guide	图形用户接口设计环境
inspect	查看对象属性
ishandle	判断是否是一个有效的对象句柄，若是则返回 true，否则返回 false

续表

函　数　名	描　　　述
isprop	判断是否是一个有效的对象属性，若是则返回 true，否则返回 false
align	对齐控件和坐标轴
propedit	打开属性编辑器 GUI
makemenu	创建菜单对象结构
umtoggle	翻转一个菜单项的选中状态
getpixelposition	获取以像素表示的对象位置
setpixelposition	设置以像素表示的对象位置
getptr	获取图形指针
setptr	设置图形指针
hidegui	隐藏或显示 GUI
movegui	将 GUI 窗口移动到屏幕上的一个指定位置
guidata	保存或获取应用数据
getappdata	获取与 GUI 相关的应用数据
setappdata	设置与 GUI 相关的应用数据
rmappdata	删除与 GUI 相关的应用数据
isappdata	判断一个已命名的应用数据是否存在，如果存在则返回 true，否则返回 false
guihandles	创建句柄结构体
overobj	获取鼠标指针所在对象的句柄
popupstr	获得弹出菜单选择字符串
remapfig	变换图形中对象的位置

31.5　本章小结

　　本章主要围绕如何创建 MATLAB 图形用户界面展开，从 GUI 设计实例开始，使学习 GUI 设计的开发人员可以快速上手，直观感受 GUI 的特点。然后介绍了 GUI 组件、对象层次结构，帮助读者理解什么是 GUI，哪些是与 GUI 有关的元件。

　　回调函数与 GUI 设计是图形界面的重要组成部分，本章介绍了设计的基本程序与相关函数，并且指导如何编写 GUI。

第**32**章

MATLAB编程接口

MATLAB 中提供了多种与外部程序进行接口的方法，即应用程序接口（Application Program Interface，API）。例如，在 MATLAB 中可以通过使用 MEX 文件来调用 C 函数和 Fortran 子程序。此外，通过 MATLAB 引擎（Engine），可以在 MATLAB 中执行运算，并将结果返回到 C 或 Fortran 程序中。

MATLAB 中还提供了一些头文件和库文件用于创建与访问标准的 MATLAB MAT 文件。使用 MATLAB 中内置的串行接口，用户可以直接采集数据并载入 MATLAB 中。

学习目标

（1）了解 MATLAB 编译器的功能。
（2）理解从 C 语言程序中调用 MATLAB 函数。
（3）理解与 MAT 文件交换数据。
（4）了解共享库和串口通信。

32.1 编译器

MATLAB 编译器的最初配置可以随时进行手动更改。本节将介绍 MATLAB 编译器的配置及功能。

32.1.1 编译器的配置

在 MATLAB 中，mex 命令可以简化配置其他编程语言的编译器，只需要使用 mex 命令中的 setup 选项就可以轻松设置好第三方编译器。

例如，选用一个与 MATLAB 编译器相关联的 C 或 C++编译器时，可以使用 mex 命令，同时加上参数-setup，代码如下：

```
>> mex -setup
Welcome to mex -setup.  This utility will help you set up
a default compiler.  For a list of supported compilers, see
http://www.mathworks.com/support/compilers/R2012a/win32.html

Please choose your compiler for building MEX-files:

Would you like mex to locate installed compilers [y]/n? y
```

选择 y，从而选择编译器。

```
Select a compiler:
[1] Lcc-win32 C 2.4.1 in D:\MATLAB~3\sys\lcc
[2] Microsoft Visual C++ 2008 SP1 in D:\VS2008

[0] None

Compiler: 2

Please verify your choices:

Compiler: Microsoft Visual C++ 2008 SP1
Location: D:\VS2008

Are these correct [y]/n? y
```

确认所选定的编译器，选择 y。

```
*******************************************************************
Warning: MEX-files generated using Microsoft Visual C++ 2008 require
```

Note

```
      that Microsoft Visual Studio 2008 run-time libraries be
      available on the computer they are run on.
      If you plan to redistribute your MEX-files to other MATLAB
      users, be sure that they have the run-time libraries.
      *************************************************************
Trying to update options file: C:\Documents and Settings\TOEC SOFT
ROOM\Application Data\MathWorks\MATLAB\R2020a\mexopts.bat
   From template:      D:\MATLAB\bin\win32\mexopts\msvc90opts.bat
   Done ...
      *************************************************************
   Warning: The MATLAB C and Fortran API has changed to support MATLAB
            variables with more than 2^32-1 elements.  In the near future
      you will be required to update your code to utilize the new
      API. You can find more information about this at:
      http://www.mathworks.com/help/techdoc/MATLAB_
external/bsflnue-1.html
         Building with the -largeArrayDims option enables the new API.
```

32.1.2 编译器的功能

MATLAB Compiler（MATLAB 编译器）将 M 文件作为其输入，产生可以重新分配并且独立运行的应用程序。

MATLAB 编译器可以产生下面几种应用程序。

- 独立运行的程序：独立运行的程序顾名思义是在其运行过程中可以不需要 MATLAB 同时运行，它们甚至可以在没有安装 MATLAB 的计算机上运行。
- C 和 C++共享库（在 Windows 操作系统中为动态链接库）：这些共享库可以在没有安装 MATLAB 的计算机上运行。
- Excel 附件：需要 MATLAB Builder。
- COM 对象：需要 MATLAB Builder。

MATLAB 编译器是指可以执行 MATLAB 命令、可执行的 M 文件及 MEX 文件的应用程序，事实上，当使用 MATLAB 的时候，也就是在使用 MATLAB 编译器。

对于 MATLAB 编译器的安装，本书不做详细讨论，但用户在使用 MATLAB 编译器时要进行相应的安装。下面列举一个例子，用于把一个脚本文件转化为可执行文件。

【例 32-1】 编写一个带有绘图程序的可执行文件。

（1）建立一个名为 eg32_1.m 的文件，代码如下：

```
t=0:pi/50:2*pi;
y=cos(t);
plot(t,y);
```

（2）对 eg32_1.m 文件进行编译：

```
>> mcc -m eg32_1.m
```

运行结果如图 32-1 所示。

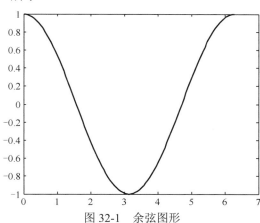

图 32-1　余弦图形

（3）把脚本文件改写成函数文件，代码如下：

```
function eg32fun(r)
t=0:pi/50:2*pi;
y=r*cos(t);
plot(t,y);
```

（4）再次对 eg32_1.m 文件进行编译：

```
>> mcc-m eg32_1.m
```

（5）运行生成的 eg32_1.exe 文件：

```
>> eg32fun(1)
```

运行结果与前述一致。

32.2　从 C 语言程序中调用 MATLAB 函数

用户可以通过在一些大型的 C 语言或 Fortran 语言程序中调用 MATLAB 来执行后台运算，MATLAB 的这个功能被称为 MATLAB 引擎。

32.2.1　MATLAB 引擎库函数

MATLAB 引擎由一个通信库和一个小型可链接例程集（Linkable Routines）组成。可链接例程集可以将 MATLAB 作为服务器过程调用，而不需要链接所有的 MATLAB 组件。使用 MATLAB 引擎可以完成如下操作。

（1）启动一个 MATLAB 过程。

（2）向 MATLAB 传递数据。

（3）执行 MATLAB 命令。

（4）捕获 MATLAB 普通命令行窗口的输出。

（5）将数据从 MATLAB 传递到用户程序。

（6）关闭 MATLAB 过程。

利用 MATLAB 引擎，上述操作都可以在 C 语言环境中执行。

MATLAB 引擎是一个后台工作过程，它与当前运行的所有交互式 MATLAB 过程相互独立，也不会干扰任何用户运行的 MATLAB 过程。在引擎启动过程中，会创建一个新的 MATLAB 实例，此时计算机中任何要求访问 MATLAB 引擎的程序都可以共享此过程。

在 C 语言中通常保留的是一个独占的引擎过程，即一个引擎过程只能由一个 C 语言实例使用。

在 UNIX 操作系统中，MATLAB 引擎使用管道（Pipe）与 C 语言程序交互；而在 Windows 操作系统中，MATLAB 引擎则使用组件对象模型（COM）与 C 语言程序交互。在 UNIX 操作系统中，用户还可以将一个远端计算机指定为 MATLAB 引擎的主机。具体的语法信息请参考 engOpen()函数。

在 MATLAB 中，凡是带前缀 eng 的函数都是 MATLAB 引擎函数。表 32-1 列举了 C 语言可以使用的 MATLAB 引擎函数。

表 32-1　C 语言可以使用的 MATLAB 引擎函数

函 数 名	功 能
engOpen	启动或共享一个 MATLAB 引擎实例
engOpenSingleUse	启动一个独占（非共享）的 MATLAB 引擎周期
engPutVariable	将一个 MATLAB 数组（mxArray）发送到 MATLAB 引擎
engGetVariable	从 MATLAB 引擎中获取一个 MATLAB 数组（mxArray）
engOutputBuffer	创建一个存储 MATLAB 文本输出的缓冲区
engEvalString	在 MATLAB 引擎中执行一条 MATLAB 命令
engGetVisible	获取一个 MATLAB 引擎周期的可视化属性设置。一个可视的引擎周期将以窗口的形式在计算机桌面运行，并且可以和用户进行交互；而一个不可视的引擎周期则在后台运行，不能和用户进行交互
engSetVisible	设置一个 MATLAB 引擎周期的可视化属性
engClose	关闭 MATLAB 引擎

32.2.2　从 C 语言程序中调用 MATLAB 的实例

通过以下程序，可以了解调用 MATLAB 引擎的源程序的一般结构：了解引擎函数的用法，这些函数以前缀 eng 开始；了解 MATLAB 环境外部数据与引擎函数的配合使用。

【例 32-2】　在 C 语言程序中调用 MATLAB 引擎来计算 $x^2 - 2x + 1 = 0$ 的根。

（1）编写源程序 eg32_2.c：

```c
#include <windows.h>
#include <stdlib.h>
#include <stdio.h>
#include <string.h>
#include "engine.h"
int PASCAL WinMain (HINSTANCE hInstance,HINSTANCE hPrevInstance,
        LPSTR lpszCmdLine, int   nCmdShow)
{
    Engine *ep;
    mxArray *P=NULL,*r=NULL;
    char buffer[301];
    /*coeffecent of polynomial on 3 degree*/
    double poly[3]={1,-2,1}
    /*
     * Start the MATLAB engine
     */
    if (!(ep = engOpen(NULL)))
    {
        MessageBox ((HWND)NULL, (LPSTR)"Can't start MATLAB engine",
            (LPSTR) "Engwindemo.c", MB_OK);
        exit(-1);
    }
/*创建变量 P：*/
  P=mxCreateDoubleMatrix(1,3,mxREAL);
  memcpy((char *)mxGetPr(P),(char *)poly,3*sizeof(double));
/*调用变量 P：*/
 engPutVariable(ep,"p",P);
/*调用 MATLAB 中的函数解多项式的根：*/
 engOutputBuffer(ep,buffer,300);
  engEvalString(ep,"r=roots(p)");
  /*Output contents to windows screen ,and close the MATLAB engine*/
  MessageBox(NULL,buffer,"Engexam.c—root of the polynomial …
x^2-2x+1 ",MB_OK);
  engClose(ep);
```

```
    mxDestroyArray(P); /*free pointer*/
     return;
}
```

首先，代码的开始部分包含需要的头文件，在所有的 C 语言引擎应用程序中，都必须包含 engine.h 头文件，它声明了所有 eng 函数的原型，并且包含 matrix.h 头文件，其他的头文件根据需要包含进去。

然后，声明 Engine 类型的指针，该指针与打开文件时的文件指针类似，相当于计算引擎的接口句柄，有了这个指针就可以在 C 语言中执行 MATLAB 的指令。

最后，完成代码后应该关闭计算引擎，通过 engClose()函数完成，它关闭指针并释放内存。

（2）编译源程序。

可以在 MATLAB 的命令行窗口中进行，也可以在命令提示符窗口中进行。

还要通过 mex 命令行指定具体的选项文件，代码如下：

```
>> copyfile(fullfile(MATLABroot,...
 ,'eg32_2.c'),...
 '.', 'f');
>> mex('-v', '-f', fullfile(MATLABroot,...
 'bin','win32','mexopts','lccengmatopts.bat'),...
 'eg32_2.c');
>> dir eg32_2.c
>> !eg32_2.c
```

运行结果如下：

```
x=1
```

上面给出的例子还可以在 Windows PC 平台上使用 LCC 编译器进行编译，编译命令如下：

```
mex -f c:\MATLAB\bin\win32\mexopts\lccengmatopts.bat
```

该命令将在当前文件夹下生成可执行文件 eg32_2.exe。如果用户不使用 LCC 编译器，则需要在命令行中指定适当的编译器选项文件。

在$MATLAB\bin\win32\mexopts 目录下保存着至少 8 个选项文件，分别用于不同版本的编译器选项，如 Borland、Microsoft、Watcom 等。如果用户对编译命令和选项文件仍不清楚，则可以在 mex 命令中使用说明选项（-v）来查看编译器的设置和编译过程的各个步骤。

在 Windows 操作系统平台中，MATLAB 引擎程序要连接$MATLAB\bin\win32 目录下的 DLL 库。在 MATLAB 的安装过程中，会将该目录添加到默认路径中，以便 Windows

操作系统能够找到这些库文件。

当用户执行 eg32_2.exe 文件时，会在后台（即最小化方式）运行一个 MATLAB 运行周期来执行运算。该运行周期不会干扰任何正在运行的其他交互式 MATLAB 运行周期。

有关如何配置编程软件来编译 MEX 和引擎程序，以及使用软件开发环境来调试程序的详细内容，读者可以参考相应的 MATLAB 帮助文档。

32.3   与 MAT 文件交换数据

MATLAB 与外界交互数据有多种方法。本节着重介绍如何在 C 语言中读/写 MATLAB 标准的 MAT 文件。

32.3.1   MAT 文件

MAT 文件与操作系统平台无关，这是因为 MAT 文件本身已经包含了可以识别平台差别（如字节次序）的信息，所以在 MATLAB 从 MAT 文件装载数据时会自动将数据格式转化为本地操作系统需要的格式。

用户只要在程序中提供读/写 MAT 文件所需的头文件和库文件，就可以在 C 语言程序中使用 MATLAB 提供的 MAT 文件，从而完成与 MATLAB 之间的数据交换。

MAT 函数通常带有前缀 mat，主要用于对 MAT 文件进行操作。表 32-2 列举了 C 语言中常用的 MAT 函数。

表 32-2   C 语言中常用的 MAT 函数

MAT 函数	作 用
matOpen()	打开一个 MAT 文件
matClose()	关闭一个 MAT 文件
matGetDir()	获取 MAT 文件中的 MATLAB 数组列表
matGetFp()	获取一个指向 MAT 文件的 ANSI C 文件指针
matGetVariable()	从 MAT 文件中读取一个 MATLAB 数组
matGetVariableInfo()	从 MAT 文件中装载一个 MATLAB 数组头
matGetNextVariable()	从 MAT 文件中读取下一个 MATLAB 数组
matGetNextVariableInfo()	从 MAT 文件中装载下一个 MATLAB 数组头
matPutVariable()	将一个 MATLAB 数组写入 MAT 文件中
matPutVariableAsGlobal()	将一个 MATLAB 数组作为全局变量写入 MAT 文件中
matDeleteVariable()	将一个 MATLAB 数组从 MAT 文件中删除

其中，matGetVariableInfo()函数用于创建一个包含 mxArray 结构中除数据之外的其他所有信息的 mxArray 变量。matGetDir()函数用于创建一个变量名称列表，并返回 MAT 文件中 MATLAB 变量的数量。

matGetVariable() 函数用于访问变量的内容。另外，MATLAB 中还提供了 matGetNextVariable()函数和 matGetNextVariableInfo()函数，用于访问 MAT 文件中的下一个变量。

matPutVariableAsGlobal()函数用于将一个 MATLAB 数组作为全局变量写入 MAT 文件中，也就是说，当使用 load 命令将 MAT 文件载入 MATLAB 时，该变量将以全局变量的方式载入 MATLAB 工作区。

32.3.2　MAT 文件的应用程序

下面介绍 MAT 文件的应用，所谓 MAT 文件的应用就是指读/写 MAT 数据文件的 C 语言或 Fortran 语言程序，它既可以是 MEX 文件，也可以是独立的可执行应用程序。

为了便于读/写 MAT 文件，MATLAB 中提供了响应的接口函数，即 MAT 函数，MAT 文件的应用程序就是利用这些 MAT 函数完成 MAT 数据文件的读/写工作。

下面给出一个 C 语言 MAT 文件应用的例子，读者可以从中了解 MAT 文件应用程序的基本结构和 MAT 文件应用的基本过程。

【例 32-3】　在 C 语言 MEX 文件中创建 MAT 数据文件。

实例代码如下：

```c
/*
 * Create a simple MAT-file to import into MATLAB.
 * Calling syntax:
#include <stdio.h>
#include <string.h> /* For memcpy()*/
#include <stdlib.h> /* For EXIT_FAILURE, EXIT_SUCCESS */
#include "mat.h"

int main() {

  /* MAT-file */
  MATFile *pmat;
  const char *myFile = "matimport.mat";

  /* Data from external source */
  const char *extString = "Data from External Device";
  double extData[9] = { 1.0, 2.0, 3.0, 4.0, 5.0, 6.0, 7.0, 8.0, 9.0 };

  /* Variables for mxArrays */
  mxArray *pVarNum, *pVarChar;

  /* MATLAB variable names */
```

```c
const char *myDouble = "inputArray";
const char *myString = "titleString";

int status;

/* Create and open MAT-file */
printf("Creating file %s...\n\n", myFile);
pmat = matOpen(myFile, "w");
if (pmat == NULL) {
  printf("Error creating file");
  return(EXIT_FAILURE);
}

/* Create mxArrays and copy external data */
pVarNum = mxCreateDoubleMatrix(3,3,mxREAL);
if (pVarNum == NULL) {
    printf("Unable to create mxArray with mxCreateDoubleMatrix\n");
    return(EXIT_FAILURE);
}
memcpy((void *)(mxGetPr(pVarNum)), (void *)extData, sizeof(extData));

pVarChar = mxCreateString(extString);
if (pVarChar == NULL) {
    printf("Unable to create mxArray with mxCreateString\n");
    return(EXIT_FAILURE);
}

/* Write data to MAT-file */
status = matPutVariable(pmat, myString, pVarChar);
if (status != 0) {
    printf("Error writing %s.\n", myString);
    return(EXIT_FAILURE);
}

status = matPutVariable(pmat, myDouble, pVarNum);
if (status != 0) {
    printf("Error writing %s.\n", myDouble);
    return(EXIT_FAILURE);
}

if (matClose(pmat) != 0) {
  printf("Error closing file %s.\n", myFile);
  return(EXIT_FAILURE);
}
```

```
/* Clean up */
mxDestroyArray(pVarNum);
mxDestroyArray(pVarChar);

printf("Done\n");
return(EXIT_SUCCESS);
}
```

编译链接生成 MEX 文件，然后运行如下代码：

```
>> clear all;
>> MATLABroot;
>> mex('-v', '-f', [MATLABroot ...
    '\bin\win32\mexopts\msvc90engmatopts.bat'], ...
'matimport.c');
```

在"命令行窗口"中就会出现如下信息，表示程序正确运行：

```
--------------------------------------------------
->    Options file            =
D:\MALTAL~1\BIN\WIN32\MEXOPTS\MSVC90~3.BAT
      MATLAB                  = D:\MALTAL~1
->    COMPILER                = cl
->    Compiler flags:
      COMPFLAGS = /c /Zp8 /GR /W3 /EHs /D_CRT_SECURE_NO_DEPRECATE
/D_SCL_SECURE_NO_DEPRECATE /D_SECURE_SCL=0 /nologo /MD
      OPTIMFLAGS              = /O2 /Oy- /DNDEBUG
      DEBUGFLAGS              = /Z7
      arguments               =
      Name switch             = /Fo
->    Pre-linking commands    =
->    LINKER                  = link
->    Link directives:
  LINKFLAGS =/LIBPATH:"D:\MALTAL~1\extern\lib\win32\microsoft"
libmx.lib libmat.lib libeng.lib /nologo /MACHINE:X86
kernel32.lib user32.lib gdi32.lib winspool.lib comdlg32.lib
advapi32.lib shell32.lib ole32.lib oleaut32.lib uuid.lib
odbc32.lib odbccp32.lib
      LINKDEBUGFLAGS          = /debug /PDB:"matcreat.pdb"
/INCREMENTAL:NO
      LINKFLAGSPOST           =
      Name directive          = /out:"matcreat.exe"
      File link directive     =
      Lib. link directive     =
      Rsp file indicator      = @
```

```
->    Resource Compiler     =
->    Resource Linker       =
-----------------------------------------------------------
--> cl  /c /Zp8 /GR /W3 /EHs /D_CRT_SECURE_NO_DEPRECATE
/D_SCL_SECURE_NO_DEPRECATE /D_SECURE_SCL=0 /nologo /MD
/FoC:\DOCUME~1\TOECSO~1\LOCALS~1\TEMP\MEX_ER~1\matcreat.obj
-ID:\MALTAL~1\extern\include -ID:\MALTAL~1\simulink\include /O2
/Oy- /DNDEBUG -DMX_COMPAT_32 matcreat.c

matcreat.c
   Contents of
C:\DOCUME~1\TOECSO~1\LOCALS~1\TEMP\MEX_ER~1\mex_tmp.rsp:
 C:\DOCUME~1\TOECSO~1\LOCALS~1\TEMP\MEX_ER~1\matcreat.obj
--> link /out:"matcreat.exe"
/LIBPATH:"D:\MALTAL~1\extern\lib\win32\microsoft" libmx.lib
libmat.lib libeng.lib /nologo /MACHINE:X86 kernel32.lib
user32.lib gdi32.lib winspool.lib comdlg32.lib advapi32.lib
shell32.lib ole32.lib oleaut32.lib uuid.lib odbc32.lib
odbccp32.lib
@C:\DOCUME~1\TOECSO~1\LOCALS~1\TEMP\MEX_ER~1\MEX_TMP.RSP

--> mt -outputresource:"matcreat.exe";1 -manifest
"matcreat.exe.manifest"

Microsoft (R) Manifest Tool version 5.2.3790.2076
Copyright (c) Microsoft Corporation 2005.
All rights reserved.
--> del "matcreat.exe.manifest"
```

　　然后在工作空间中双击 matimport.exe 文件就会出现 matimport.mat 文件，并且运行如下代码，证实生成了 MAT 文件：

```
>> whos -file matimport.mat
Name            Size            Bytes  Class

  inputArray    3x3               72  double
  titleString   1x43              86  char
```

　　有关 MAT 函数的详细说明，读者可以参阅 MATLAB 的帮助文档。

32.4　在 MATLAB 中调用 C 语言程序

　　MEX 文件是已经编译好的 C 语言或 Fortran 语言函数，它们可以像标准的 M 文件一样在 MATLAB 环境中调用。对于已有的 C 语言函数或 Fortran 子程序，用户可以通过加入几行代码使其能够访问 MATLAB 的数据和函数。利用 mex 命令编译修改后的 C 语言或 Fortran 语言程序将会生成可以在 MATLAB 中调用的 MEX 文件。

尽管大多数计算使用 MATLAB 的 M 文件执行速度很快，效率很高，但像 for 循环这样的代码在 C 语言或 Fortran 语言环境中的执行效率会更高。如果用户不能通过向量化的方法来消除迭代的消耗，或者通过循环优化技术增强计算性能，那么可以试着创建一个 MEX 文件来解决。

编译后的 MEX 文件具有与操作平台相关的特定的文件扩展名。例如，在 Windows 平台中，MEX 文件的扩展名为 dll；在 Sun Solaris 平台中，MEX 文件的扩展名为 mexsol。无论使用哪种平台，mexext 函数都可以返回相应的 MEX 文件的扩展名。

mex –setup 命令将为编译器和计算机平台（操作系统和体系结构）选择适宜的初始化文件或选项文件。该选项文件将为计算机平台和编译器设置某些环境变量，并指定相应的头文件和库文件的存储位置。在 UNIX 平台、Linux 平台和 Macintosh 平台中，选项文件被保存在$MATLAB/bin 目录中，在 Windows 平台中，选项文件被保存在$MATLAB\bin\win32\mexopts 目录中。

MEX 环境初始化完成后，就可以使用 mex myprog.c 命令将 MEX 源文件 myprog.c 编译成 MEX 文件 myprog.dll（或 myprog.mexglx 等）。如果需要，用户也可以在 mex 命令行中使用选项-f 临时选择另一个不同的初始化文件。我们将在后面编译 MATLAB 引擎和 MAT 程序时使用-f 选项。除了-f 选项，-v 选项可以用来列出编译器的设置，并且可以观察编译和链接时每个阶段的情景。

当一个 M 函数被调用时，该函数将会在一个与 MATLAB 基本工作区（称为调用工作区）完全不同的工作区中进行运算。基本工作区中的变量是通过数值而非参量传递给函数的，它们不受被调用函数的影响。但 evalin 函数和 assignin 函数除外，这两个函数可以影响和改变当前工作区之外的变量。

表 32-3 列举了可以在 C 语言程序中使用的 MEX 函数。

表 32-3　可以在 C 语言程序中使用的 MEX 函数

函 数 名	功 能
mexAtExit	注册一个在 MEX 文件被清除时需要调用的函数
mexCallMATLAB	调用一个 MATLAB 函数、M 文件或 MEX 文件
mexFunction	MEX 文件的入口点函数
mexFunctionName	当前 MEX 函数的函数名
mexGetVariable	从另一个工作区中获取一个变量的拷贝
mexGetVariablePtr	从另一个工作区中获取指向一个变量的只读指针
mexPutVariable	将一个 mxArray 复制到 MATLAB 工作区中
mexEvalString	在调用工作区中执行一条 MATLAB 命令
mexErrMsgTxt	发出一条错误信息，并返回 MATLAB 中

续表

函　数　名	功　　能
mexErrMsgIdAndTxt	发出一条错误信息和一个标识符，并返回 MATLAB 中
mexWarnMsgTxt	发出一条告警信息
mexWarnMsgIdAndTxt	发出一条告警信息和一个标识符
mexLock	锁定 MEX 文件，这样就不能将其从内存中清除
mexUnlock	为 MEX 文件解锁，这样就可以从内存中清除它
mexIsLocked	如果 MEX 文件被锁定，则返回 true
mexIsGlobal	如果 mxArray 是全局范围的，则返回 true
mexPrintf	ANSI C 的 printf 类型的输出例程
mexSetTrapFlag	控制 mexCallMATLAB 函数对错误的响应
mexMakeArrayPersistent	使 mxArray 在 MEX 文件完成后仍持续存在
mexMakeMemoryPersistent	使由 mxMalloc 和 mxCalloc 分配的内存持续存在
mexGet	获得句柄图形属性的值
mexSet	设置句柄图形属性的值

Note

32.5　共享库

所谓库（Library）是指可以被任何程序使用的函数集，这些函数通常被预编译在一个库文件（Library File）中。库分为两种：静态库（Static Library）和共享库（Shared Library）。

静态库将在用户程序编译阶段被链接，并且所引用的函数将被封装在用户的可执行文件中；共享库将在用户程序的运行阶段被链接，所引用的函数不会被封装在用户的可执行文件中。正是由于共享库不能嵌入用户的可执行文件中，因此在用户程序运行阶段，该库一定要能被找到。在同一时刻，计算机上的许多程序都可以访问同一个共享库。

在 UNIX 操作系统和 Linux 操作系统中，共享库通常被保存在标准的系统库路径（如 /lib、/usr/lib、/usr/shlib 或/usr/local/lib）和 MATLAB 库文件路径$MATLAB/bin/$ARCH 中。这些库文件都使用 lib 前缀和.so 后缀（Macintosh 操作系统则使用.dylib 后缀）。在 Windows 操作系统中，共享库就是我们常说的动态链接库（DDL），通常使用.dll 后缀。在程序运行时，所需的共享库中的函数将被装载到内存，以供应用程序调用。

利用 MATLAB 中提供的共享库接口，用户可以很方便地加载和卸载一个共享库，得到库中的函数列表（包括函数名、参数和返回值），在 MATLAB 中调用这些函数等。只要一个共享库具有 C 语言风格的参数和类型，就可以在 MATLAB 的共享库接口中进行访问。

表 32-4 列举了用户可能会用到的 MATLAB 共享库函数。

表 32-4　MATLAB 共享库函数

函　数　名	作　　用
loadlibrary	将一个外部的库载入 MATLAB 中
unloadlibrary	将一个外部的库从内存中卸载
libisloaded	判断一个外部库是否已被载入
libfunctions	返回一个外部库中的函数的信息
libfunctionsview	创建一个窗口，用于显示函数的信息
calllib	调用一个外部库中的函数
libpointer	创建一个指向外部库的指针，以便使用该外部库
libstruct	创建一个类似于 C 语言的结构，该结构可以传递给外部库

　　在大多数情况下，MATLAB 都能在自身的数据类型和 C 语言数据类型之间进行转换。例如，如果要将一个 MATLAB 结构体作为参数传递给 C 语言库函数，那么该结构体将被自动转换为 C 语言结构。而如果在 C 语言函数中，就需要指针的参数处传递的是一个 MATLAB 数据类型的值（注意：MATLAB 中不存在指针），该值将会被自动转换为指针。

　　除此之外，表 32-4 中的 libpointer()函数和 libstruct()函数允许用户显式地进行数据类型转换。

　　更多的共享库函数和数据类型转换的信息，请读者参考相应的 MATLAB 帮助文档。

32.6　串口通信

　　在计算机中，数据通常都是通过串口进行采集的。MATLAB 中提供了一个内置的接口用于管理串口，并且可以直接与串口上连接的设备进行通信。MATLAB 可以支持 Linux 操作系统、Sun Solaris 操作系统和 Windows 操作系统中的 RS232、RS422 与 RS485 串口通信标准。另外，MATLAB 开发商或第三方还提供了一些可选的工具项用于支持增强的端口通信，如多功能 I/O 板、GPIB、VESA 设备及串口的一些附加功能等。但是，对于一般的用户而言，MATLAB 中提供的内置接口已经能够满足串口通信的需要。

　　MATLAB 的串口接口是面向对象的。使用 serial()函数可以创建一个和指定的串口相连的对象，用户可以使用 get()函数和 set()函数获取和设置该对象的属性。serial()函数在调用时需要一个串口设备的名称和一系列可选的属性名/属性值参数对。对于不同的操作系统，串口设备的名称也是不一样的。例如，同样是第一个串口，在 Solaris 7 操作系统中的名称是/dev/term/a 或/dev/ttya，在 i386 Linux 操作系统中则是/dev/ttyS0，在 Windows 操作系统中则是 COM1。

　　与一个串口设备之间的通信通常是通过一系列固定的操作完成的。首先，使用 serial()函数创建一个串口设备的接口对象，并使用 set()函数设置对象的属性；然后，使用 fopen()

函数打开串口设备，并使用 fprintf()函数和 fscanf()函数进行读/写，读/写完毕后使用 fclose()函数关闭串口设备；最后，使用 delete()函数删除串口对象，并使用 clear()函数清空 MATLAB 工作区中的变量。

例如，创建一个与第一个串口相连的串口对象，并检查其属性，代码如下：

```
>> s1 = serial('COM1');
>> get(s1)
    ByteOrder = littleEndian
    BytesAvailable = 0
    BytesAvailableFcn =
    BytesAvailableFcnCount = 48
    BytesAvailableFcnMode = terminator
    BytesToOutput = 0
    ErrorFcn =
    InputBufferSize = 512
    Name = Serial-COM1
    ObjectVisibility = on
    OutputBufferSize = 512
    OutputEmptyFcn =
    RecordDetail = compact
    RecordMode = overwrite
    RecordName = record.txt
    RecordStatus = off
    Status = closed
    Tag =
    Timeout = 10
    TimerFcn =
    TimerPeriod = 1
    TransferStatus = idle
    Type = serial
    UserData = []
    ValuesReceived = 0
    ValuesSent = 0

    SERIAL specific properties:
    BaudRate = 9600
    BreakInterruptFcn =
    DataBits = 8
    DataTerminalReady = on
    FlowControl = none
    Parity = none
    PinStatus = [1x1 struct]
```

```
        PinStatusFcn =
        Port = COM1
        ReadAsyncMode = continuous
        RequestToSend = on
        StopBits = 1
    Terminator = LF
```

　　串口通信中的事件通常包括到达时钟某一时刻、发生错误、中断、输出缓冲区清空、输入缓冲区中接收了数据、串口线的某一管脚（如 CD、RI、DSR 或 CTS）的状态发生了变化等。

32.7　本章小结

　　本章主要介绍了 MATLAB 编程接口，主要包括以下几点：MATLAB 可以作为一个后台计算引擎使用；用户可以在自己的程序中读/写 MATLAB 的 MAT 文件；编译好的 MEX 文件可以像普通的 M 函数那样在 MATLAB 中进行调用；在 MATLAB 中可以访问共享库，以及实现与串口设备的通信。

　　这些在 MATLAB 环境中添加的有力工具，可以使用户有效地解决难题或对已有程序功能进行扩展。有关 MATLAB API 的更多信息，包括 MX 函数的完整列表、MAT 文件的内部结构及更多的实例代码，读者可以参考相应的 MATLAB 帮助文档。

第**33**章

Simulink应用

Simulink 具有适应面广、结构和流程清晰，以及仿真精细、贴近实际、效率高、灵活等优点，基于以上优点，Simulink 已广泛应用于控制理论和数字信号处理的复杂仿真与设计。另外，有大量的第三方软件和硬件可以应用于或要求应用于 Simulink。

目前，Simulink 已成为信号处理、通信原理、自动控制等专业重要基础课程的首选实验平台。本章重点介绍 Simulink 的基本功能、模块操作、系统仿真，以及有限状态机、工具箱等的应用。

学习目标

（1）了解 Simulink 的基本功能与特点。
（2）理解 Simulink 的组成。
（3）掌握如何使用 Simulink 搭建系统模型和仿真。
（4）了解 Simulink 工具箱的应用。

33.1 Simulink 概述

33.1.1 基本功能和特点

Simulink 是 MATLAB 中的一种可视化仿真工具，是一种基于 MATLAB 的框图设计环境，是实现动态系统建模、仿真和分析的一个软件包，广泛应用于线性系统、非线性系统、数字控制及数字信号处理的建模和仿真过程中。

Simulink 可以用连续采样时间、离散采样时间或两种混合的采样时间进行建模，它也支持多速率系统，也就是系统中的不同部分具有不同的采样速率。

为了创建动态系统模型，Simulink 提供了一个建立模型方块图的图形用户接口（GUI），这个创建过程只需要单击和拖动鼠标就能完成，它提供了一种更快捷、更直接明了的方式，而且用户可以立即看到系统的仿真结果。

Simulink 是用于动态系统和嵌入式系统的多领域仿真与基于模型的设计工具。对于各种时变系统，包括通信、控制、信号处理、视频处理和图像处理系统，Simulink 提供了交互式图形化环境和可定制模块库来对其进行设计、仿真、执行与测试。

构架在 Simulink 基础之上，其用户产品扩展了 Simulink 多领域建模功能，也提供了用于设计、执行、验证和确认任务的相应工具。

Simulink 与 MATLAB 紧密集成，它可以通过直接访问 MATLAB 的大量工具来进行算法研发、仿真分析和可视化、批处理脚本的创建、建模环境的定制，以及信号参数和测试数据的定义。

Simulink 拥有丰富的可扩充的预定义模块库，通过交互式的图形编辑器来组合和管理直观的模块图，以设计功能的层次性来分割模型，实现对复杂设计的管理。Simulink 不仅可以通过 ModelExplorer 导航、创建、配置和搜索模型中的任意信号、参数、属性生成模型代码，还可以提供 API，用于与其用户仿真程序的连接或与手写代码集成。

Simulink 是一种强有力的仿真工具，它能让用户在图形方式下以最小的代价来模拟真实动态系统的运行。Simulink 有数百种自定义的系统环节模型、最先进的有效积分算法和直观的图示化工具。

依托 Simulink 强大的仿真能力，用户在原型机制造之前就可以建立系统的模型，从而评估设计并修复瑕疵。Simulink 具有如下特点。

（1）建立动态的系统模型并进行仿真。

Simulink 是一种图形化的仿真工具，用于对动态系统建模和控制规律的制定。由于支持线性、非线性、连续、离散、多变量和混合式系统结构，因此 Simulink 几乎可以分析任何一种类型的真实动态系统。

（2）以直观的方式建模。

利用 Simulink 可视化的建模方式，可以迅速建立动态系统的框图模型，只需要在 Simulink 元件库中选出合适的模块并拖放到 Simulink 建模窗口中。

Simulink 标准库拥有超过 150 种模块，可以用于构成各种不同种类的动态模型系统。模块包括输入信号源、动力学元件、代数函数和非线性函数、数据显示模块等。

Simulink 模块可以被设定为触发和使能的，用于模拟大模型系统中存在条件作用的子模型的行为。

（3）增添定制模块元件和用户代码。

Simulink 模块库是可以制定的，能够扩展以包容用户自定义的系统环节模块。用户也可以修改已有模块的图标，重新设定对话框，甚至换用其用户形式的弹出菜单和复选框。

Simulink 允许用户把自己编写的 C 语言、Fortran 语言、Ada 语言代码直接植入 Simulink 模型中。

（4）快速、准确地进行设计模拟。

Simulink 的积分算法为非线性系统仿真带来了极高的精度。先进的常微分方程求解器可用于求解刚性和非刚性的系统、具有时间触发或不连续的系统和具有代数环的系统。Simulink 的求解器能确保连续系统或离散系统的仿真速度并准确地进行。同时，Simulink 还为用户准备了一个图形化的调试工具，以辅助用户进行系统开发。

（5）分层次地表达复杂系统。

Simulink 的分级建模能力，使体积庞大、结构复杂的模型构建也简便易行。根据需要，各种模块可以组织成若干子系统。在此基础上，整个系统可以按照自顶向下或自底向上的方式搭建。子模型的层次数量完全取决于所构建的系统，不受软件本身的限制。

为了方便大型复杂结构系统的操作，Simulink 还提供了模型结构浏览的功能。

（6）交互式的仿真分析。

Simulink 的示波器可以通过动画和图像形式显示数据，在运行过程中可以通过调整模型参数进行 What-if 分析，能够在仿真运算进行时监视仿真结果。这种交互式的特征可以帮助用户快速评估不同的算法，进行参数优化。

由于 Simulink 完全集成于 MATLAB，在 Simulink 下计算的结果可以保存到 MATLAB 的工作空间中。因此，可以使用 MATLAB 所具有的众多分析、可视化和工具箱工具操作数据。

33.1.2　Simulink 的组成

Simulink 软件包的一个重要特点是它完全建立在 MATLAB 基础上，因此，MATLAB 各种丰富的应用工具箱也可以完全应用到 Simulink 环境中，这无疑大大扩展了 Simulink 的建模和分析能力。

1. 应用工具箱

基于 MATLAB 的所有工具箱都是经过全世界各个领域的专家和学者共同研究的成果，每个工具箱都可谓是千锤百炼，涵盖了自动控制、信号处理和系统辨识等多个学科，并且随着科学技术的发展，MATLAB 应用工具箱始终处于不断发展和完善之中。

MATLAB 应用工具箱的另一个特点是完全开放，任何用户都可以随意浏览、修改相关的 M 文件，创建满足用户特殊要求的工具箱。由于其中的算法有很多是相当成熟的产品，因此用户可以采用 MATLAB 自带的编译器将其编译成可执行代码，并嵌入硬件中直接执行。

首先启动 MATLAB，然后在 MATLAB 主界面中单击"主页"→SIMULINK→Simulink 按钮 📇，或者在"命令行窗口"中输入 simulink，进入如图 33-1 所示的 Simulink Start Page 窗口。

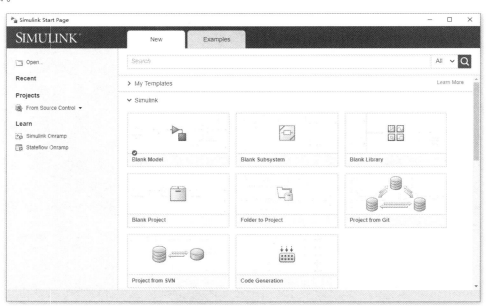

图 33-1　Simulink Start Page 窗口

在 Simulink Start Page 窗口中单击 Simulink→Blank Model 图标，进入如图 33-2 所示的 Simulink 仿真环境。

在介绍 Simulink 之前，需要先对 Simulink 工具箱中的模块库进行简单介绍。在 Simulink 仿真环境中单击 SIMULATION→LIBRARY→Library Browser 按钮 📇，进入如

图 33-3 所示的 Simulink 工具箱模块库，Simulink 工具箱模块库由两部分组成：基本模块和各种应用工具箱。

图 33-2　Simulink 仿真环境

图 33-3　Simulink 工具箱模块库

Simulink 的基本模块按功能进行分类，主要包括以下几类子模块。

（1）Continuous（连续系统模块）。

（2）Discrete（离散系统模块）。

（3）Function&Tables（函数和平台模块）。

（4）Math（数学运算模块）。

（5）Nonlinear（非线性模块）。

（6）Signals&Systems（信号和系统模块）。

（7）Sinks（接收器模块）。

（8）Sources（输入源模块）。

2．实时工作室

Simulink 软件包中的实时工作室（RTW）可以将 Simulink 的仿真框图直接转化成 C 语言代码，然后直接从系统仿真过渡到系统实现。该工具支持连续、离散和连续-离散混合系统。用户完成 C 语言代码的转换后，可以直接进行汇编，生成执行文件。

借助实时工作室，用户不需手动编写代码和复杂的调试过程，就可以完成从动态系统设计到最后代码实现的全过程。

一旦 Simulink 完成了系统设计，用户就可以采用借助工具生成嵌入式代码，在进行编译、连接之后，直接嵌入硬件设备中。

由于在 MATLAB 中可以以 ASCII 或二进制文件记录仿真所经历的时间，因此用户可以将仿真过程放在客户机或发送到远程计算机中进行仿真。

Simulink 的实时工作室支持大量的不同系统和硬件设备，并且具有友好的图形用户界面，使其用起来更加方便、灵活。

3．状态流模块

Simulink 的模块库中包含 Stateflow 模块，用户可以在模块中设计基于状态变化的离散事件系统。将该模块放入 Simulink 模型中，就可以创建包含离散时间子系统的更复杂的模型。

4．扩展的模块集

如同众多的应用工具箱扩展了 MATLAB 的应用范围，MathWorks 公司为 Simulink 提供了各种专门的模块集来扩展 Simulink 的建模和仿真能力。这些模块集涉及电力、非线性控制、DSP 系统等不同领域，满足了 Simulink 对不同系统仿真的需要。

这些模块集主要包括以下几类。

（1）Communications Blockset（通信模块集）。

（2）Control System Toolbox（控制系统工具箱）。

（3）Dials & Gauges Blockset（面板和仪表模块集）。

（4）DSP Blockset（数字信号处理模块集）。

（5）Fixed-Point Blockset（定点模块集）。

（6）Fuzzy Logic Toolbox（模糊逻辑工具箱）。

（7）NCD Blockset（非线性控制设计模块集）。

（8）Neural Network Blockset（神经网络模块集）。

（9）RF Blockset（射频模块集）。

（10）Power System Blockset（电力系统模块集）。

（11）Real-Time Windows Target（实时窗口目标库）。

（12）Real-TimeWorkshop（实时工作空间库）。

（13）Stateflow（状态流程库）。

（14）Simulink Extras（Simulink 附加库）。

（15）System IDB lockset（系统辨识模块集）。

33.1.3　模块库介绍

为了方便用户快速构建所需的动态系统，Simulink 提供了大量的、以图形形式给出的内置系统模块，使用这些内置模块可以快速地设计出特定的动态系统。下面介绍模块库中一些常用的模块。

1．连续模块库

连续模块库（Continuous）中包括常见的连续模块，如图 33-4 所示。

图 33-4　连续模块库

连续模块库中主要模块的功能如下。

（1）微分模块（Derivative）：通过计算差分 $\Delta u/\Delta t$ 近似计算输入变量的微分。

（2）积分模块（Integrator）：对输入变量进行积分。模块的输入可以是标量，也可以是矢量；输入信号的维数必须与输入信号保持一致。

（3）线性状态空间模块（State-Space）：用于实现如下数学方程描述的系统，即

$$\begin{cases} x' = Ax + Bu \\ y = Cx + Du \end{cases}$$

（4）传递函数模块（Transfer Fcn）：用于执行一个线性传递函数。

（5）零极点传递函数模块（Zero-Pole）：用于建立一个预先指定的零点、极点，并用延迟算子 s 表示连续。

（6）PID 控制模块（PID Controller）：用于进行 PID 控制。

（7）传输延迟模块（Transport Delay）：用于将输入端的信号延迟指定时间后再传输给输出信号。

（8）可变传输延迟模块（Variable Transport Delay）：用于将输入端的信号进行可变时间的延迟。

2．离散模块库

离散模块库（Discrete）主要用于建立离散采样的系统模型，包括的模块如图 33-5 所示。

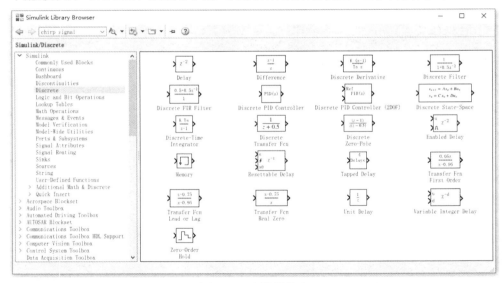

图 33-5　离散模块库

离散模块库中主要模块的功能如下。

（1）零阶保持器模块（Zero-Order Hold）：在一个步长内将输出的值保持在同一个值上。

（2）单位延迟模块（Unit Delay）：将输入信号做单位延迟，并且保持一个采样周期相当于时间算子 $z-1$。

（3）离散时间积分模块（Discrete-Time Integrator）：在构造完全离散的系统时，代替连续积分的功能。使用的积分方法有向前欧拉法、向后欧拉法、梯形法。

（4）离散状态空间模块（Discrete State-Space）：用于实现如下数学方程描述的系统，即

$$\begin{cases} x[(n+1)T]=Ax(nT)+Bu(nT) \\ y(nT)=Cx(nT)+Du(nT) \end{cases}$$

（5）离散滤波器模块（Discrete Filter）：用于实现无限脉冲响应（IIR）和有限脉冲响应（FIR）的数字滤波器。

（6）离散传递函数模块（Discrete Transfer Fcn）：用于执行一个离散传递函数。

（7）离散零极点传递函数模块（Discrete Zero-Pole）：用于建立一个预先指定的零点、极点，并使用延迟算子 $z-1$ 表示的离散系统。

3．表格模块库

表格模块库（Lookup Tables）主要实现各种一维、二维或更高维函数的查表，另外，用户还可以根据需要创建更复杂的函数。表格模块库包括多个主要模块，如图 33-6 所示。

图 33-6　表格模块库

表格模块库中主要模块的功能如下。

（1）一维查表模块（1-D Lookup Table）：实现对单路输入信号的查表和线性插值。

（2）二维查表模块（2-D Lookup Table）：根据给定的二维平面网格上的高度值，把输入的两个变量经过查表、插值，计算出模块的输出值，并返回这个值。

4．数学运算模块库

数学运算模块库（Math Operations）包括多个数学运算模块，如图 33-7 所示。

数学运算模块库中主要模块的功能如下。

（1）求和模块（Sum）：用于对多路输入信号进行求和运算，并输出结果。

（2）乘法模块（Product）：用于实现对多路输入的乘积、商、矩阵乘法和模块的转置等。

（3）矢量的点乘模块（Dot Product）：用于实现输入信号的点积运算。

图 33-7　数学运算模块库

（4）增益模块（Gain）：把输入信号乘以一个指定的增益因子，使输入产生增益。

（5）常用数学函数模块（Math Function）：用于执行多个通用数学函数，其中包含 exp、log、log10、square、sqrt、pow、reciprocal、hypot、rem、mod 等。

（6）三角函数模块（Trigonometric Function）：用于对输入信号进行三角函数运算，共有 10 种三角函数可供选择。

（7）特殊数学模块：特殊数学模块中包括求最大最小值模块（MinMax）、取绝对值模块(Abs)、符号函数模块（Sign）、取整数函数模块（Rounding Function）等。

（8）复数运算模块：复数运算模块包括计算复数的模与幅角（Complex to Magnitude-Angle）、由模和幅角计算复数（Magnitude-Angle to Complex）、提取复数实部与虚部模块（Complex to Real-Image）、由复数实部和虚部计算复数（Real-Imag to Complex）等。

5．不连续模块库

不连续模块库（Discontinuities）中包括一些常用的非线性模块，如图 33-8 所示。

不连续模块库中主要模块的功能如下。

（1）比率限幅模块（Rate Limiter）：用于限制输入信号的一阶导数，使信号的变化率不超过规定的限制值。

（2）饱和度模块（Saturation）：用于设置输入信号的上下饱和度，即用上下限的值来约束输出值。

（3）量化模块（Quantizer）：用于把输入信号由平滑状态变成台阶状态。

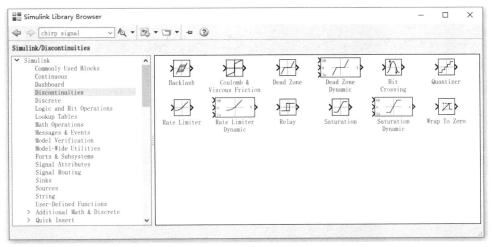

图 33-8　不连续模块库

（4）死区输出模块（Dead Zone）：在规定的区内没有输出值。

（5）继电模块（Relay）：用于实现在两个不同的常数值之间进行切换。

6．信号模块库

信号模块库（Signal Routing）包括的主要模块如图 33-9 所示。

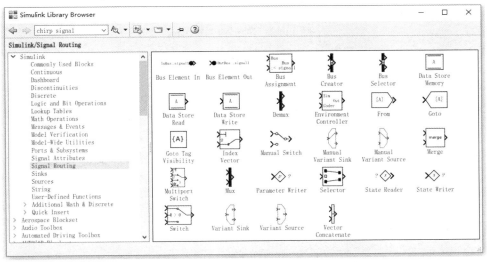

图 33-9　信号模块库

信号模块库中主要模块的功能如下。

（1）Bus 信号选择模块（Bus Selector）：用于得到从 Mux 模块或其他模块引入的 Bus 信号。

（2）混路器模块（Mux）：把多路信号组成一个矢量信号或 Bus 信号。

（3）分路器模块（Demux）：把混路器组成的信号按照原来的构成方法分解成多路信号。

（4）信号合成模块（Merge）：把多路信号合成一个单一的信号。

（5）接收/传输信号模块（From/Goto）：接收/传输信号模块常常配合使用，接收信号模块用于从一个传输信号模块中接收一个输入信号，传输信号模块用于把输入信号传递给接收信号模块。

7. 信号输出模块库

信号输出模块库（Sinks）包括的主要模块如图 33-10 所示。

图 33-10　信号输出模块库

信号输出模块库中主要模块的功能如下。

（1）示波器模块（Scope）：显示在仿真过程中产生的输出信号，用于在示波器中显示输入信号与仿真时间的关系曲线，仿真时间为 x 轴。

（2）二维信号显示模块（XY Graph）：在 MATLAB 的图形窗口中显示一个二维信号图，并将两路信号分别作为示波器坐标的 x 轴与 y 轴，同时把它们之间的关系用图形显示出来。

（3）显示模块（Display）：按照一定的格式显示输入信号的值，可供选择的输出格式包括 short、long、short_e、long_e、bank 等。

（4）输出到文件模块（To File）：按照矩阵的形式把输入信号保存到一个指定的 MAT 文件中。第 1 行为仿真时间，余下的行则是输入数据，一个数据点是输入矢量的一个分量。

（5）输出到工作空间模块（To Workspace）：把信号保存到 MATLAB 的当前工作空间中，是另一种输出方式。

（6）终止信号模块（Terminator）：中断一个未连接的信号输出端口。

（7）结束仿真模块（Stop Simulation）：停止仿真过程。当输入的是非 0 值时，停止系统仿真。

8．源模块库

源模块库（Sources）包括的主要模块如图 33-11 所示。

图 33-11　源模块库

源模块库中主要模块的功能如下。

（1）输入常数模块（Constant）：产生一个常数。该常数既可以是实数，也可以是复数。

（2）信号源发生器模块（Signal Generator）：产生不同的信号，其中包括正弦波、方波、锯齿波信号。

（3）从文件读取信号模块（From File）：从一个 MAT 文件中读取信号，读取的信号为一个矩阵，其矩阵的格式与 To File 模块中介绍的矩阵格式相同。如果矩阵在同一采样时间有两列或更多列，则数据点的输出应该是首次出现的列。

（4）从工作空间读取信号模块（From Workspace）：将从 MATLAB 工作空间中读取的信号作为当前的输入信号。

（5）随机数模块（Random Number）：产生正态分布的随机数，默认的随机数是期望为 0、方差为 1 的标准正态分布量。

（6）带宽限制白噪声模块（Band-Limited White Noise）：实现对连续系统或混杂系统的白噪声输入。

9．用户自定义函数模块库

用户自定义函数模块库（User-Defined Functions）包括的主要模块如图 33-12 所示。

（1）自定义函数模块（Fcn）：用于将输入信号进行指定的函数运算，最后计算出模块的输出值。输入的数学表达式应符合 C 语言编程规范；与 MATLAB 中的表达式有所不同，不能完成矩阵运算。

Note

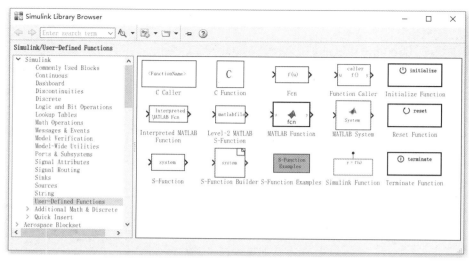

图 33-12　用户自定义函数模块库

（2）MATLAB 函数模块（MATLAB Function）：对输入信号进行 MATLAB 函数及表达式的处理。该模块为单输入模块，能够完成矩阵运算。

　　从运算速度的角度来看，MATLAB Function 模块比 Fcn 模块慢。当需要提高速度时，可以考虑采用 Fcn 模块或 S-Function 模块。

（3）S 函数模块（S-Function）：按照 Simulink 标准编写自己的 Simulink()函数。它能将 MATLAB 语句和使用 C 语言等编写的函数放在 Simulink 模块中运行，最后计算模块的输出值。

除了上述常用的模块，还包括其他模块。各模块的功能可以通过以下方法查看：先进入 Simulink 工作窗口，单击快捷菜单中的"帮助"按钮 ② 就会弹出帮助界面。在帮助界面中选择模块，即可查看 Simulink 的所有模块的使用方法和说明信息。

33.2　模块操作

模块是构成 Simulink 模型的基本元素，用户可以通过连接模块来构造任何形式的动态系统模型。在 Microsoft Windows 操作系统下，Simulink 在弹出的"模块属性"对话框中显示模块信息。若要关闭这个特性或控制显示所包含的信息，可以选择 Simulink→View→Data tips options 命令。

33.2.1　Simulink 模块类型

用户在创建模型时必须知道，Simulink 把模块分为两种类型：非虚拟模块和虚拟模块。非虚拟模块在仿真过程中起作用，如果用户在模型中添加或删除了一个非虚拟模块，那么 Simulink 会改变模型的动作方式；相比而言，虚拟模块在仿真过程中不起作用，它只是以图形方式管理模型。

此外，有些 Simulink 模块在某些条件下是虚拟模块，而在其用户条件下则是非虚拟模块，这样的模块称为条件虚拟模块。表 33-1 列举了 Simulink 中的虚拟模块和条件虚拟模块。

表 33-1　Simulink 中的虚拟模块和条件虚拟模块

模 块 名 称	作为虚拟的条件
BusSelector	总是虚拟模块
Demux	总是虚拟模块
Enable	当与 Outport 模块直接连接时是非虚拟模块，否则是虚拟模块
From	总是虚拟模块
Goto	总是虚拟模块
GotoTagVisibility	总是虚拟模块
Ground	总是虚拟模块
Inport	除非把模块放置在条件执行子系统内，而且与输出端口模块直接连接，否则就是虚拟模块
Mux	总是虚拟模块
Outport	当模块放置在任何子系统模块（条件执行子系统或无条件执行子系统）之中，而且不在最顶层的 Simulink 窗口中时才是虚拟模块
Selector	除了在矩阵模式下不是虚拟模块，其余都是虚拟模块
SignalSpecification	总是虚拟模块
Subsystem	当模块依条件执行，并且选择了模块的 TreatasAtomicUnit 选项时，该模块是虚拟模块
Treminator	总是虚拟模块
TriggerPort	当输出端口未出现时是虚拟模块

在建立 Simulink 模型时，用户可以从 Simulink 模型库或已有的模型窗口中将模块复制到新的模型窗口，拖动到目标模型窗口中的模块可以利用鼠标或键盘上的方向键移动到新的位置。

在复制模块时，新模块会继承源模块的所有参数值。如果要把模块从一个窗口移动到另一个窗口，则在选择模块的同时要按住 Shift 键。

Simulink 会为每个被复制模块分配名称，如果这个模块是模型中此种模块类型的第一个模块，那么模块名称会与源窗口中的模块名称相同。例如，如果用户从 math 模块库中向用户模型窗口中复制 Gain 模块，那么这个新模块的名称是 Gain；如果模型中已经包含了一个名称为 Gain 的模块，那么 Simulink 会在模块名称后添加一个序列号。当然，用户也可以为模块重新命名。

　　在把 Sum 模块、Mux 模块、Demux 模块和 BusSelector 模块从模块库中复制到模型窗口中时，Simulink 会隐藏这些模块的名称，这样做是为了避免模型图不必要的混乱，而且这些模块的形状已经清楚地表现了它们各自的功能。

33.2.2 自动连接模块

Simulink 方块图中使用线表示模型中各模块之间信号的传送路径，用户可以用鼠标从模块的输出端口到另一模块的输入端口绘制连线，也可以由 Simulink 自动连接模块。

如果要使 Simulink 自动连接模块，可以先选择模块，然后按住 Ctrl 键，再单击目标模块，则 Simulink 会自动把源模块的输出端口与目标模块的输入端口相连。

如果需要，Simulink 还会绕过某些干扰连接模块，如图 33-13 所示。

图 33-13　模块连线

在连接两个模块时，如果两个模块上有多个输出端口和输入端口，则 Simulink 会尽可能地连接这些端口，如图 33-14 所示。

图 33-14　多个输出端口连线

如果要连接一组源模块与一个目标模块，则可以先选择这组源模块，然后按住 Ctrl 键，再单击目标模块，如图 33-15 所示。

图 33-15　连接一组源模块与一个目标模块

如果要连接一个源模块与一组目标模块，则可以先选择这组目标模块，然后按住 Ctrl 键，再单击源模块，如图 33-16 所示。

图 33-16　连接一个源模块与一组目标模块

33.2.3 手动连接模块

如果要手动连接模块，可以先把鼠标光标放置在源模块的输出端口，不必精确地定位光标位置，光标的形状会变为"十"字形，然后按下鼠标左键，将光标拖动到目标模块的输入端口，如图 33-17 所示。

图 33-17　手动连接模块

当释放鼠标按键时，Simulink 会用带箭头的连线替代端口符号，箭头的方向表示信号流的方向。

用户也可以在模型中绘制分支线，即从已连接的线上分出支线，携带相同的信号至模块的输入端口，利用分支线可以把一个信号传递到多个模块。首先用鼠标选择需要分支的线，按住 Ctrl 键，同时在分支线的起始位置单击，将鼠标光标拖动到目标模块的输入端口，然后释放 Ctrl 键和鼠标按键，Simulink 会在分支点和模块之间建立连接，如图 33-18 所示。

图 33-18　在分支点和模块之间建立连接

 　如果要断开模块与线的连接，可以按住 Shift 键，然后将模块拖动到新的位置即可。

用户也可以在连线上插入模块，但插入的模块只能有一个输入端口和一个输出端口。首先选择要插入的模块，然后将模块拖动到连线上，释放鼠标按键并把模块放置到线上，Simulink 会在连线上自动插入模块，如图 33-19 所示。

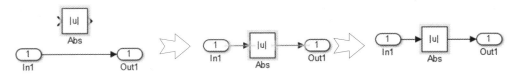

图 33-19　在连线上自动插入模块

33.2.4　设置模块特定参数

带有特定参数的模块都有一个模块参数对话框，可以在对话框内查看和设置这些参数。用户可以利用如下几种方式打开模块参数对话框。

（1）在模型窗口中选择模块，然后右击模块，从模块的快捷菜单中选择 Block Parameters 命令。

（2）双击模型或模块库窗口中的模块图标，打开模块参数对话框。

　　　　上述方式对包含特定参数的所有模块都是适用的，但不包括 Subsystem 模块，用户必须采用快捷菜单才能打开 Subsystem 模块的参数对话框。

对于每个模块，模块的参数对话框也会有所不同，用户可以用任何 MATLAB 常量、变量或表达式作为参数对话框中的参数值。

例如，在模型窗口中双击 Signal Generator 模块打开如图 33-20 所示的对话框。由于 Signal Generator 是信号发生器模块，因此可以在参数对话框内利用 Wave form 参数选择不同的信号波形，并设置相应波形的参数值。

图 33-20　Block Parameters: Signal Generator 对话框

33.3　Simulink 系统仿真

Simulink 是 MATLAB 最重要的组件之一，提供了一个动态系统建模、仿真和综合分析的集成环境。构建好一个系统的模型之后，需要运行模型才能得到仿真结果。运行一个仿真的完整过程分为 3 个步骤：设置仿真参数、控制仿真执行和交互运行仿真。

33.3.1　仿真基础

1．设置仿真参数

Simulink 中模型的仿真参数通常在仿真参数对话框内设置。这个对话框中包含仿真运行过程中的所有设置参数，在对话框中可以设置仿真算法、仿真的起止时间和误差容限等，还可以定义仿真结果数据的输出方式和存储方式，并且可以设定对仿真过程中错误的处理方式。

首先选择需要设置仿真参数的模型，并且在模型窗口的 MODELING 选项卡的 SETUP 面板中单击 Model Settings 按钮 ⚙，弹出如图 33-21 所示的对话框。

图 33-21　Configuration Parameters 参数设置

在如图 33-21 所示的对话框中，可以根据需要进行参数设置。当然，除了设置参数值，还可以把参数指定为有效的 MATLAB 表达式，这个表达式可以由常量、工作区变量名、MATLAB 函数及各种数学运算符号组成。

参数设置完毕后，可以单击 Apply 按钮应用设置，或者单击 OK 按钮关闭对话框。如果需要，也可以保存模型，以保存所设置的模型仿真参数。

2．控制仿真执行

Simulink 的图形用户接口包括面板命令和工具条按钮，如图 33-22 所示，用户可以用这些命令或按钮启动、终止或暂停仿真操作。

图 33-22　Simulink 的图形用户接口

若要模型执行仿真，可以在模型编辑器的 SIMULATION 选项卡的 SIMULATE 面板中单击 Run 按钮 ▶ 启动仿真。

　　Simulink 会从 Configuration Parameters 对话框中指定的起始时间开始执行仿真，仿真过程会一直持续到所定义的仿真终止时间。在这个过程中，如果有错误发生，系统会中止仿真，用户也可以手动干预仿真，如暂停或终止仿真。

　　在仿真运行过程中，模型窗口底部的状态条会显示仿真的进度情况，同时，选项卡中的 Run 按钮会替换为 Pause 按钮 ⏸，如图 33-23 所示。

图 33-23　暂停仿真示意图

　　当单击 Pause 按钮暂时停止仿真时，Simulink 会完成当前时间步的仿真，并把仿真悬挂起来。这时的 Pause 按钮会变为 Continue 按钮。若要在下一个时间步上恢复悬挂起来的仿真，则可以单击 Continue 按钮继续仿真。

　　如果模型中包括要把输出数据写入文件或工作区中的模块，或者用户在 Simulation Parameters 对话框中选择了输出选项，那么当仿真结束或悬挂起来时，Simulink 会把数据写入指定的文件或工作区变量中。

3．交互运行仿真

　　在仿真运行过程中，用户可以交互式地执行某些操作，如修改某些仿真参数，包括终止时间、仿真算法和最大步长，以及改变仿真算法。

　　在浮动示波器或 Display 模块上单击信号线可以查看信号。可以更改模块参数，但不可以改变下面的参数。

　　（1）状态、输入或输出的数目。

（2）采样时间。

（3）过零数目。

（4）任一模块参数的向量长度。

（5）内部模块工作向量的长度。

　　　在仿真过程中，用户不能更改模型的结构，如增加、删除线或模块，如果必须执行这样的操作，则应先停止仿真，在改变模型结构后再执行仿真，并查看更改后的仿真结果。

33.3.2　输出信号的显示

通常，模型仿真的结果既可以用数据的形式保存在文件中，也可以用图形的方式直观地显示出来。对于大多数工程设计人员来说，查看和分析结果曲线对于了解模型的内部结构，以及判断结果的准确性具有重要意义。Simulink 仿真模型后，可以用下面几种方法绘制模型的输出轨迹。

（1）将输出信号传送到 Scope 模块或 XY Graph 模块。

（2）使用悬浮 Scope 模块和 Display 模块。

（3）将输出数据写入返回变量，并用 MATLAB 的绘图命令绘制曲线。

（4）将输出数据用 ToWorkspace 模块写入工作区中。

1．Scope 模块和 XY Graph 模块的使用

如图 33-24 所示，Scope 模块是示波器模块，它与实验室中使用的示波器具有类似的功能，用户既可以在仿真运行期间打开 Scope 模块，也可以在仿真结束后打开模块观察输出轨迹。

图 33-24　Scope 窗口

Scope 模块显示对应于仿真时间的输入信号，它可以有多个坐标轴系（即每个输入端口对应一个坐标轴），所有的坐标轴系都对应独立的 Y 轴，但 X 轴的时间范围是相同的，用户可以调整需要显示的时间范围和输入值范围。

当用户运行模型仿真时，虽然 Simulink 会把结果数据写入相应的 Scope 中，但它并不打开 Scope 窗口，若用户在仿真结束后打开 Scope 窗口，则示波器窗口会显示 Scope 模块的输入信号。

如果信号是连续的，则 Scope 窗口会生成"点-点"的曲线；如果信号是离散的，则 Scope 窗口会生成阶梯状曲线。此外，用户还可以在仿真运行期间移动 Scope 窗口或改变窗口的大小，或者更改 Scope 窗口的参数值。

Scope 模块提供的工具栏按钮可以缩放被显示的数据，保存此次仿真的坐标轴设置，限制被显示的数据量，把数据存储到工作区等。

 在用户创建的库模块中不能使用 Scope 模块。用户可以提供带有输出端口的库模块，模块的输出端口可以与显示内部数据的示波器相连。

用户可以在 Scope 窗口中右击打开示波器的 Y 轴设置对话框，在这个对话框中用户可以更改 Y 轴显示范围的最大值和最小值。

此外，单击窗口工具栏中的"示波器参数"按钮 ⚙，也可以更改示波器的参数设置。图 33-25 说明了设置示波器参数的方式。

图 33-25　示波器参数的设置

XY Graph 模块是 Simulink 中 Sinks 模块库中的模块，该模块利用 MATLAB 的图形窗口绘制信号的 X-Y 曲线。

XY Graph 模块有两个标量输入，它把第一个输入作为 X 轴数据，第二个输入作为 Y 轴数据，X 轴和 Y 轴的坐标范围可以在模块的参数对话框中设置，超出指定范围的数据在图形窗口中不显示。

此外，如果模型中有多个 XY Graph 模块，则 Simulink 在仿真的起始时刻会为每个 XY Graph 模块打开一个图形窗口。

2. 悬浮 Scope 模块和 Display 模块的使用

悬浮 Scope 模块也是一个可以显示一个或多个信号的示波器模块，从 Simulink 的 Sinks 库中可以把 Scope 模块复制到模型中，并按下"悬浮示波器"按钮设置悬浮示波器，或者直接从 Sinks 库中把 Floating Scope 模块复制到模型窗口中。

悬浮器件是不带输入端口的模块，它可以在仿真过程中显示任何一个被选择的信号，悬浮示波器通过坐标轴系周围的蓝框来辨别。

为了在仿真过程中使用悬浮示波器，应该先打开示波器窗口，若要显示某个输入信号线上的信号，可以选择该线，在按住 Shift 键的同时选择其用户信号，可以同时显示多个信号。

图 33-26 中的模型使用一个悬浮示波器在两个窗口中同时显示两个输入信号，选择 Signal Generator 模块产生并传递信号的线，然后选择悬浮示波器中下面的示波器窗口，这时单击模型窗口中的 Run 按钮，Simulink 会在用户所选择的示波器窗口中显示信号波形。

图 33-26　悬浮示波器仿真显示

单击"悬浮示波器"选项卡中的"信号选择"按钮，可以打开 Signal Selector 对话框。另一种打开 Signal Selector 对话框的方式是，先在悬浮示波器打开的情况下运行模型仿真，然后右击"悬浮示波器"窗口，从弹出的菜单中选择 Signal Selection 命令。Signal Selector 对话框允许用户选择模型中任意位置的信号，包括未打开的子系统内的信号。

在一个 Simulink 模型中可以有多个悬浮示波器，但是在指定的时刻，一个示波器内只能有一组坐标轴系是激活的，激活的悬浮示波器会将坐标轴标记为蓝色框，用户选择或取消选择的信号线只影响激活的悬浮示波器。

当激活其用户悬浮示波器时，这些示波器会继续显示用户选择的信号。换句话说，未激活的悬浮示波器是被锁住的，它们显示的信号不再改变。

用户可以用 Signal Selector 对话框连续选择和取消方块图中选择的信号。例如，在方块图中按住 Shift 键的同时单击信号线，向之前选择的 Signal Selector 对话框中的信号组添加相应的信号，Simulink 会更新 Signal Selector 对话框，以反映方块图中信号的改变。但是，除非用户查看了 Signal Selector 窗口，否则并不会发现这种改变。

另一种悬浮器件就是 Display 模块，用户可以在 Display 的模块对话框中选择 floating display 选项设置悬浮 Display 模块。该模块可以显示一个或多个输入值，如果模块的输入是一个数组，则用户可以水平或垂直调整模块的大小，以显示多个数组元素。如果模块未显示出所有的输入数组元素，则模块中会显示一个黑色的三角形。

图 33-27 显示的是一个向 Display 模块传递向量（1-D 数组）的模型，上面的模型未显示全部向量元素，模块中有一个黑色的三角形；该模型调整了模块的大小，显示了所有的输入元素。

图 33-27 向 Display 模块传递向量（1-D 数组）的模型

在默认状态下，Simulink 会重复使用存储信号的缓存区。换句话说，Simulink 信号都是局部变量，由于在信号与悬浮器件之间没有实际的连接，因此局部变量不再适用。为了适用悬浮器件，用户应当避免 Simulink 对变量存储区域的重复使用。

第一种方法是关闭仿真参数对话框的 Advanced 选项卡中的 signal storagereuse（将该

选项设置为 off）设置；第二种方法是把要观察的信号声明为 Simulink 全局变量，可以先选择信号，然后选择 Edit 菜单中的 Signal Properties 命令，在打开的信号属性对话框中把 Signal Monitoring Options 选项设置为 Simulink Global（TestPoint）。

Terminator 模块并不是用来显示输出信号的，如果用户在运行模型仿真时发现模型中存在未与输出端口连接的模块，那么 Simulink 会发出警告消息，为了避免警告消息，可以使用 Terminator 模块。

3．返回变量的使用

用户可以把仿真结果返回到所定义工作区的变量中，然后利用 MATLAB 的绘图命令显示和标注输出曲线。图 33-28 所示是返回变量的模型范例。

图 33-28　返回变量的模型范例

模型中的 Out 模块是 Sinks 库中的 Output 模块，这里在 Simulation Parameters 对话框的 Workspace I/O 选项卡中设置返回到 MATLAB 工作区的变量，时间变量和输出变量使用默认的变量名（tout 和 yout），然后运行仿真。在 MATLAB 的"命令行窗口"中输入如下命令，绘制输出曲线：

```
>> plot(tout,yout);
```

图 33-29 是在 MATLAB 的图形窗口中绘制的输出曲线。

图 33-29　绘制的输出曲线

4．To Workspace 模块的使用

To Workspace 模块可以把模块中设置的输出变量写入 MATLAB 工作区。图 33-30 中

的模型说明了 To Workspace 模块的使用方式。

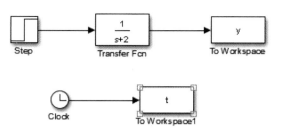

图 33-30　To Workspace 模块的使用方式

当仿真结束时，变量 y 和 t 会出现在工作区中，时间向量 t 是通过 Clock 模块传递到 To Workspace 模块中的。如果不使用 Clock 模块，也可以在 Configuration Parameters 对话框的 DataImport/Export 选项卡中指定时间变量 t。仿真结束后，在 MATLAB 的"命令行窗口"中输入绘图命令 plot(t,y)，Simulink 会在 MATLAB 的图形窗口中绘制结果曲线。

下面介绍 To Workspace 模块中参数的设置方式。

打开 To Workspace 模块的参数对话框，如图 33-31 所示，该模块把其输入写到 MATLAB 工作区，把其输出写到由模块参数对话框 Variable name 参数指定的变量中，输出变量的格式由对话框中的 Save format 参数指定，可以指定为数组或结构。

图 33-31　To Workspace 模块的参数对话框

需要说明的是，To Workspace 模块可以把任意数据类型的输入值保存到 MATLAB 工作区中，但不包括 int64 和 uint64 类型。

Limit data points to last 参数用来指定所保存的输入采样点的最大数目，默认值为 1000。

Decimation 参数用来指定倍数因子。

若模型中设置的仿真起始时间为 0，在 To Workspace 模块的参数对话框中将最大的采样点数设为 100，Decimation 设为 1，采样时间为 0.5，则 To Workspace 模块会在 0, 0.5, 1.0, 1.5, …时刻（单位为秒）存储 100 个输出采样点。如果指定 Decimation 为 1，则表示 To Workspace 模块在每个时间步上把输出数据写到工作区中一次。

仍以上面的设置为例，采样时间仍是 0.5，但将 Decimation 设置为 5，那么 To Workspace 模块会在 0, 2.5, 5.0, 7.5, …时刻存储 100 个输出采样点。如果指定 Decimation 为 5，则表示 To Workspace 模块在每 5 个时间步上写入一次输出数据。

33.3.3　简单系统的仿真分析

1．建立系统模型

首先根据系统的数学描述选择合适的 Simulink 系统模块，然后按照建模方法建立简单的系统模型。这里所使用的系统模块主要有以下几个。

（1）Sources 模块库中的 Sine Wave 模块：用来作为系统的输入信号。

（2）Math 模块库中的 Relational Operator 模块：用来实现系统中的时间逻辑关系。

（3）Sources 模块库中的 Clock 模块：用来表示系统运行时间。

（4）Nonlinear 模块库中的 Switch 模块：用来实现系统的输出选择。

（5）Math 模块库中的 Gain 模块：用来实现系统中的信号增益。

简单的系统模型如图 33-32 所示。

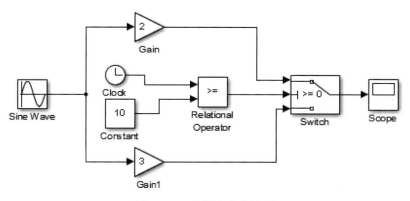

图 33-32　简单的系统模型

2．系统模块参数设置

在完成系统模型的建立之后，需要对系统中各模块的参数进行合理的设置。这里采用的模块参数设置如下所示。

（1）Sine Wave 模块：采用 Simulink 默认的参数设置，即单位幅值、单位频率的正弦信号。

（2）Relational Operator 模块：其参数设置为 ">="，如图 33-33 所示。

图 33-33　Relational Operator 模块的参数设置

（3）Clock 模块：采用默认参数设置，如图 33-34 所示。

（4）Switch 模块：设定 Switch 模块的 Threshold 值为 1（只要大于 0 且小于或等于 1 即可，因为 Switch 模块在输入端口 2 的输入大于或等于给定的阈值 Threshold 时，模块输出为第一端口的输入，否则为第三端口的输入），从而实现此系统的输出随仿真时间进行正确的切换，如图 33-35 所示。

图 33-34　Clock 模块的参数设置　　　　图 33-35　Switch 模块的参数设置

（5）Gain 模块：其参数设置如图 33-32 所示。

3．系统仿真参数设置及仿真分析

对系统模型中各个模块进行了正确且合适的参数设置之后，需要对系统仿真参数进行必要的设置以开始仿真。在默认情况下，Simulink 默认的仿真起始时间为 0 秒，仿真结束时间为 10 秒。

对于此简单系统，当时间大于 25 秒时系统输出才开始转换，因此需要设置合适的仿真时间。设置仿真时间的方法如下。

单击 MODELING 选项卡的 SETUP 面板中的 Model Settings 按钮（组合键为 Ctrl+E），打开仿真参数设置对话框，在 Solver 选项卡中设置系统仿真时间区间。设置系统仿真起始时间为 0.0 秒，结束时间为 100 秒，如图 33-36 所示。

图 33-36　系统仿真时间设置

在系统模块参数与系统仿真参数设置完毕之后，就可以开始系统仿真。运行仿真的方法如下。

（1）单击 SIMULATION 选项卡的 SIMULATE 面板中的 Run 按钮。

（2）使用系统组合键 Ctrl+T。

当系统仿真结束后，双击系统模型中的 Scope 模块，显示的系统仿真结果如图 33-37 所示。采用默认仿真步长设置会造成仿真输出曲线不光滑。

图 33-37　系统仿真结果

由图 33-37 可以看出，系统仿真输出曲线不光滑，而对此系统的数学描述进行分析可知，系统输出应该为光滑曲线，将结束时间设为 100 秒时，输出曲线如图 33-38 所示，此时输出曲线变光滑了。

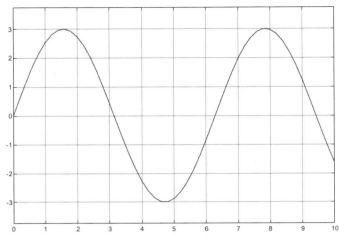

图33-38　修改参数后得到的输出曲线

由于在仿真过程中没有设置合适的仿真步长，因此使用 Simulink 的默认仿真步长使输出曲线不光滑。因此，对动态系统的仿真步长需要进行合适的设置。

4．仿真步长设置

仿真参数的选择对仿真结果有很大的影响。由于简单系统中并不存在状态变量，因此每次计算都应该是准确的（不考虑数据截断误差）。

在使用 Simulink 对简单系统进行仿真时，影响仿真结果输出的因素有仿真起始时间、结束时间和仿真步长。对于简单系统进行仿真，不管采用何种求解器，Simulink 总是在仿真过程中选用最大的仿真步长。

如果仿真时间区间较长，而且最大步长设置采用默认值 auto，则会导致系统在仿真时使用大的步长，因为 Simulink 的仿真步长是通过下式得到的：

$$h = \frac{t_{end} - t_{start}}{50}$$

下面给出几个在模型创建过程中非常有用的注意事项。

（1）内存问题：通常，内存越大，Simulink 的性能越好。

（2）利用层级关系：对于复杂的模型，在模型中增加子系统层级是有好处的，因为组合模块可以简化顶级模型，这样在阅读和理解模型上就容易一些。

（3）整理模型：结构安排合理的模型和加注文档说明的模型是很容易阅读与理解的，模型中的信号标签和模型标注有助于说明模型的作用，因此在创建 Simulink 模型时，建议根据模型的功能需要，适当添加模型说明和模型标注。

（4）建模策略：如果用户的几个模型要使用相同的模块，则可以在模型中保存这些模块，这样在创建新模型时，只要打开模型并复制所需要的模块即可。也可以把一组模块放到系统中，创建一个用户模块库，并保存这个系统，然后通过在 MATLAB 的命令行中输入系统的名称来访问系统。

通常，在创建模型时，首先在草纸上设计模型，然后在计算机上创建模型。在要将各种模块组合在一起创建模型时，可以把这些模块先放置在模型窗口中，然后连线，利用这种方法，用户可以减少频繁打开模块库的次数。

33.4　Stateflow 建模与应用

Stateflow 是有限状态机（Finite State Machine）的图形工具，它通过开发有限状态机和流程图扩展 Simulink 的功能。Stateflow 状态图模型还可以利用 StateflowCoder 代码生成工具，直接生成 C 语言代码。

33.4.1　Stateflow 的定义

Stateflow 的仿真原理是有限状态机理论。为了更快地掌握 Stateflow 的使用方法，有必要先了解有限状态机的一些基本知识。

Stateflow 是一种图形化的设计开发工具，是有限状态机的图形实现工具，有人称为状态流，主要用于 Simulink 中控制和检测逻辑关系。

用户可以在进行 Simulink 仿真时，使用这种图形化的工具实现各个状态之间的转换，解决复杂的监控逻辑问题。Stateflow 和 Simulink 同时使用可以使 Simulink 更具有事件驱动控制能力。利用状态流可以做以下事情。

（1）基于有限状态机理论的相对复杂系统进行图形化建模和仿真。

（2）设计开发确定的、检测的控制系统。

（3）更容易在设计的不同阶段修改设计、评估结果和验证系统的性能。

（4）自动直接地从设计中产生整数、浮点和定点代码（需要状态流编码器）。

（5）更好地结合利用 MATLAB 和 Simulink 的环境对系统进行建模、仿真与分析。

在状态流图中，利用状态机原理、流图概念和状态转化图能够对复杂系统的行为进行清晰、简洁的描述。

Stateflow 生成的监控逻辑可以直接嵌入 Simulink 模型中，两者之间能够实现无缝连接。

在仿真初始化时，Simulink 会自动启动编译程序，将 Stateflow 绘制的逻辑框图转换成 C 语言格式的 S 函数（MEX 文件），产生的代码就是仿真目标，并且在状态流内称作 Sfun 目标，这样就可以在仿真过程中直接调用相应的动态连接库文件，将两者组成一个仿真整体。Sfun 目标只能与 Simulink 一起使用。

在产生代码前，如果还没有建立名为 sfprj 的子目录，状态流就会在 MATLAB 的当前目录下产生一个 sfprj 子目录。状态流在产生代码的过程中使用 sfprj 子目录存储产生的文件。

图 33-39　有限状态机的示意图

在有限状态机的描述中，可以设计出由一种状态转换至另一种状态的条件，并将每对可转换的状态均设计出状态迁移的事件，从而构造出状态迁移图。

在 Stateflow 中，状态和状态转换是最基本的元素，有限状态机的示意图如图 33-39 所示，图中有 3 个（有限个）状态，这几个状态的转换是有条件的，其中有些状态之间是相互转换的，状态 A 可以自行转换。在有限状态机系统中，还表明了状态迁移的条件或事件。

提　示　Stateflow 模型一般是嵌在 Simulink 模型下运行的，Stateflow 是事件驱动的，这些事件既可以来自同一个 Stateflow 图，也可以来自 Simulink。

Stateflow 状态机使用一种基于容器的层次结构管理 Stateflow 对象，也就是说，一个 Stateflow 对象可以包含其用户的 Stateflow 对象。

最高级的对象是 Stateflow 状态机，它包含所有的 Stateflow 对象，因此也就包含 Simulink 中的所有 Stateflow 状态图，以及数据、事件、目标对象。

同样，状态图包含状态、盒函数、函数、数据、事件、迁移、节点与标注，用户可以使用这一系列对象建立一个 Stateflow 状态图。而具体到一个状态，Stateflow 也可以包含上述对象。

图 33-40 抽象地说明了 Stateflow 层次结构（数据字典），而图 33-41 则具体地说明了 Stateflow 状态机的组成。

图 33-40　Stateflow 层次结构（数据字典）

图 33-41 Stateflow 状态机的组成

33.4.2 状态图编辑器

在 Simulink 模块库浏览器中找到 Stateflow 模块，如图 33-42 所示。

图 33-42 Stateflow 模块

用户也可以使用以下命令建立带有 Stateflow 状态图的 Simulink 模型：

```
>> sf
```

建立的模型如图 33-43 所示。

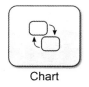

Chart

图 33-43 带有 Stateflow 状态图的 Simulink 模型

同时打开 Stateflow 模块库，如图 33-44 所示。

图 33-44　Stateflow 模块库

也可以直接使用以下命令快速建立带有 Stateflow 状态图的 Simulink 模型：

```
>> sfnew
```

双击 Chart 模块，打开如图 33-45 所示的 Stateflow 编辑器窗口，左侧的工具栏列出了 Stateflow 图形对象的按钮。

图 33-45　Stateflow 编辑器窗口

在 Chart 模块下单击鼠标右键，在弹出的快捷菜单中选择 Properties（属性）命令，打开如图 33-46 所示的对话框，可以在此对话框中设置整个 Stateflow 模块的属性。

图 33-46　Properties（属性）对话框

如果想添加一个新的状态，则可以新建一个空白的 Stateflow 模块，单击状态按钮，并在 Stateflow 窗口的适当位置再次单击，如图 33-47 所示，即添加一个状态。

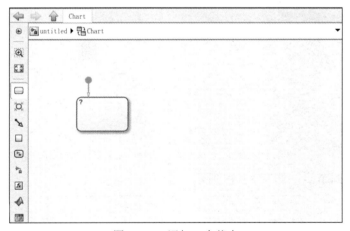

图 33-47　添加一个状态

33.4.3　Stateflow 流程图

状态图的一个特点是，在进入下一个仿真步长前，它会记录当前的本地数据与各状态的激活情况，供下一个步长使用。流程图只是一种使用节点与迁移来表示条件、循环、多路选择等逻辑的图形，而不包含任何状态。

由于迁移（除了默认迁移）总是从一个状态到另一个状态，节点之间的迁移只能是

Note

一个迁移段。因此，可以将流程图看作有若干中间支路的一个迁移，一旦开始执行，就必须执行到终节点（没有任何输出迁移的节点），不能停留在某个中间节点，也就是说，必须完成一次完整的迁移。

从另一个角度来看，节点可以认为是系统的一个判决点或汇合点，它将一个完整的迁移分成若干迁移段。因此，可以将几个相同的迁移段合并为一个，用一个迁移表示多个可能发生的迁移，简化状态图，由此生成的代码也更加有效。

对于以下情况，应首先考虑使用节点。

（1）if-else 判断结构、自循环结构、for 循环结构。

（2）单源状态到多目标状态的迁移。

（3）多源状态到单目标状态的迁移。

（4）基于同一事件的迁移。

事件无法触发从节点到状态的迁移。

如果需要建立流程图，则可以采用手动和自动两种方式。

1．手动建立

【例 33-1】 根据以下程序手动建立对应的流程图：

```
if percent==100
    {percent=0;
    sec=sec+1;}
else if sec==60
        {sec=0;
        min=min+1;}
    end
end
```

（1）建立起始节点，如图 33-48 所示。

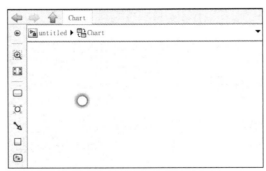

图 33-48　建立起始节点

（2）条件节点与终节点。根据代码的执行过程，逐一添加条件节点 A1、B1、C1，终节点 A2、B2，以及节点间的迁移与迁移标签，如图 33-49 所示。

图 33-49　流程图

流程图的运行过程如下。

① 系统默认迁移进入节点 A1，如果条件[percent==100]为真，则执行{percent=0;sec=sec+1;}，并向终节点 A2 迁移。

② 如果条件[percent==100]不为真，则向节点 B1 迁移，继续判断。如果条件[sec==60]为真，则执行{sec=0;min=min+1;}，并向终节点 B2 迁移。

③ 如果不满足任何条件，则向终节点 C1 迁移。

（3）节点与箭头大小。对于某些重要的节点或迁移，用户可以调整其节点大小与迁移箭头的大小，突出其地位。例如，选择节点 C1 的右键快捷菜单中的 JunctionSize→16命令，如图 33-50 所示，放大节点；选择节点 A1 的右键快捷菜单中的 ArrowheadSize→20 命令，放大指向该节点的所有迁移箭头，如图 33-51 所示。

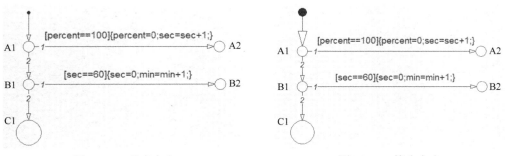

图 33-50　节点大小　　　　　　　　图 33-51　箭头大小

（4）优先级。判断节点 A1、B1 均有 2 条输出迁移，分别标记了数字 1、2，这表示迁移的优先级。在默认情况下，Stateflow 状态图使用显性优先级模式，用户可以自行修改各个迁移的优先级。

例如，选择迁移曲线的右键快捷菜单中的 Execution Order 命令，将优先级由 1 降低为 2，如图 33-52 所示。如果修改了某一条输出迁移的优先级，那么系统会自动调整同一节点另一迁移的优先级。

图 33-52　迁移优先级

为了避免优先级设置错误，Stateflow 提供了另一种模式：隐性优先级。单击编辑器中 MODELING 选项卡的 SETUP 面板中的 Chart Properties 按钮 ，取消勾选 User-specified state/transition execution order 复选框，启用隐性模式，如图 33-53 所示。

图 33-53　自动设置迁移优先级

使用隐性模式时，系统根据以下规则自动设置迁移优先级，从高到低排列如下。

（1）既有事件又有条件的迁移。

（2）仅有事件的迁移。

（3）仅有条件的迁移。

（4）不含任何限制的迁移。

> 同一个 Stateflow 状态图，只能选用一种优先级模式，但对于有多个状态图的 Simulink 模型，则不受此限制。

2．自动建立

对于简单的流程图，手动建立难度不大，而对于稍复杂的逻辑关系，则会感到无从下手。Stateflow 提供了快速建立流程图的向导，它可以生成 3 类基本逻辑：判断、循环、多条件。下面使用向导重建流程图。

在编辑器空白处右击，在弹出的如图 33-54 所示的快捷菜单中选择 Add Pattern In Chart→Decision→If-Elseif-Else 命令，选择流程图的类型。

（1）在弹出的窗口中输入判断条件与对应的动作，如图 33-55 所示。

图 33-54　流程图向导菜单

图 33-55　新建流程图窗口

（2）生成的流程图如图 33-56 所示。

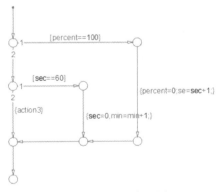

图 33-56　流程图

3．两种方式的对比

尽管用户可以手动建立流程图，但使用流程图向导的优势也是显而易见的。

（1）任何一种流程图都可以归结为判断、循环、多条件，或者三者的组合，因此，

皆可以使用向导自动生成。

（2）使用向导生成的流程图符合 MAAB（Math Works Automotive Advisory Board）规则，有利于后期模型检查。

（3）各种流程图的外观基本一致。

（4）将设计好的流程图另存为模板，便于重用。

33.5　Simulink 工具箱的应用

MathWorks 公司为 Simulink 提供了各种专门的模块集来扩展 Simulink 的建模和仿真能力，这些模块集涉及电力、非线性控制、DSP 系统等不同领域，满足了 Simulink 对不同系统仿真的需要。

33.5.1　神经网络工具箱

MATLAB 和 Simulink 包含进行神经网络应用设计与分析的许多工具箱函数，目前最新的神经网络工具箱几乎完整地概括了现有神经网络的新成果。

一般的神经网络都是可调节的，或者说是可训练的，这样一个特定的输入便可得到要求的输出。这里，网络根据输出和目标的比较结果进行调整，直到网络输出和目标匹配。作为典型，许多输入/目标对应的方法已被用在监督模式中来训练神经网络，具体如图 33-57 所示。

以两层前馈神经网络模型（输入层为 3 个神经元）为例，MATLAB 工具箱中的前馈神经网络结构如图 33-58 所示。

图 33-57　神经网络调节方式

图 33-58　MATLAB 工具箱中的前馈神经网络结构

在前馈神经网络结构中，w 表示权值、b 表示阈值，$w^1{}_{1.1}$ 的上标表示输入层的神经元与隐含层的神经元的连接权值（隐含层到输出层的权值用数字 2 表示），下标中的前一位表示输入量为 p^1（输入 p^2、p^3 则分别用数字 2、3 表示），后一位表示前一位所确定的输入量与第一个隐含层神经元的连接权值。$b^1{}_1$ 表示神经元的阈值，其中上标 1 表示隐含层神经元（输出层神经元用 2 表示），下标 1 表示所在层中的第一个神经元。神经网络的两个传递函数都采用线性函数。

神经网络预测控制器是使用非线性神经网络模型来预测未来模型性能的。控制器计算控制输入，而控制输入在未来一段指定的时间内将最优化模型性能。模型预测的第一步是建立神经网络模型（系统辨识）；第二步是使用控制器来预测未来神经网络的性能。

1. 系统辨识

模型预测的第一步就是训练神经网络来表示网络的动态机制。模型输出与神经网络输出之间的预测误差，用来作为神经网络的训练信号，该过程可以用图 33-59 来表示。

图 33-59　训练神经网络

神经网络模型利用当前输入和当前输出预测神经未来的输出值。神经网络模型结构如图 33-60 所示，该网络可以批量在线训练。

图 33-60　神经网络模型结构

2. 模型预测

模型预测方法是基于水平后退的方法，神经网络模型预测在指定时间内预测模型响应。

图 33-61 描述了模型预测控制的过程。控制器由神经网络模型和最优化方块组成，最优化方块确定 u（通过最小化 J），最优值 u' 作为神经网络模型的输入，控制器方块可用 Simulink 实现。

在 MATLAB 神经网络工具箱中实现的神经网络预测控制器使用了一个非线性系统模型，用于预测系统未来的性能。接下来，这个控制器将计算控制输入，用于在某个未来的时间区间优化系统的性能。进行模型预测控制首先要建立系统的模型，然后使用控制器来预测未来的性能。

图 33-61　模型预测控制的过程

在 Simulink 库浏览器窗口中 Deep Learning Toolbox 的 Shallow Neural Network 节点上单击，打开如图 33-62 所示的 Shallow Neural Network 模块集窗口。

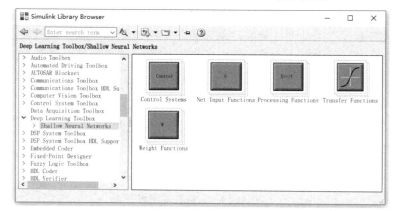

图 33-62　Shallow Neural Network 模块集窗口

Neural Network Blockset 模块集中包含 5 个模块库，双击各个模块库的图标便可打开相应的模块库。

1）传输函数模块库（Transfer Functions）

双击 Transfer Functions 图标，就可以打开如图 33-63 所示的 Transfer Functions 窗口。传输函数模块库中的任意一个模块都能接收一个网络输入向量，并相应地产生一个输出向量，这个输出向量的组数和输入向量相同。

图 33-63　Transfer Functions 窗口

2）网络输入模块库（Net Input Functions）

双击 Net Input Functions 图标，就可以打开如图 33-64 所示的 Net Input Functions 窗口。网络输入模块库中的每个模块都能接收任意数目的加权输入向量、加权层的输出向量，以及偏值向量，并返回一个网络输入向量。

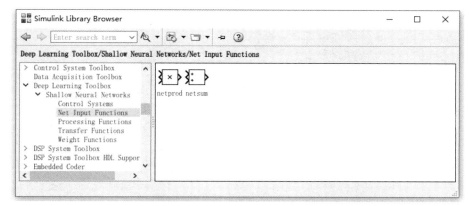

图 33-64　Net Input Functions 窗口

3）权值模块库（Weight Functions）

双击 Weight Functions 图标，就可以打开如图 33-65 所示的 Weight Functions 窗口。权值模块库中的每个模块都以一个神经元权值向量作为输入，并将其与一个输入向量（或某层的输出向量）进行运算，得到神经元的加权输入值。

图 33-65　Weight Functions 窗口

上面的这些模块需要的权值向量必须定义为列向量，这是因为 Simulink 中的信号可以为列向量，但不能为矩阵或行向量。

4）控制系统模块库（Control Systems）

双击 Control Systems 图标，就可以打开如图 33-66 所示的 Control Systems 窗口。

神经网络的控制系统模块库中包含 3 个控制器和 1 个示波器。

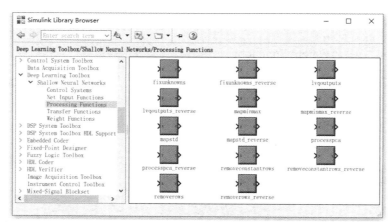

图 33-66　Control Systems 窗口

5）过程函数模块库（Processing Functions）

双击 Processing Functions 图标，就可以打开如图 33-67 所示的 Processing Functions 窗口。

图 33-67　Processing Functions 窗口

下面结合 MATLAB 神经网络工具箱中提供的一个演示实例，详细介绍实现过程。

（1）问题的描述。要讨论的问题基于一个搅拌器（CSTR），如图 33-68 所示。

图 33-68　搅拌器

对于这个系统，其动力学模型为

$$\frac{\mathrm{d}h(t)}{\mathrm{d}t} = w_1(t) + w_2(t) - 0.2\sqrt{h(t)}$$

$$\frac{\mathrm{d}C_b(t)}{\mathrm{d}t} = (C_{b1} - C_b(t))\frac{w_1(t)}{h(t)} + (C_{b2} - C_b(t))\frac{w_2(t)}{h(t)} - \frac{k_1 C_b(t)}{(1 + k_2 C_b(t))^2}$$

其中，$h(t)$ 为液面高度，$C_b(t)$ 为产品输出浓度，$w_1(t)$ 为浓缩液 C_{b1} 的输入流速，$w_2(t)$ 为稀释液 C_{b2} 的输入流速。输入浓度设定为 C_{b1}=24.9，C_{b2}=0.1。消耗常量设置为 k_1=1，k_2=1。

控制的目标是通过调节流速 $w_2(t)$ 来保持产品浓度。为了简化演示过程，不妨设 $w_1(t)$=0.1。此处不考虑液面高度 $h(t)$。

（2）建立模型。只需要在 MATLAB 的"命令行窗口"中输入命令 predcstr，就会自动调用 Simulink，并产生如图 33-69 所示的模型窗口。

图 33-69　模型窗口

其中，神经网络预测控制模块（NN Predictive Controller）和 X(2Y)Graph 模块由神经网络模块集（Neural Network Blockset）中的控制系统模块库（Control Systems）复制而来。

图 33-69 中的 Plant（Continuous Stirred Tank Reactor）模块包含搅拌器系统的 Simulink 模块，双击这个模块可以得到具体的 Simulink 实现，此处不深入讨论。

NN Predictive Controller 模块的 Control Signal 端连接到搅拌器系统模型的输入端，同时搅拌器系统模型的输出端连接到 NN Predictive Controller 模块的 Plant Output 端，参考信号连接到 NN Predictive Controller 模块的 Reference 端。

双击 NN Predictive Controller 模块，会弹出 Neural Network Predictive Control 窗口，如

图 33-70 所示，这个窗口用于设计模型预测控制器。

在这个窗口中有多项参数可以调整，用于改变预测控制算法中的有关参数。将鼠标光标移到相应的位置就会出现对这一参数的说明。

（3）系统辨识。在 Neural Network Predictive Control 窗口中单击 Plant Identification 按钮，弹出 Plant Identification 窗口，用于设置系统辨识的参数，如图 33-71 所示。

图 33-70　Neural Network Predictive Control 窗口　　　图 33-71　Plant Identification 窗口

（4）系统仿真。在 Simulink 模型窗口中，单击 MODELING 选项卡的 SETUP 面板中的 Model Settings 按钮，设置相应的仿真参数，然后单击 SIMULATE 面板中的 Run 按钮开始仿真。仿真过程需要一段时间。

当仿真结束时，将会显示出系统的输出信号和参考信号，如图 33-72 所示。

图 33-72　输出信号和参考信号

（5）数据保存。利用 Import Data 命令和 Export Data 命令，可以将设计好的网络和训练数据保存到工作空间或磁盘文件中。

神经网络预测控制是使用神经网络系统模型来预测系统未来的行为的。优化算法用于确定控制输入，这个控制输入优化了系统在一个有限时间段的性能。系统训练仅仅需要对于静态网络的成批训练算法，当然，训练速度非常快。

33.5.2　信号处理工具箱

以 Simulink 为基础的信号处理模块工具箱提供了信号处理中用到的各种子系统模型，它包含十大类库，含有数十种模块类型。用户不需要编程，直接在 Simulink 环境下调用仿真，从而分析和设计信号处理系统。

在 MATLAB 的"命令行窗口"中输入 Simulink，将出现 Simulink 所有的仿真模块工具箱，选择 DSP System Toolbox，系统就会自动载入信号处理模块工具箱，单击之后就会显示如图 33-73 所示的信号处理模块库。

图 33-73　信号处理模块库

通过信号处理模块库中的模块，可以产生各种类型的信号，下面举例说明信号产生的方法和信号处理模块的实际应用方法。

【例 33-2】　利用信号处理模块库中的 Sources 模块和 Math Functions 模块产生信号：

$$f(n) = \sin(n) - 3\cos(n)$$

求解过程如下。

（1）新建 Simulink 模型，并在模块库中选择模块，以鼠标拖动的方式将模块加入新建的 Simulink 模型中，并放置在合适的位置上。

（2）放置好模块后连接各个模块的端口，然后单击线段的开始端，按住鼠标左键，将鼠标光标移动到线段的目标端口。各端口做相同的操作，连接完后如图 33-74 所示。

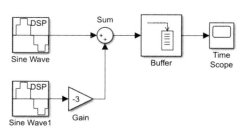

图 33-74　仿真框图界面

将图 33-74 中 Sine Wave1 模块的 Phase offset 属性设置为 1，其他模块的参数都按照模块的默认设定。VectorScope 显示的信号结果如图 33-75 所示。

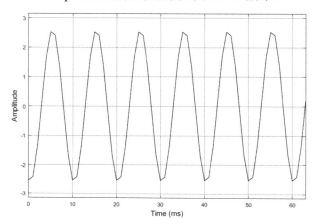

图 33-75　VectorScope 显示的信号结果

【例 33-3】　在 Simulink 环境下，利用 DSP System Toolbx 的滤波器设计模块库中的 FDATool 模块实现滤波器的设计。仿真输入信号用频率为 100 赫兹的正弦采样信号，在该信号上叠加 Chirp 信号模拟，要求设计数字滤波器过滤 Chirp 信号的成分。

求解过程如下。

（1）建立 Simulink 模型，实现频率为 100 赫兹的正弦采样信号。

在模块库中选择模块，以拖动鼠标的方式将模块加入新建的 Simulink 模型中，并放置在合适的位置上。

图 33-76　将语音信号读入仿真框图界面

放置好模块后连接各个模块的端口，然后单击线段的开始端，按住鼠标左键，将鼠标光标移动到线段的目标端口。各端口做相同的操作，连接完后如图 33-76 所示。

Sine Wave 模块的参数设置如图 33-77 所示，其用户模块参数采用默认参数。运行得到的输入信号图形如图 33-78 所示。

图 33-77　Sine Wave 模块的参数设置

图 33-78　输入信号图形

（2）给输入信号增加 Chirp 信号，并观察其输出。建立的仿真模型如图 33-79 所示。

运行图 33-79 可以得到如图 33-80 所示的结果。将图 33-76 和图 33-80 所示的图形进行对比可以看出，增加 Chirp 信号之后，输出波形毛刺变多。

图 33-79　添加正弦噪声后的仿真框图界面

图 33-80　模型运行结果

（3）在图 33-78 中增加数字滤波设计模块，如图 33-81 所示。

图 33-81　添加数字滤波设计模块

（4）添加模块的参数。通过双击逐个打开模块，然后修改各模块中的参数。在本例中，Digital Filter Design 模块的参数设置如图 33-82 所示。

图 33-82　Digital Filter Design 模块的参数设置

（5）保存并运行模型。运行系统，得到如图 33-83 所示的仿真结果。由此可知，混合信号中的 Chirp 信号大部分被滤除。

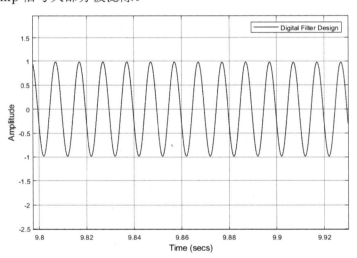

图 33-83　经数字低通滤波器滤波后的信号波形

33.6　本章小结

本章重点介绍了 Simulink 的基本功能、模块操作、系统仿真，以及有限状态机、工具箱等的应用。Simulink 具有适应面广、结构和流程清晰及仿真精细、贴近实际、效率高、灵活等优点，基于这些优点，Simulink 已广泛应用于控制理论和数字信号处理的复杂仿真与设计。